U0215892

水利水电工程单元工程施工质量验收评定表及填表说明

（下　册）

水利部建设与管理司　编著

中国水利水电出版社
www.waterpub.com.cn

内 容 提 要

《水利水电工程单元工程施工质量验收评定表及填表说明》（上、下册）根据《水利水电工程单元工程施工质量验收评定标准》（SL 361—2012～SL 637—2012 和 SL 638—2013、SL 639—2013）评定标准编制，用于水利水电工程单元工程施工质量验收评定工作使用。上册主要内容包括土石方工程、混凝土工程、地基处理与基础工程、堤防工程；下册主要内容包括水工金属结构安装工程、水轮发电机组安装工程、水力机械辅助设备系统安装工程、发电电气设备安装工程和升压变电电气设备安装工程。本书样表和填表说明基本涵盖了水利水电工程施工质量验收评定所需表格。

本书是水利水电工程建设、施工、监理、质量监督和质量检测等工程技术人员的工具书，也可作为其他领域相关人员的参考用书。

图书在版编目（CIP）数据

水利水电工程单元工程施工质量验收评定表及填表说明：全 2 册/水利部建设与管理司编著 . —北京：中国水利水电出版社，2016.4（2024.7重印）.
ISBN 978 - 7 - 5170 - 4253 - 2

Ⅰ.①水… Ⅱ.①水… Ⅲ.①水利水电工程-工程质量-工程验收-表格-中国 Ⅳ.①TV523

中国版本图书馆 CIP 数据核字（2016）第 078904 号

书 名	水利水电工程单元工程施工质量验收评定表及填表说明（下册）	
作 者	水利部建设与管理司 编著	
出版发行	中国水利水电出版社	
	（北京市海淀区玉渊潭南路 1 号 D 座 100038）	
	网址：www. waterpub. com. cn	
	E - mail：sales@mwr. gov. cn	
	电话：（010）68545888（营销中心）	
经 售	北京科水图书销售有限公司	
	电话：（010）68545874、63202643	
	全国各地新华书店和相关出版物销售网点	
排 版	中国水利水电出版社微机排版中心	
印 刷	天津嘉恒印务有限公司	
规 格	210mm×285mm 16 开本 65.25 印张（总） 2306 千字（总）	
版 次	2016 年 4 月第 1 版 2024 年 7 月第 7 次印刷	
印 数	25001—26000 册	
总 定 价	268.00 元（上、下册）	

凡购买我社图书，如有缺页、倒页、脱页的，本社营销中心负责调换
版权所有·侵权必究

《水利水电工程单元工程施工质量验收评定表及填表说明》

（下　册）

编　写　组

主　　编： 孙献忠　吴春良

副主编： 张忠生　徐永田　曹福君　张全喜　韩　新

编写人员：（按姓氏笔画排序）

马　进	成　平	朱明昕	刘金山	刘新军
齐秀琴	孙献忠	杨铁荣	李亚萍	吴春良
余少林	宋新江	宋　磊	张文明	张全喜
张忠生	陈秀菊	陈明涛	林　京	胡忙全
胡宝玉	费　凯	姚锦涛	徐永田	高云峰
郭　炜	涂　雍	曹福君	戚　波	韩　新
訾洪利	谭　辉			

前 言

　　为加强水利工程施工质量管理，根据水利部发布的《水利水电工程单元工程施工质量验收评定标准》（SL 631～SL 637—2012、SL 638～SL 639—2013）和有关施工规程规范。水利部建设与管理司组织水利部建设管理与质量安全中心、吉林省水利厅等单位的有关专家编写了《水利水电工程单元工程施工质量验收评定表及填表说明》，便于广大水利水电工程技术人员更好地理解评定标准和实际工作中使用，进一步规范单元工程施工质量验收评定工作。

　　全书分上、下册，总计 539 个表格。上册包括土石方工程 51 个；混凝土工程 68 个；地基处理与基础工程 52 个；堤防工程 38 个。下册包括水工金属结构安装工程 50 个；水轮发电机组安装工程 83 个；水力机械辅助设备系统安装工程 45 个；发电电气设备安装工程 106 个；升压变电电气设备安装工程 46 个。逐表编写了填表要求。

　　本书所列表式为通用表式，有关专业人员在使用时可结合工程实际情况，依据设计文件、合同文件和有关标准规定，对相关内容作适当的增减。在工程项目中，如有 SL 631～SL 639 标准尚未涉及的单元工程，其质量标准及评定表格，由建设单位组织设计、施工及监理等单位，根据设计要求和设备生产厂商的技术说明书，制定相应的施工、安装质量验收评定标准，并按照《水利水电工程单元工程施工质量验收评定表及填表说明》中的统一格式（表头、表身、表尾）制定相应质量验收评定、质量检查表格，报相应的质量监督机构核备。永久性房屋、专用公路、铁路等非水利工程建设项目的施工质量验收评定按相关行业标准执行。

　　由于本书编写时间仓促，加之编者水平有限，不当之处在所难免。请有关单位和工程技术人员在使用过程中，及时将意见建议函告水利部建设与管理司。

　　本书在编写过程中，得到了《水利水电工程单元工程施工质量验收评定标准》各主编单位和参编单位以及姬宏、胡学家、陆维杰、吴崇良、咸世森、吴桂耀等专家的大力支持和帮助，在此一并表示感谢。

编著者

2015 年 12 月

填 表 基 本 规 定

《水利水电工程单元工程施工质量验收评定表及填表说明》（以下简称《质评表》）是检验与评定施工质量及工程验收的基础资料，是施工质量控制过程的真实反映，也是进行工程维修和事故处理的重要凭证。工程竣工验收后，《质评表》作为档案资料长期保存。

1. 单元（工序）工程施工质量验收评定应在熟练掌握《水利水电工程单元工程施工质量验收评定标准》（SL 631～SL 637—2012、SL 638～SL 639—2013）和有关工程施工规程规范及相关规定的基础上进行。

2. 单元（工序）工程完工后，在规定时间内按现场检验结果及时、客观、真实地填写《质评表》。

3. 现场检验应遵循随机布点与监理工程师现场指定区位相结合的原则，检验方法及数量应符合 SL 631～SL 639 标准和相关规定。

4. 验收评定表与备查资料的制备规格采用国际标准 A4（210mm×297mm）。验收评定表一式四份，签字、复印后盖章；备查资料一式二份。手签一份（原件）单独装订。单元和工序质评表可以加盖工程项目经理部章和工程监理部章。

5. 验收评定表中的检查（检测）记录可以使用黑色水笔手写，字迹应清晰工整；也可以使用激光打印机打印，输入内容的字体应与表格固有字体不同，以示区别，字号相同或相近，匀称为宜。质量意见、质量结论及签字部分（包括日期）不可打印。施工单位的三检资料和监理单位的现场检测资料应使用黑色水笔手写，字迹清晰工整。

6. 应使用国家正式公布的简化汉字，不得使用繁体字。应横排填写具体内容，可以根据版面的实际需要进行适当处理。

7. 计算数值应符合《数值修约规则与极限数值的表示和判定》（GB/T 8170）要求。数据使用阿拉伯数字，使用法定计量单位及其符号。数据与数据之间用逗号（，）隔开，小数点要用圆点（．）。经计算得出的合格率用百分数表示，小数点后保留 1 位，如果为整数，则小数点后以 0 表示。日期用数字表达，年份不得简写。

8. 修改错误时使用杠改，再在右上方填写正确的文字或数字。不应涂抹或使用改正液、橡皮擦、刀片刮等不标准方法。

9. 表头空格线上填写工程项目名称，如"小浪底水利枢纽 工程"。表格内的单位工程、分部工程、单元工程名称，按项目划分确定的名称填写。单元工程部位可用桩号（长度）、高程（高度）、到轴线或到中心线的距离（宽度）表示，使该单元从三维空间上受控，必要时附图示意。"施工单位"栏应填写与项目法人签订承包合同的施工单位全称。

10. 有电子档案管理要求的，可根据工程需要对单位工程、分部工程、单元工程及工序进行统一编号。否则，"工序编号"栏可不填写。

11. 当遇有选择项目（项次）时，如钢筋的连接方式、预埋件的结构型式等不发生的项目（项次），在检查记录栏划"/"。

12. 凡检验项目的"质量要求"栏中为"符合设计要求"者，应填写设计要求的具体设计指标，检查项目应注明设计要求的具体内容，如内容较多可简要说明；凡检验项目的"质量要求"栏中为"符合规范要求"者，应填写出所执行的规范名称和编号、条款。"质量要求"栏中的"设计要求"，包括设计单位的设计文件，也包括经监理批准的施工方案、设备技术文件等有关要求。

13. 检验（检查、检测）记录应真实、准确，检测结果中的数据为终检数据，并在施工单位自评意见栏中由终检负责人签字。检测结果可以是实测值，也可以是偏差值，填写偏差值时必须附实测记录。

14. 对于主控项目中的检查项目，检查结果应完全符合质量要求，其检验点的合格率按100%计。

对于一般项目中的检查项目，检查结果若基本符合质量要求，其检验点的合格率按70%计；检查结果若符合质量要求，其检验点的合格率按90%计。

15. 监理工程师复核质量等级时，对施工单位填写的质量检验资料或质量等级如有不同意见，在"质量等级"栏填写核定的质量等级并签字。

16. 所有签字人员必须由本人签字，不得由他人代签，同时填写签字的实际日期。

17. 单元、工序中涉及的备查资料表格，如 SL 631～SL 639 标准或施工规范有具体格式要求的，则按有关要求执行。否则，由项目法人组织监理、设计及施工单位根据设计要求，制定相应的备查资料表格。

18. 对重要隐蔽单元工程和关键部位单元工程的施工质量验收评定应由设计、建设等单位的代表签字，具体要求应满足《水利水电工程施工质量检验与评定规程》（SL 176）的规定。

目录

2 混 凝 土 工 程

3 地基处理与基础工程

4 堤 防 工 程

下　册

5　水工金属结构安装工程

6　水轮发电机组安装工程

7　水力机械辅助设备系统安装工程

8 发电电气设备安装工程

9 升压变电电气设备安装工程

5　水工金属结构安装工程

水工金属结构安装工程填表说明

1. 本章表格适用于大中型水利水电工程水工金属结构单元工程安装质量验收评定，小型水利水电工程可参照执行。

2. 单元工程安装质量验收评定，应在单元工程检验项目的检验结果和试运行达到《水利水电工程单元安装施工质量验收评定标准——水工金属结构安装工程》（SL 635—2012）要求后，并具备完整的各种施工记录的基础上进行。

3. 安装质量标准中的优良、合格标准采用同一等级标准的，其质量标准的评定由监理单位（建设单位）会同施工单位商定。

4. 单元工程安装质量具备下述条件后验收评定：①单元工程所有施工项目已完成，并自检合格，施工现场具备验收条件；②单元工程所有施工项目的有关质量缺陷已处理完毕或有监理单位批准的处理意见。

5. 单元工程安装质量按下述程序进行验收评定：①施工单位对已经完成的单元工程安装质量进行自检，并填写检验记录；②自检合格后，填写单元工程施工质量验收评定表，向监理单位申请复核；③监理单位收到申请后，应在一个工作日内进行复核，并核定单元工程质量等级；④重要隐蔽单元工程和关键部位单元工程施工质量的验收评定应由建设单位（或委托监理单位）主持，由建设、设计、监理、施工等单位的代表组成联合小组，共同验收评定，并在验收前通知工程质量监督机构。

6. 监理复核单元工程安装质量包括下述内容：①应逐项核查报验资料是否真实、齐全、完整；②对照有关图纸及有关技术文件，复核单元工程质量是否达到 SL 635—2012 的要求；③检查已完单元工程遗留问题的处理情况，核定本单元工程安装质量等级，复核合格后签署验收意见，履行相关手续；④对验收中发现的问题提出处理意见。

表5.1 压力钢管单元工程
安装质量验收评定表填表要求

填表时必须遵守"填表基本规定",并应符合下列要求:

1. 单元工程划分:宜以一个安装单元或一个混凝土浇筑段或一个钢管段的钢管安装划分为一个单元工程。

2. 单元工程量:填写本单元工程钢管重量(t)、管径 D、壁厚 δ。

3. 本表是在表5.1.1~表5.1.4检查表质量评定合格基础上进行。

4. 单元工程施工质量验收评定应提交下列资料:

(1)施工单位应提供钢管等主要材料合格证,管节主要尺寸复测记录,安装质量检验项目检测记录,重大缺欠(缺陷)处理记录,焊接质量检验记录,表面防腐蚀记录,水压试验及安装图样等资料。

(2)监理单位应提交对单元工程施工质量的平行检测资料。

5. 压力钢管安装由管节安装、焊接与检验、表面防腐蚀等部分组成,其安装技术要求应符合《水利工程压力钢管制造安装及验收规范》(SL 432—2008)和设计文件的规定。压力钢管的水压试验应按 SL 432 和设计文件的规定进行。

6. 单元工程安装质量评定标准:

(1)合格等级标准:

1)各检验项目均达到合格等级及以上标准。

2)设备的试验和试运行符合 SL 635—2012 及相关专业标准的规定;各项报验资料符合 SL 635—2012 的要求。

(2)优良等级标准:在合格等级标准基础上,安装质量检验项目中优良项目占全部项目70%及以上,且主控项目100%优良。

表5.1 压力钢管单元工程安装质量验收评定表

单位工程名称					单元工程量		
分部工程名称					安装单位		
单元工程名称、部位					评定日期		

项次	项　　目	主控项目/个		一般项目/个	
		合格数	其中优良数	合格数	其中优良数
1	管节安装				
2	焊缝外观质量				
3	焊缝内部质量				
4	表面防腐蚀				
	小计				

安装单位自评意见	各项报验资料符合规定，检验项目全部合格，检验项目优良率为_____%，其中主控项目优良率为_____%。 单元工程安装质量等级评定为：_____。 （签字，加盖公章）　　年　月　日
监理单位意见	各项报验资料符合规定，检验项目全部合格，检验项目优良率为_____%，其中主控项目优良率为_____%。 单元工程安装质量等级评定为：_____。 （签字，加盖公章）　　年　月　日

注1：主控项目和一般项目中的合格指达到合格及其以上质量标准的项目个数。

注2：优良项目占全部项目百分率＝$\dfrac{\text{主控项目优良数＋一般项目优良数}}{\text{检验项目总数}} \times 100\%$。

表5.1.1 管节安装
质量检查表填表要求

填表时必须遵守"填表基本规定",并应符合下列要求:

1. 分部工程、单元工程名称填写应与表5.1相同。

2. 各检验项目的检验方法及检验数量按表E-1的要求执行。

表E-1 管 节 安 装

检验项目	检验方法	检验数量
始装节管口里程	钢尺、钢板尺、垂球或激光指向仪、经纬仪、水准仪、全站仪	始装节在上、下游管口测量,其余管节管口中心只测一端管口
始装节管口中心		
始装节两端管口垂直度		
钢管圆度	钢尺	最大管口直径与最小管口直径的差值,且每端管口至少测2对直径
纵缝对口径向错边量	钢板尺或焊接检验规	沿焊缝全长测量,每延米布设1个测点
环缝对口径向错边量		
与蜗壳、伸缩节、蝴蝶阀、球阀、岔管连接的管节及弯管起点的管口中心	钢尺、钢板尺、垂球或激光指向仪	始装节在上、下游管口测量,其余管节管口中心只测一端管口
其他部位管节的管口中心		
鞍式支座顶面弧度和样板间隙	用样板检查	测3~5个点
滚动支座或摇摆支座的支墩垫板高程和纵、横中心	全站仪、水准仪和经纬仪	每项各测1个点
支墩垫板与钢管设计轴线的倾斜度		每米测1个点
各接触面的局部间隙(滚动支座和摇摆支座)	塞尺	各接触面至少测1个点

3. 管节安装前应对钢管、伸缩节和岔管的各项尺寸进行复测,并应符合SL 432和设计文件的规定。

4. 管节就位调整后,应与支墩和锚栓加固焊牢,防止浇筑混凝土时管节发生变形及移位。

5. 钢管、伸缩节和岔管的表面防腐蚀工作,除安装焊缝坡口两侧(100mm)外,均应在安装前全部完成,如设计文件另有规定,则应按设计文件的要求执行。

6. 单元工程安装质量检验项目质量标准:

(1)合格等级标准:

1)主控项目,检测点应100%符合合格标准。

2)一般项目,检测点应90%及以上符合合格标准,不合格点最大值不应超过其允许偏差值的1.2倍,且不合格点不应集中。

(2)优良等级标准:在合格等级标准基础上,主控项目和一般项目的所有检测点应90%及以上符合优良标准。

7. 表中数值为允许偏差值。

表 5.1.1　　　　　　**管节安装质量检查表**

编号：_____

分部工程名称		单元工程名称	
安装部位及管节编号		安装内容	
安装单位		开/完工日期	

项次	检验项目	质量要求								实测值	合格数	优良数	质量等级
		合格				优良							
		$D\leqslant2000$	$2000<D\leqslant5000$	$5000<D\leqslant8000$	$D>8000$	$D\leqslant2000$	$2000<D\leqslant5000$	$5000<D\leqslant8000$	$D>8000$				
主控项目	1 始装节管口里程/mm	±5				±4							
	2 始装节管口中心/mm	5				4							
	3 始装节两端管口垂直度/mm	3				3							
	4 钢管圆度/mm	$\dfrac{5D}{1000}$，且不大于40				$\dfrac{4D}{1000}$，且不大于30							
	5 纵缝对口径向错边量/mm	任意板厚δ，不大于10%δ，且不大于2				任意板厚δ：不大于5%δ，且不大于2							
	6 环缝对口径向错边量/mm	板厚$\delta\leqslant30$，不大于15%δ，且不大于3				不大于10%δ，且不大于3							
		$30<\delta\leqslant60$，不大于10%δ				不大于5%δ							
		$\delta>60$，不大于6				不大于6							
		不锈钢复合钢板焊缝，任意板厚δ，不大于10%δ，且不大于1.5				不锈钢复合钢板焊缝，任意板厚δ，不大于5%δ，且不大于1.5							
一般项目	1 与蜗壳、伸缩节、蝴蝶阀、球阀、岔管连接的管节及弯管起点的管口中心/mm	6	10	12	12	6	10	12	12				

项次	检验项目	质量要求								实测值	合格数	优良数	质量等级
		合格				优良							
		$D\leqslant 2000$	$2000<D\leqslant 5000$	$5000<D\leqslant 8000$	$D>8000$	$D\leqslant 2000$	$2000<D\leqslant 5000$	$5000<D\leqslant 8000$	$D>8000$				
一般项目	2	其他部位管节的管口中心/mm	15	20	25	30	10	15	20	25				
	3	鞍式支座顶面弧度和样板间隙/mm	$\leqslant 2$											
	4	滚动支座或摇摆支座的支墩垫板高程和纵、横中心/mm	± 5				± 4							
	5	支墩垫板与钢管设计轴线的倾斜度/mm	$\leqslant \dfrac{2}{1000}$											
	6	各接触面的局部间隙（滚动支座和摇摆支座）/mm	$\leqslant 0.5$											

检查意见：

主控项目共_____项，其中合格_____项，优良_____项，合格率_____%，优良率_____%。

一般项目共_____项，其中合格_____项，优良_____项，合格率_____%，优良率_____%。

检验人：（签字）	评定人：（签字）	监理工程师：（签字）
年 月 日	年 月 日	年 月 日

注：D 为钢管内径，mm。

表5.1.2 焊缝外观
质量检查表填表要求

填表时必须遵守"填表基本规定",并应符合下列要求:

1. 分部工程、单元工程名称填写应与表5.1相同。

2. 各检验项目的检验方法及检验数量按表E-2的要求执行。

表E-2 焊 缝 外 观

检验项目		检验方法	检验数量
裂纹		检查(必要时用5倍放大镜检查)	沿焊缝长度
表面夹渣			
咬边			
表面气孔			全部表面
未焊满			
焊缝余高 △h	手工焊	钢板尺或焊接检验规	
	自动焊		
对接焊缝宽度 △b	手工焊		
	自动焊		
飞溅		检查	全部表面
电弧擦伤			
焊瘤			
角焊缝焊脚高 K	手工焊	焊接检验规	
	自动焊		
端部转角		检查	

3. 压力钢管焊接与检验的技术要求应符合《水工金属结构焊接通用技术条件》(SL 36)和 SL 432 的规定。

4. 焊缝的无损检验应根据施工图样和相关标准的规定进行。一类、二类焊缝的射线、超声波、磁粉、渗透探伤等应分别符合《金属熔化焊焊接头射线照相》(GB/T 3323)、《焊缝无损检测 超声检测 技术、检测等级和评定》(GB/T 11345)、《无损检测 焊缝磁粉检测》(JB/T 6061)、《无损检测 焊缝渗透检测》(JB/T 6062)的规定。

5. 焊缝焊接质量由焊缝外观质量和焊缝内部质量组成。

6. 单元工程安装质量检验项目质量标准:

(1) 合格等级标准:

1) 主控项目,检测点应100%符合合格标准。

2) 一般项目,检测点应90%及以上符合合格标准,不合格点最大值不应超过其允许偏差值的1.2倍,且不合格点不应集中。

(2) 优良等级标准:在合格标准基础上,主控项目和一般项目的所有检测点应90%及以上符合优良标准。

7. 表中数值为允许偏差值。

表 5.1.2   焊缝外观质量检查表

编号：_____

分部工程名称				单元工程名称				
安装部位				安装内容				
安装单位				开/完工日期				

项次	检验项目	质量要求 合格		实测值	合格数	优良数	质量等级
		1	裂纹	不允许出现					
	2	表面夹渣(δ 为钢板厚度,mm)	一类、二类焊缝：不允许； 三类焊缝：深不大于 0.1δ，长不大于 0.3δ，且不大于 10					
主控项目	3	咬边/mm	钢管	一类、二类焊缝：深不大于 0.5； 三类焊缝：深不大于 1				
			钢闸门	一类、二类焊缝：深不大于 0.5；连续咬边长度不大于焊缝总长的 10%，且不大于 100；两侧咬边累计长度不大于该焊缝总长的 15%；角焊缝不大于 20%； 三类焊缝深不大于 1				
	4	表面气孔/mm	钢管	一类、二类焊缝不允许； 三类焊缝：每米范围内允许直径小于 1.5 的气孔 5 个，间距不小于 20				
			钢闸门	一类焊缝不允许； 二类焊缝：直径不大于 1.0mm 气孔每米范围内允许 3 个，间距不小于 20； 三类焊缝：直径不大于 1.5mm 气孔每米范围内允许 5 个，间距不小于 20				
	5	未焊满/mm		一类、二类焊缝不允许； 三类焊缝：深不大于 0.2+0.02δ且不大于 1，每 100mm 焊缝内缺欠总长不大于 25				

项次	检验项目		质量要求	实测值	合格数	优良数	质量等级
			合格				
一般项目	1	焊缝余高 Δh /mm	手工焊	一类、二类/三类（仅钢闸门）焊缝： $\delta \leqslant 12$ $\Delta h = (0\sim1.5)/(0\sim2)$ $12 < \delta \leqslant 25$ $\Delta h = (0\sim2.5)/(0\sim3)$ $25 < \delta \leqslant 50$ $\Delta h = (0\sim3)/(0\sim4)$ $\delta > 50$ $\Delta h = (0\sim4)/(0\sim5)$			
			自动焊	$(0\sim4)/(0\sim5)$			
	2	对接焊缝宽度 Δb /mm	手工焊	盖过每边坡口宽度 1～2.5，且平缓过渡			
			自动焊	盖过每边坡口宽度 2～7，且平缓过渡			
	3	飞溅		不允许出现（高强钢、不锈钢此项作为主控项目）			
	4	电弧擦伤		不允许出现（高强钢、不锈钢此项作为主控项目）			
	5	焊瘤		不允许出现			
	6	角焊缝焊脚高 K /mm	手工焊	$K < 12$，$\Delta K = 0\sim2$；$K \geqslant 12$，$\Delta K = 0\sim3$			
			自动焊	$K < 12$，$\Delta K = 0\sim2$；$K \geqslant 12$，$\Delta K = 0\sim3$			
	7	端部转角		连续绕角施焊			

检查意见：

  主控项目共_____项，其中合格_____项，优良_____项，合格率_____%，优良率_____%。

  一般项目共_____项，其中合格_____项，优良_____项，合格率_____%，优良率_____%。

检验人：（签字） 年 月 日	评定人：（签字） 年 月 日	监理工程师：（签字） 年 月 日

注：手工焊是指焊条电弧焊、CO₂ 半自动气保焊、自保护药芯半自动焊以及手工 TIG 焊等。而自动焊是指埋弧自动焊、MAG 自动焊、MIG 自动焊等。

表5.1.3　焊缝内部质量
检查表填表要求

填表时必须遵守"填表基本规定"，并应符合下列要求：

1. 分部工程、单元工程名称填写应与表5.1相同。

2. 各检验项目的检验方法及检验数量按表E-3的要求执行。

表E-3　　　　　　　　　　　　焊　缝　内　部

检验项目	检验方法
射线探伤	压力钢管：按SL 432的要求； 钢闸门及拦污栅：按《水利水电工程钢闸门制造、安装及验收规范》（GB/T 14173）的要求； 启闭机：按《水利水电工程启闭机制造安装及验收规范》（SL 381）和《水工金属结焊接通用技术条件》（SL 36）要求
超声波探伤	压力钢管：按SL 432的要求； 钢闸门及拦污栅：按GB/T 14173的要求； 启闭机：按SL 381和SL 36的要求
磁粉探伤	厚度大于32mm的高强度钢，不低于焊缝总长的20%，且不小于200mm
渗透探伤	厚度大于32mm的高强度钢，不低于焊缝总长的20%，且不小于200mm

3. 单元工程安装质量检验项目质量标准：

（1）合格等级标准：

1）主控项目，检测点应100%符合合格标准。

2）一般项目，检测点应90%及以上符合合格标准，不合格点最大值不应超过其允许偏差值的1.2倍，且不合格点不应集中。

（2）优良等级标准：在合格等级标准基础上，主控项目和一般项目的所有检测点应90%及以上符合优良标准。

表 5.1.3   **焊缝内部质量检查表**

编号：_____

分部工程名称				单元工程名称				
安装部位				安装内容				
安装单位				开/完工日期				

项次	检验项目	质量要求		实测值	合格数	优良数	质量等级
		合格	优良				
主控项目	1 射线探伤	一类焊缝不低于Ⅱ级合格，二类焊缝不低于Ⅲ级合格	一次合格率不低于90%				
	2 超声波探伤	一类焊缝不低于Ⅰ级合格，二类焊缝不低于Ⅱ级合格	一次合格率不低于95%				
	3 磁粉探伤	一类、二类焊缝不低于Ⅱ级合格	一次合格率不低于95%				
	4 渗透探伤	一类、二类焊缝不低于Ⅱ级合格	一次合格率不低于95%				

检查意见：
    主控项目共_____项，其中合格_____项，优良_____项，合格率_____%，优良率_____%。

检验人：（签字）	评定人：（签字）	监理工程师：（签字）
年 月 日	年 月 日	年 月 日

注1：射线探伤一次合格率为：$\dfrac{合格底片（张）}{拍片总数（张）} \times 100\%$。

注2：其余探伤一次合格率为：$\dfrac{合格焊缝总长度（m）}{所检焊缝总长度（m）} \times 100\%$。

注3：当焊缝长度小于200mm时，按实际焊缝长度检测。

表5.1.4　　表面防腐蚀质量检查表填表要求

填表时必须遵守"填表基本规定"，并应符合下列要求：

1. 分部工程、单元工程名称填写应与表 5.1 相同。

2. 各检验项目的检验方法及检验数量按表 E-4 执行。

表 E-4　　　　　　　　　　　表面防腐蚀

检验项目			检验方法	检验数量
钢管表面清除			目测检查	全部表面
钢管局部凹坑焊补				
灌浆孔堵焊			检查（或 5 倍放大镜检查）	全部灌浆孔
表面预处理			清洁度按 GB 8923 照片对比；粗糙度用触针式轮廓仪测量或比较样板目测评定	每 2m² 表面至少要有 1 个评定点。触针式轮廓仪在 40mm 长度范围内测 5 点，取其算术平均值；比较样块法每一评定点面积不小于 50mm²
涂料涂装	外观检查		目测检查	安装焊缝两侧
	涂层厚度		测厚仪	平整表面，每 10m² 表面应不少于 3 个测点；结构复杂、面积较小的表面，每 2m² 表面应不少于 1 个测点；单节钢管在两端和中间的圆周上每隔 1.5m 测 1 个点
	针孔		针孔检测仪	侧重在安装环缝两侧检测，每个区域 5 个测点，探测距离 300mm 左右
	附着力	涂膜厚度大于 250μm	专用刀具	符合 SL 105 附录 E "色漆和清漆　漆膜的划格试验"的规定
		涂膜厚度不大于 250μm		
金属喷涂	外观检查		目测检查	全部表面
	涂层厚度		测厚仪	平整表面上每 10m² 不少于 3 个局部厚度（取 1dm² 的基准面，每个基准面测 10 个测点，取算术平均值）
	结合性能		切割刀、布胶带	当涂层厚度不大于 200μm，在 15mm×15mm 面积内按 3mm 间距，用刀切划网格，切痕深度应将涂层切断至基体金属，再用一个辊子施以 5N 的载荷将一条合适的胶带压紧在网格部位，然后沿垂直涂层表面方向快速将胶带拉开；当涂层厚度大于 200μm，在 25mm×25mm 面积内按 5mm 间距切划网格，按上述方法检测

3. 压力钢管表面防腐蚀的技术要求应符合 SL 432 和《水工金属结构防腐蚀规范》（SL 105）的规定。

4. 压力钢管表面防腐蚀质量评定包括管道内外壁表面清除、局部凹坑焊补、灌浆孔堵焊和表面防腐蚀（焊缝两侧）等检验项目。

5. 单元工程安装质量检验项目质量标准：

（1）合格等级标准：

1）主控项目，检测点应 100％符合合格标准。

2）一般项目，检测点应 90％及以上符合合格标准，不合格点最大值不应超过其允许偏差值的 1.2 倍，且不合格点不应集中。

（2）优良等级标准：在合格标准基础上，主控项目和一般项目的所有检测点应 90％及以上符合优良标准。

表 5.1.4   **表面防腐蚀质量检查表**

编号：＿＿＿＿＿＿＿＿＿＿＿

分部工程名称				单元工程名称				
安装部位				安装内容				
安装单位				开/完工日期				

项次	检验项目	质量要求		实测值	合格数	优良数	质量等级
		合格	优良				
主控项目	1 钢管表面清除	管壁临时支撑割除，焊疤清除干净	管壁临时支撑割除，焊疤清除干净并磨光				
	2 钢管局部凹坑焊补	凡凹坑深度大于板厚10％或大于2.0mm应焊补	凡凹坑深度大于板厚10％或大于2.0mm应焊补并磨光				
	3 灌浆孔堵焊	堵焊后表面平整，无渗水现象					
一般项目	1 表面预处理	明管内外壁和埋管内壁用压缩空气喷砂或喷丸除锈，除锈清洁度等级应达到《涂装前钢材表面锈蚀等级和除锈等级》GB 8923 中规定的 Sa2$\frac{1}{2}$级；表面粗糙度对非厚浆型涂料应达到 Rz40～Rz70μm，对厚浆型涂料及金属热喷涂为 Rz60～Rz100μm。 埋管外壁经喷射或抛射除锈后，采用改性水泥浆防腐蚀除锈等级不低于 Sa1 级					
	2 外观检查	表面光滑、颜色均匀一致，无皱纹、起泡、流挂、针孔、裂纹、漏涂等缺欠					
	3 涂料涂装 涂层厚度	85％以上的局部厚度应达到设计文件规定厚度，漆膜最小局部厚度应不低于设计文件规定厚度的85％					
	4 针孔	厚浆型涂料，按规定的电压值检测针孔，发现针孔，用砂纸或弹性砂轮片打磨后补涂					

项次		检验项目		质量要求		实测值	合格数	优良数	质量等级
				合格	优良				
一般项目	涂料涂装	附着力	5 涂膜厚度大于250μm	在涂膜上划两条夹角为60°的切割线，应划透至基底，用透明压敏胶带粘牢划口部分，快速撕起胶带，涂层应无剥落					
			6 涂膜厚度不大于250μm	用划格法检查（0～60μm，刀口间距1mm；61～120μm，刀口间距2mm；121～250μm，刀口间距3mm），涂层沿切割边缘或切口交叉处脱落明显大于5%，但受影响明显不大于15%	切割的边缘完全平滑，无一格脱落，或在切割交叉处涂层有少许薄片分离，划格区受影响明显地不大于5%				
	金属喷涂	外观检查	7	表面均匀，无金属熔融粗颗粒、起皮、鼓泡、裂纹、掉块及其他影响使用的缺陷					
		涂层厚度	8	最小局部厚度不小于设计文件规定厚度					
		结合性能	9	胶带上有破断的涂层粘附，但基底未裸露	涂层的任何部位都未与基体金属剥离				

检查意见：

主控项目共＿＿＿项，其中合格＿＿＿项，优良＿＿＿项，合格率＿＿＿%，优良率＿＿＿%。

一般项目共＿＿＿项，其中合格＿＿＿项，优良＿＿＿项，合格率＿＿＿%，优良率＿＿＿%。

检验人：（签字）	评定人：（签字）	监理工程师：（签字）
年 月 日	年 月 日	年 月 日

表5.2 平面闸门埋件
单元工程安装质量验收评定表填表要求

填表时必须遵守"填表基本规定",并应符合下列要求:

1. 单元工程划分:宜以每一孔(段)门槽的埋件安装划分为一个单元工程。

2. 单元工程量:填写本单元埋件重量(t)。

3. 本表是在表5.2.1~表5.2.8、表5.1.2~表5.1.4检查表质量评定合格基础上进行。

4. 单元工程施工质量验收评定应包括下列资料:

(1)施工单位应提交埋件的安装图样、安装记录、埋件焊接与表面防腐蚀记录、重大缺陷处理记录等资料。

(2)监理单位应提交对单元工程施工质量的平行检测资料。

5. 平面闸门埋件的安装及检查等技术要求应符合《水利水电工程钢闸门制造、安装及验收规范》(GB/T 14173)和设计文件的规定。

6. 埋件就位调整后,应用加固钢筋或调整螺栓,将其与预埋螺栓或插筋焊牢,以防浇筑二期混凝土时发生移位。二期混凝土拆模后,应进行复测,同时清除遗留的钢筋头等杂物,并将埋件表面清理干净。

7. 单元工程安装质量评定标准:

(1)合格等级标准:

1)各检验项目均达到合格等级以上标准。

2)设备的试验和试运行符合SL 635—2012标准及相关专业标准规定;各项报验资料符合SL 635—2012标准的要求。

(2)优良等级标准:在合格等级标准基础上,安装质量检验项目中优良项目占全部项目70%及以上,且主控项目100%优良。

8. 表中数值为允许偏差值。

表5.2 平面闸门埋件单元工程安装质量验收评定表

单位工程名称		单元工程量	
分部工程名称		安装单位	
单元工程名称、部位		评定日期	

项次	项 目	主控项目/个		一般项目/个	
		合格数	其中优良数	合格数	其中优良数
1	平面闸门底槛安装				
2	平面闸门门楣安装				
3	平面闸门主轨安装				
4	平面闸门侧轨安装				
5	平面闸门反轨安装				
6	平面闸门止水板安装				
7	平面闸门护角兼作侧轨安装				
8	平面闸门胸墙安装				
9	焊缝外观质量（见表5.1.2）				
10	焊缝内部质量（见表5.1.3）				
11	表面防腐蚀质量（见表5.1.4）				
安装单位自评意见	各项报验资料符合规定。检验项目全部合格。检验项目优良率为_____%，其中主控项目优良率为_____%。 单元工程安装质量等级评定为：_____。 （签字，加盖公章）　　年　月　日				
监理单位复核意见	各项报验资料符合规定。检验项目全部合格。检验项目优良率为_____%，其中主控项目优良率为_____%。 单元工程安装质量等级评定为：_____。 （签字，加盖公章）　　年　月　日				

注1：主控项目和一般项目中的合格指达到合格及其以上质量标准的项目个数。

注2：优良项目占全部项目百分率＝$\dfrac{主控项目优良数 ＋ 一般项目优良数}{检验项目总数}$×100%。

注3：胸墙下部系指和门楣结合处。

注4：门楣工作范围高度：静水启闭闸门为孔口高；动水启闭闸门为承压主轨高度。

表5.2.1 平面闸门底槛安装
质量检查表填表要求

填表时必须遵守"填表基本规定",并应符合下列要求:

1. 分部工程、单元工程名称填写应与表5.2相同。

2. 检验部位如图 E-1 所示。

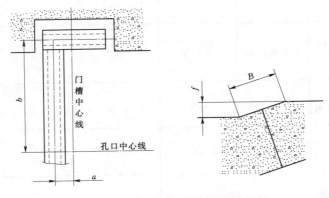

图 E-1 平面闸门底槛安装

   3. 平面闸门埋件安装质量评定包括:底槛、门楣、主轨、侧轨、反轨、止水板、护角、胸墙和埋件表面防腐蚀等检验项目。

   4. 平面闸门埋件焊接与表面防腐蚀质量应分别符合 SL 635—2012 第4章的规定。

   5. 单元工程安装质量检验项目质量标准:

(1) 合格等级标准:

1) 主控项目,检测点应100%符合合格标准。

2) 一般项目,检测点应90%及以上符合合格标准,不合格点最大值不应超过其允许偏差值的1.2倍,且不合格点不应集中。

(2) 优良等级标准:在合格等级标准基础上,主控项目和一般项目的所有检测点应90%及以上符合优良标准。

   6. 表中数值为允许偏差值。

表 5.2.1　　　　　**平面闸门底槛安装质量检查表**

编号：_____

分部工程名称					单元工程名称			
安装部位					安装内容			
安装单位					开/完工日期			

项次		检验项目		质量要求		实测值	合格数	优良数	质量等级
主控项目	1	对门槽中心线 a/mm	工作范围内	±5.0					
	2	对孔口中心线 b/mm	工作范围内	±5.0					
	3	工作表面一端对另一端的高差（L 为闸门宽度，mm）	$L<10000$	2.0					
			$L\geqslant10000$	3.0					
	4	工作表面平面度 /mm	工作范围内	2.0					
	5	工作表面组合处的错位/mm	工作范围内	1.0					
	6	表面扭曲值 f	工作范围内表面宽度 B/mm	$B<100$	1.0				
				$B=100\sim200$	1.5				
				$B>200$	2.0				
一般项目	1	高程/mm		±5.0					

检查意见：

　　主控项目共_____项，其中合格_____项，优良_____项，合格率_____％，优良率_____％。

　　一般项目共_____项，其中合格_____项，优良_____项，合格率_____％，优良率_____％。

检验人：（签字）	评定人：（签字）	监理工程师：（签字）
年　月　日	年　月　日	年　月　日

表5.2.2 平面闸门门楣安装
质量检查表填表要求

填表时必须遵守"填表基本规定",并应符合下列要求:

1. 分部工程、单元工程名称填写应与表5.2相同。

2. 检验部位如图E-2所示。

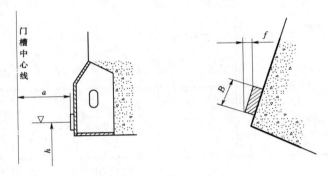

图E-2 平面闸门门楣安装

3. 单元工程安装质量检验项目质量标准:

(1)合格等级标准:主控项目,检测点应100%符合合格标准。

(2)优良等级标准:所有检测点应90%及以上符合优良标准。

4. 表中数值为允许偏差值。

表 5.2.2　　　平面闸门门楣安装质量检查表

编号：_____

分部工程名称		单元工程名称	
安装部位		安装内容	
安装单位		开/完工日期	

项次		检验项目		质量要求		实测值	合格数	优良数	质量等级
主控项目	1	对门槽中心线 a/mm	工作范围内	+2.0 −1.0					
	2	门楣中心对底槛面的距离 h/mm		±3.0					
	3	工作表面平面度/mm	工作范围内	2.0					
	4	工作表面组合处的错位/mm	工作范围内	0.5					
	5	表面扭曲值 f	工作范围内表面宽度 B/mm	$B<100$	1.0				
				$B=100$ ～200	1.5				

检查意见：

　　主控项目共_____项，其中合格_____项，优良_____项，合格率_____%，优良率_____%。

检验人：（签字）	评定人：（签字）	监理工程师：（签字）
年　月　日	年　月　日	年　月　日

表5.2.3 平面闸门主轨安装
质量检查表填表要求

填表时必须遵守"填表基本规定",并应符合下列要求:

1. 分部工程、单元工程名称填写应与表5.2相同。

2. 检验部位如图 E-3 所示。

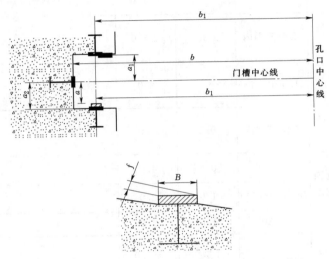

图 E-3 平面闸门主轨安装

3. 单元工程安装质量检验项目质量标准:

(1)合格等级标准:

1)主控项目,检测点应100%符合合格标准。

2)一般项目,检测点应90%及以上符合合格标准,不合格点最大值不应超过其允许偏差值的1.2倍,且不合格点不应集中。

(2)优良等级标准:在合格等级标准基础上,主控项目和一般项目的所有检测点应90%及以上符合优良标准。

4. 表中数值为允许偏差值。

表 5.2.3   **平面闸门主轨安装质量检查表**

编号：_____

分部工程名称				单元工程名称				
安装部位				安装内容				
安装单位				开/完工日期				

项次		检验项目		质量要求		实测值	合格数	优良数	质量等级
				加工	不加工				
主控项目	1	对门槽中心线 a/mm	工作范围内	+2.0 −1.0	+3.0 −1.0				
	2	对孔口中心线 b/mm	工作范围内	±3.0	±3.0				
	3	工作表面平面度 /mm	工作范围内	—	2.0				
	4	工作表面组合处的错位/mm	工作范围内	0.5	1.0				
	5	表面扭曲值 f	工作范围内表面宽度 B/mm	B<100	0.5	1.0			
				B=100~200	1.0	2.0			
				B>200	1.0	2.0			
一般项目	1	对门槽中心线 a/mm	工作范围外	+3.0 −1.0	+5.0 −2.0				
	2	对孔口中心线 b/mm	工作范围外	±4.0	±4.0				
	3	工作表面组合处的错位/mm	工作范围外	1.0	2.0				
	4	表面扭曲值 f/mm	工作范围外允许增加值	2.0	2.0				

检查意见：

    主控项目共_____项，其中合格_____项，优良_____项，合格率_____%，优良率_____%。

    一般项目共_____项，其中合格_____项，优良_____项，合格率_____%，优良率_____%。

检验人：（签字）	评定人：（签字）	监理工程师：（签字）
年 月 日	年 月 日	年 月 日

表5.2.4 平面闸门侧轨安装
质量检查表填表要求

填表时必须遵守"填表基本规定",并应符合下列要求:

1. 分部工程、单元工程名称填写应与表5.2相同。

2. 检验部位如图E-4所示。

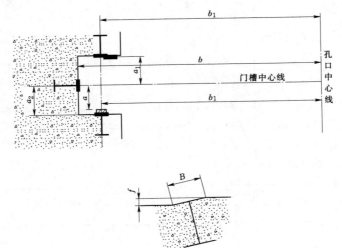

图E-4 平面闸门侧轨安装

3. 单元工程安装质量检验项目质量标准:

(1) 合格等级标准:

1) 主控项目,检测点应100%符合合格标准。

2) 一般项目,检测点应90%及以上符合合格标准,不合格点最大值不应超过其允许偏差值的1.2倍,且不合格点不应集中。

(2) 优良等级标准:在合格等级标准基础上,主控项目和一般项目的所有检测点应90%及以上符合优良标准。

4. 表中数值为允许偏差值。

表 5.2.4 　　　　**平面闸门侧轨安装质量检查表**

编号：_____

分部工程名称				单元工程名称			
安装部位				安装内容			
安装单位				开/完工日期			

项次		检验项目		质量要求		实测值	合格数	优良数	质量等级
主控项目	1	对门槽中心线 a/mm	工作范围内	±5.0					
	2	对孔口中心线 b/mm	工作范围内	±5.0					
	3	工作表面组合处的错位	工作范围内	1.0					
	4	表面扭曲值 f	工作范围内表面宽度 B/mm	$B<100$	2.0				
				$B=100\sim200$	2.5				
				$B>200$	3.0				
一般项目	1	对门槽中心线 a/mm	工作范围外	±5.0					
	2	对孔口中心线 b/mm	工作范围外	±5.0					
	3	工作表面组合处的错位/mm	工作范围外	2.0					
	4	表面扭曲值 f	工作范围外允许增加值/mm	2.0					

检查意见：

主控项目共_____项，其中合格_____项，优良_____项，合格率_____%，优良率_____%。

一般项目共_____项，其中合格_____项，优良_____项，合格率_____%，优良率_____%。

检验人：（签字）	评定人：（签字）	监理工程师：（签字）
年　月　日	年　月　日	年　月　日

表5.2.5　平面闸门反轨安装
质量检查表填表要求

填表时必须遵守"填表基本规定"，并应符合下列要求：

1. 分部工程、单元工程名称填写应与表5.2相同。

2. 检验部位如图E-5所示。

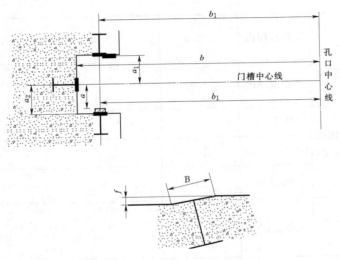

图E-5　平面闸门反轨安装

3. 单元工程安装质量检验项目质量标准：

（1）合格等级标准：

1）主控项目，检测点应100％符合合格标准。

2）一般项目，检测点应90％及以上符合合格标准，不合格点最大值不应超过其允许偏差值的1.2倍，且不合格点不应集中。

（2）优良等级标准：在合格等级标准基础上，主控项目和一般项目的所有检测点应90％及以上符合优良标准。

4. 表中数值为允许偏差值。

表 5.2.5 平面闸门反轨安装质量检查表

编号：_____

分部工程名称				单元工程名称				
安装部位				安装内容				
安装单位				开/完工日期				

项次		检验项目		质量要求		实测值	合格数	优良数	质量等级
主控项目	1	对门槽中心线 a/mm	工作范围内	$+3.0$ -1.0					
	2	对孔口中心线 b/mm	工作范围内	±3.0					
	3	工作表面组合处的错位/mm	工作范围内	1.0					
	4	表面扭曲值 f	工作范围内表面宽度 B/mm	$B<100$	2.0				
				$B=100\sim200$	2.5				
				$B>200$	3.0				
一般项目	1	对门槽中心线 a/mm	工作范围外	$+5.0$ -2.0					
	2	对孔口中心线 b/mm	工作范围外	±5.0					
	3	工作表面组合处的错位/mm	工作范围外	2.0					
	4	表面扭曲值 f	工作范围外允许增加值	2.0					

检查意见：

　　主控项目共_____项，其中合格_____项，优良_____项，合格率_____%，优良率_____%。

　　一般项目共_____项，其中合格_____项，优良_____项，合格率_____%，优良率_____%。

检验人：（签字）	评定人：（签字）	监理工程师：（签字）
年 月 日	年 月 日	年 月 日

表5.2.6 平面闸门止水板安装质量检查表填表要求

填表时必须遵守"填表基本规定",并应符合下列要求:

1. 分部工程、单元工程名称填写应与表5.2相同。

2. 检验部位如图E-6所示。

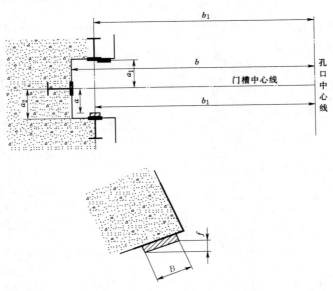

图E-6 平面闸门止水板安装

3. 单元工程安装质量检验项目质量标准:

(1) 合格等级标准:

1) 主控项目,检测点应100%符合合格标准。

2) 一般项目,检测点应90%及以上符合合格标准,不合格点最大值不应超过其允许偏差值的1.2倍,且不合格点不应集中。

(2) 优良等级标准:在合格等级标准基础上,主控项目和一般项目的所有检测点应90%及以上符合优良标准。

4. 表中数值为允许偏差值。

表 5.2.6   **平面闸门止水板安装质量检查表**

编号：_____

分部工程名称				单元工程名称					
安装部位				安装内容					
安装单位				开/完工日期					

项次		检验项目		质量要求		实测值	合格数	优良数	质量等级
主控项目	1	对门槽中心线 a/mm	工作范围内	+2.0 −1.0					
	2	对孔口中心线 b/mm	工作范围内	±3.0					
	3	工作表面平面度 /mm	工作范围内	2.0					
	4	工作表面组合处的错位/mm	工作范围内	0.5					
	5	表面扭曲值 f	工作范围内表面宽度 B/mm	$B<100$	1.0				
				$B=100\sim200$	1.5				
				$B>200$	3.0				
一般项目	6	工作范围外允许增加值/mm		2.0					

检查意见：

     主控项目共_____项，其中合格_____项，优良_____项，合格率_____%，优良率_____%。

     一般项目共_____项，其中合格_____项，优良_____项，合格率_____%，优良率_____%。

检验人：（签字） 年 月 日	评定人：（签字） 年 月 日	监理工程师：（签字） 年 月 日

494

表5.2.7 平面闸门护角兼作侧轨安装
质量检查表填表要求

填表时必须遵守"填表基本规定",并应符合下列要求:

1. 分部工程、单元工程名称填写应与表5.2相同。

2. 检验部位如图E-7所示。

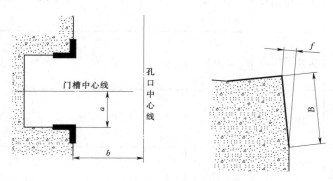

图E-7 平面闸门护角兼作侧轨安装

3. 单元工程安装质量检验项目质量标准:

(1)合格等级标准:

1)主控项目,检测点应100%符合合格标准。

2)一般项目,检测点应90%及以上符合合格标准,不合格点最大值不应超过其允许偏差值的1.2倍,且不合格点不应集中。

(2)优良等级标准:在合格等级标准基础上,主控项目和一般项目的所有检测点应90%及以上符合优良标准。

4. 表中数值为允许偏差值。

表 5.2.7　　平面闸门护角兼作侧轨安装质量检查表

编号：_____

分部工程名称				单元工程名称				
安装部位				安装内容				
安装单位				开/完工日期				

项次		检验项目		质量要求	实测值	合格数	优良数	质量等级
主控项目	1	对门槽中心线 a/mm	工作范围内	±5.0				
	2	对孔口中心线 b/mm	工作范围内	±5.0				
	3	工作表面组合处的错位/mm	工作范围内	1.0				
	4	表面扭曲值 f	工作范围内表面宽度 B/mm	$B<100$	2.0				
				$B=100\sim200$	2.5				
				$B>200$	3.0				
一般项目	1	对门槽中心线 a/mm	工作范围外	±5.0				
	2	对孔口中心线 b/mm	工作范围外	±5.0				
	3	工作表面组合处的错位/mm	工作范围外	2.0				
	4	表面扭曲值 f	工作范围外允许增加值/mm	2.0				

检查意见：

　　主控项目共_____项，其中合格_____项，优良_____项，合格率_____%，优良率_____%。

　　一般项目共_____项，其中合格_____项，优良_____项，合格率_____%，优良率_____%。

检验人：（签字）	评定人：（签字）	监理工程师：（签字）
年　月　日	年　月　日	年　月　日

表5.2.8 平面闸门胸墙安装质量检查表填表要求

填表时必须遵守"填表基本规定",并应符合下列要求:

1. 分部工程、单元工程名称填写应与表5.2相同。

2. 检验部位如图 E-8 所示。

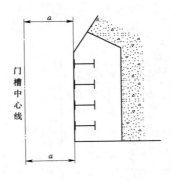

图 E-8 平面闸门胸墙安装

3. 单元工程安装质量检验项目质量标准:

(1) 合格等级标准:主控项目,检测点应100%符合合格标准。

(2) 优良等级标准:在合格等级标准基础上,所有检测点应90%及以上符合优良标准。

4. 表中数值为允许偏差值。

表 5.2.8　　平面闸门胸墙安装质量检查表

编号：＿＿＿＿＿＿＿＿＿＿＿＿

分部工程名称		单元工程名称	
安装部位		安装内容	
安装单位		开/完工日期	

项次		检验项目	质量要求				实测值	合格数	优良数	质量等级
			兼作止水		不兼作止水					
			上部	下部	上部	下部				
主控项目	1	对门槽中心线 a/mm	工作范围内	+5.00	+2.0 -1.0	+8.0 -1.0	+2.0 -1.0				
	2	工作表面平面度/mm	工作范围内	2.0	2.0	4.0	4.0				
	3	工作表面组合处的错位/mm	工作范围内	1.0	1.0	1.0	1.0				

检查意见：

　　主控项目共＿＿＿＿项，其中合格＿＿＿＿项，优良＿＿＿＿项，合格率＿＿＿＿％，优良率＿＿＿＿％。

检验人：（签字）	评定人：（签字）	监理工程师：（签字）
年　月　日	年　月　日	年　月　日

表5.3 平面闸门门体
单元工程安装质量验收评定表填表要求

填表时必须遵守"填表基本规定",并应符合下列要求:

1. 单元工程划分:宜以每扇门体的安装划分为一个单元工程。

2. 单元工程量:填写本单元门体重量(t)。

3. 本表是在表5.3.1、表5.1.2~表5.1.4检查表质量评定合格基础上进行。

4. 单元工程施工质量验收评定应提交下列资料:

(1) 施工单位应提交门体设计与安装图样、安装记录、门体焊接与门体表面防腐蚀记录、闸门试验及试运行记录、重大缺陷处理记录等资料。

(2) 监理单位应提交对单元工程施工质量的平行检测资料。

5. 平面闸门门体的安装、表面防腐蚀及检查等技术要求应符合GB/T 14173和设计文件的规定。

6. 单元工程安装质量评定标准:

(1) 合格等级标准:

1) 各检验项目均达到合格等级及以上标准。

2) 设备的试验和试运行符合SL 635—2012及相关专业标准的规定;各项报验资料符合SL 635—2012标准的要求。

(2) 优良等级标准:在合格等级标准基础上,安装质量检验项目中优良项目占全部项目70%及以上,且主控项目100%优良。

表 5.3　　平面闸门门体单元工程安装质量验收评定表

单位工程名称				单元工程量		
分部工程名称				安装单位		
单元工程名称、部位				评定日期		

项次	项　目	主控项目/个		一般项目/个	
		合格数	其中优良数	合格数	其中优良数
1	平面闸门门体安装				
2	焊缝外观质量（见表 5.1.2）				
3	焊缝内部质量（见表 5.1.3）				
4	表面防腐蚀质量（见表 5.1.4）				
	试运行效果				
安装单位自评意见	各项试验和单元工程试运行符合要求，各项报验资料符合规定。检验项目全部合格。检验项目优良率为_____%，其中主控项目优良率为_____%。 单元工程安装质量等级评定为：_____。 （签字，加盖公章）　　　年　月　日				
监理单位复核意见	各项试验和单元工程试运行符合要求，各项报验资料符合规定。检验项目全部合格。检验项目优良率为_____%，其中主控项目优良率为_____%。 单元工程安装质量等级评定为：_____。 （签字，加盖公章）　　　年　月　日				
注1：主控项目和一般项目中的合格指达到合格及其以上质量标准的项目个数。 注2：优良项目占全部项目百分率 $=\dfrac{\text{主控项目优良数}+\text{一般项目优良数}}{\text{检验项目总数}}\times100\%$。					

表5.3.1 平面闸门门体安装
质量检查表填表要求

填表时必须遵守"填表基本规定"，并应符合下列要求：

1. 分部工程、单元工程名称填写应与表5.3相同。

2. 各检验项目的检验方法及检验数量按表E-5的要求执行。

表E-5   平 面 闸 门 门 体 安 装

部位	检验项目	检验方法	检验数量
反向滑块	反向支撑装置至正向支承装置的距离（反向支撑装置自由状态）	钢丝线、钢板尺、水准仪、经纬仪	通过反向支承装置踏面、正向支承装置踏面拉钢丝线测量
焊缝对口错边	焊缝对口错边（任意板厚δ）	钢板尺或焊接检验规	沿焊缝全长测量
表面清除和凹坑焊补	门体表面清除	钢板尺	全部表面
	门体局部凹坑焊补		
止水橡皮	止水橡皮顶面平度	钢丝线、钢板尺、水准仪、经纬仪	通过止水橡皮顶面拉线测量，每0.5m测1个点
	止水橡皮与滚轮或滑道面距离	钢丝线、钢板尺、水准仪、经纬仪	通过滚轮顶面或通过滑道面（每段滑道至少在两端各测1个点）拉线测量
	两侧止水中心距离和顶止水中心至底止水底缘距离	钢丝线、钢板尺、水准仪、经纬仪、全站仪	每米测1个点
	止水橡皮实际压缩量和设计压缩量之差	钢尺	每米测1个点

3. 平面闸门门体安装质量评定包括正向支承装置安装、反向支承装置安装、门体焊缝焊接、门体表面防腐蚀、止水橡皮安装、闸门试验和试运行等检验项目。

4. 平面闸门门体焊缝焊接与表面防腐蚀质量应符合SL 635—2012第4章的相关规定。

5. 平面闸门门体应按设计文件要求和相关标准规定做好无水试验、平衡试验和静水试验以及试运行，并做好记录备查。

6. 单元工程安装质量检验项目质量标准：

（1）合格等级标准：

1）主控项目，检测点应100%符合合格标准。

2）一般项目，检测点应90%及以上符合合格标准，不合格点最大值不应超过其允许偏差值的1.2倍，且不合格点不应集中。

（2）优良等级标准：在合格等级标准基础上，主控项目和一般项目的所有检测点应90%及以上符合优良标准。

7. 表中数值为允许偏差值。

表 5.3.1　　　平面闸门门体安装质量检查表

编号：_____

分部工程名称				单元工程名称			
安装部位				安装内容			
安装单位				开/完工日期			

项次	部位	检验项目	质量要求 合格	质量要求 优良	实测值	合格数	优良数	质量等级
主控项目 1	反向滑块	反向支撑装置至正向支承装置的距离（反向支撑装置自由状态)/mm	±2.0	+2.0 −1.0				
2	焊缝对口错边	焊缝对口错边（任意板厚δ)/mm	≤10%δ，且不大于2.0	≤5%δ，且不大于2.0				
3	止水橡皮	止水橡皮顶面平度/mm	2.0					
4		止水橡皮与滚轮或滑道面距离/mm	±1.5	±1.0				
一般项目 1	表面清除和凹坑焊补	门体表面清除	焊疤清除干净	焊疤清除干净并磨光				
2		门体局部凹坑焊补	凡凹坑深度大于板厚10%或大于2.0mm应焊补	凡凹坑深度大于板厚10%或大于2.0mm应焊补并磨光				
3	止水橡皮	两侧止水中心距离和顶止水中心至底止水底缘距离/mm	±3.0					
4		止水橡皮实际压缩量和设计压缩量之差/mm	+2.0 −1.0					

检查意见：

主控项目共_____项，其中合格_____项，优良_____项，合格率_____％，优良率_____％。

一般项目共_____项，其中合格_____项，优良_____项，合格率_____％，优良率_____％。

检验人：（签字）	评定人：（签字）	监理工程师：（签字）
年　月　日	年　月　日	年　月　日

注：止水橡皮应用专用空心钻头掏孔，严禁烫孔、冲孔。

表5.4 弧形闸门埋件
单元工程安装质量验收评定表填表要求

填表时必须遵守"填表基本规定",并应符合下列要求:

1. 单元工程划分:宜以每孔闸门埋件的安装划分为一个单元工程。

2. 单元工程量:填写本单元埋件重量(t)。

3. 本表是在表5.4.1~表5.4.5、表5.1.2~表5.1.4检查表质量评定合格基础上进行。

4. 单元工程施工质量验收评定应提交下列资料:

(1) 施工单位应提供埋件的安装图样、安装记录、埋件焊接与表面防腐蚀记录、重大缺陷处理记录等资料。

(2) 监理单位应提交对单元工程施工质量的平行检测资料。

5. 弧形闸门埋件的安装、表面防腐蚀及检查等技术要求应符合 GB/T 14173 和设计文件的规定。

6. 弧形闸门埋件安装质量评定包括底槛、门楣、侧止水板、侧轮导板安装、铰座钢梁安装和表面防腐蚀等检验项目。

7. 弧形闸门埋件焊接与表面防腐蚀质量应符合 SL 635—2012 第4章的相关规定。

8. 单元工程安装质量评定标准:

(1) 合格等级标准:

1) 各检验项目均达到合格等级及以上标准。

2) 设备的试验和试运行符合 SL 635—2012 及相关专业标准的规定;各项报验资料符合 SL 635—2012 的要求。

(2) 优良等级标准:在合格等级标准基础上,安装质量检验项目中优良项目占全部项目70%及以上,且主控项目100%优良。

表 5.4　　弧形闸门埋件单元工程安装质量验收评定表

单位工程名称			单元工程量		
分部工程名称			安装单位		
单元工程名称、部位			评定日期		

项次	项　目	主控项目/个		一般项目/个	
		合格数	其中优良数	合格数	其中优良数
1	弧形闸门底槛安装				
2	弧形闸门门楣安装				
3	弧形闸门侧止水板安装				
4	弧形闸门侧轮导板安装				
5	弧形闸门铰座钢梁及其相关埋件安装				
6	焊缝外观质量（见表5.1.2）				
7	焊缝内部质量（见表5.1.3）				
8	表面防腐蚀质量（见表5.1.4）				

安装单位自评意见	各项报验资料符合规定。检验项目全部合格。检验项目优良率为_____％，其中主控项目优良率为_____％。 单元工程安装质量等级评定为：_____。 （签字，加盖公章）　　　年　月　日
监理单位复核意见	各项报验资料符合规定。检验项目全部合格。检验项目优良率为_____％，其中主控项目优良率为_____％。 单元工程安装质量等级评定为：_____。 （签字，加盖公章）　　　年　月　日

注1：主控项目和一般项目中的合格指达到合格及其以上质量标准的项目个数。

注2：优良项目占全部项目百分率＝$\dfrac{\text{主控项目优良数}＋\text{一般项目优良数}}{\text{检验项目总数}}×100\%$。

注3：安装时门楣一般为最后固定，故门楣位置可按门叶实际位置进行调整。

注4：工作范围指孔口高度。

表5.4.1 弧形闸门底槛安装
质量检查表填表要求

填表时必须遵守"填表基本规定",并应符合下列要求:

1. 分部工程、单元工程名称填写应与表5.4相同。

2. 检验部位如图 E-9 所示。

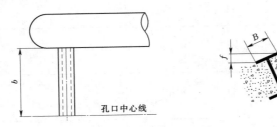

图 E-9 弧形闸门底槛安装

3. 单元工程安装质量检验项目质量标准:

(1) 合格等级标准:

1) 主控项目,检测点应100%符合合格标准。

2) 一般项目,检测点应90%及以上符合合格标准,不合格点最大值不应超过其允许偏差值的1.2倍,且不合格点不应集中。

(2) 优良等级标准:在合格等级标准基础上,主控项目和一般项目的所有检测点应90%及以上符合优良标准。

4. 表中数值为允许偏差值。

表 5.4.1　　**弧形闸门底槛安装质量检查表**

编号：_____

分部工程名称				单元工程名称					
安装部位				安装内容					
安装单位				开/完工日期					

项次		检验项目		质量要求	实测值	合格数	优良数	质量等级
主控项目	1	对孔口中心线 b/mm（工作范围内）		±5.0				
	2	工作表面一端对另一端的高差（L 为闸门宽度，mm）	$L<10000$	2.0				
			$L\geqslant10000$	3.0				
	3	工作表面平面度/mm		2.0				
	4	工作表面组合处的错位/mm		1.0				
	5	表面扭曲值 f	工作范围内表面宽度 B/mm					
			$B<100$	1.0				
			$B=100\sim200$	1.5				
			$B>200$	2.0				
一般项目	1	里程/mm		±5.0				
	2	高程/mm		±5.0				

检查意见：

　　主控项目共_____项，其中合格_____项，优良_____项，合格率_____%，优良率_____%。

　　一般项目共_____项，其中合格_____项，优良_____项，合格率_____%，优良率_____%。

检验人：（签字） 　　　　　年　月　日	评定人：（签字） 　　　年　月　日	监理工程师；（签字） 　　　年　月　日

表5.4.2 弧形闸门门楣安装
质量检查表填表要求

填表时必须遵守"填表基本规定",并应符合下列要求:

1. 分部工程、单元工程名称填写应与表5.4相同。

2. 检验部位如图E-10所示。

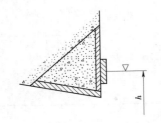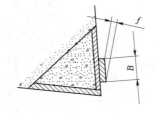

图E-10 弧形闸门门楣安装

3. 单元工程安装质量检验项目质量标准:

(1) 合格等级标准:

1) 主控项目,检测点应100%符合合格标准。

2) 一般项目,检测点应90%及以上符合合格标准,不合格点最大值不应超过其允许偏差值的1.2倍,且不合格点不应集中。

(2) 优良等级标准:在合格等级标准基础上,主控项目和一般项目的所有检测点应90%及以上符合优良标准。

4. 表中数值为允许偏差值。

表 5.4.2　弧形闸门门楣安装质量检查表

编号：_____

分部工程名称				单元工程名称				
安装部位				安装内容				
安装单位				开/完工日期				

项次		检验项目		质量要求	实测值	合格数	优良数	质量等级
主控项目	1	门楣中心对底槛面的距离 h/mm		±3.0				
	2	工作表面平面度/mm		2.0				
	3	工作表面组合处的错位/mm		0.5				
	4	表面扭曲值 f	工作范围内表面宽度 B/mm	$B<100$　1.0				
				$B=100\sim200$　1.5				
一般项目	1	里程/mm		+2.0 −1.0				

检查意见：

　　主控项目共_____项，其中合格_____项，优良_____项，合格率_____%，优良率_____%。

　　一般项目共_____项，其中合格_____项，优良_____项，合格率_____%，优良率_____%。

检验人：（签字）　　　　　　　年 月 日	评定人：（签字）　　　　　　年 月 日	监理工程师：（签字）　　　　年 月 日

表5.4.3 弧形闸门侧止水板安装
质量检查表填表要求

填表时必须遵守"填表基本规定",并应符合下列要求:

1. 分部工程、单元工程名称填写应与表5.4相同。

2. 检验部位如图E-11所示。

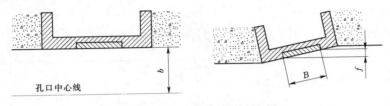

图E-11 弧形闸门侧止水板安装

3. 单元工程安装质量检验项目质量标准:

(1) 合格等级标准:

1) 主控项目,检测点应100%符合合格标准。

2) 一般项目,检测点应90%及以上符合合格标准,不合格点最大值不应超过其允许偏差值的1.2倍,且不合格点不应集中。

(2) 优良等级标准:在合格等级标准基础上,主控项目和一般项目的所有检测点应90%及以上符合优良标准。

4. 表中数值为允许偏差值。

表 5.4.3 　**弧形闸门侧止水板安装质量检查表**

编号：_____

分部工程名称					单元工程名称				
安装部位					安装内容				
安装单位					开/完工日期				

项次		检验项目		质量要求		实测值	合格数	优良数	质量等级
				潜孔式	露顶式				
主控项目	1	对孔口中心线 b/mm（工作范围内）		±2.0	+3.0 −2.0				
	2	工作表面平面度/mm		2.0	2.0				
	3	工作表面组合处的错位/mm		1.0	1.0				
	4	侧止水板和侧轮导板中心线的曲率半径/mm		±5.0	±5.0				
	5	表面扭曲值 f	工作范围内表面宽度 B/mm	$B<100$　1.0	1.0				
				$B=100\sim200$　1.5	1.5				
				$B>200$　2.0	2.0				
一般项目	1	对孔口中心线 b/mm（工作范围外）		+4.0 −2.0	+6.0 −2.0				
	2	表面扭曲值 f	工作范围外允许增加值/mm	2.0	2.0				

检查意见：

　　主控项目共_____项，其中合格_____项，优良_____项，合格率_____％，优良率_____％。

　　一般项目共_____项，其中合格_____项，优良_____项，合格率_____％，优良率_____％。

检验人：（签字）	评定人：（签字）	监理工程师：（签字）
年　月　日	年　月　日	年　月　日

表5.4.4 弧形闸门侧轮导板安装
质量检查表填表要求

填表时必须遵守"填表基本规定",并应符合下列要求:

1. 分部工程、单元工程名称填写应与表5.4相同。

2. 检验部位如图E-12所示。

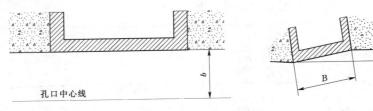

孔口中心线

图E-12 弧形闸门侧轮导板安装

3. 单元工程安装质量检验项目质量标准:

(1) 合格等级标准:

1) 主控项目,检测点应100%符合合格标准。

2) 一般项目,检测点应90%及以上符合合格标准,不合格点最大值不应超过其允许偏差值的1.2倍,且不合格点不应集中。

(2) 优良等级标准:在合格等级标准基础上,主控项目和一般项目的所有检测点应90%及以上符合优良标准。

4. 表中数值为允许偏差。

表 5.4.4 **弧形闸门侧轮导板安装质量检查表**

编号：_____

分部工程名称				单元工程名称				
安装部位				安装内容				
安装单位				开/完工日期				

项次		检验项目		质量要求	实测值	合格数	优良数	质量等级
主控项目	1	对孔口中心线 b/mm（工作范围内）		＋3.0 －2.0				
	2	工作表面平面度/mm		2.0				
	3	工作表面组合处的错位/mm		1.0				
	4	侧止水板和侧轮导板中心线的曲率半径/mm		±5.0				
	5	表面扭曲值 f	工作范围内表面宽度 B/mm	$B<100$	2.0			
			$B=100\sim200$	2.5				
			$B>200$	3.0				
一般项目	1	对孔口中心线 b/mm（工作范围外）		＋6.0 2.0				
	2	表面扭曲值 f	工作范围外允许增加值/mm	2.0				

检查意见：

　　主控项目共_____项，其中合格_____项，优良_____项，合格率_____%，优良率_____%。

　　一般项目共_____项，其中合格_____项，优良_____项，合格率_____%，优良率_____%。

检验人：（签字） 年 月 日	评定人：（签字） 年 月 日	监理工程师：（签字） 年 月 日

表5.4.5 弧形闸门铰座钢梁及其相关埋件安装质量检查表填表要求

填表时必须遵守"填表基本规定",并应符合下列要求:

1. 分部工程、单元工程名称填写应与表5.4相同。

2. 各检验项目的检验方法及检验数量按表E-6的要求执行。

表E-6 弧形闸门铰座钢梁及其相关埋件安装

部位	检验项目	检验方法	检验数量
铰座钢梁	铰座钢梁里程	钢丝线、钢尺、钢板尺或水准仪、经纬仪、全站仪	
	铰座钢梁高程		
	铰座钢梁中心对孔口中心距离		
	铰座钢梁倾斜度		
	铰座基础螺栓中心	钢尺、垂球或水准仪、经纬仪、全站仪	如各螺栓的相对位置已用样板或框架准确固定在一起,则可测样板或框架的中心
埋件	两侧止水板间距离	用钢尺、垂球、水准仪、经纬仪、全站仪直接测量或通过计算求得	每米测1个点
	两侧轮导板距离		每隔2m测1个点
	底槛中心与铰座中心水平距离		两端各测1个点
	铰座中心和底槛垂直距离		两端各测1个点
	侧止水板中心曲率半径		两端各测1个点,中间每米测1个点

3. 单元工程安装质量检验项目质量标准:

(1)合格等级标准:

1)主控项目,检测点应100%符合合格标准。

2)一般项目,检测点应90%及以上符合合格标准,不合格点最大值不应超过其允许偏差值的1.2倍,且不合格点不应集中。

(2)优良等级标准:在合格等级标准基础上,主控项目和一般项目的所有检测点应90%及以上符合优良标准。

4. 表中数值为允许偏差值。

表 5.4.5 弧形闸门铰座钢梁及其相关埋件安装质量检查表

编号：_____

分部工程名称		单元工程名称	
安装部位		安装内容	
安装单位		开/完工日期	

项次	部位	检验项目	质量要求		实测值	合格数	优良数	质量等级
			潜孔式	露顶式				
主控项目	铰座钢梁	1　铰座钢梁里程/mm	±1.5					
		2　铰座钢梁高程/mm	±1.5					
		3　铰座钢梁中心对孔口中心距离/mm	±1.5					
		4　铰座钢梁倾斜度（L为铰座钢梁倾斜的水平投影尺寸，mm）	L/1000					
	埋件	5　两侧止水板间距离/mm	+4.0 −3.0	+5.0 −3.0				
		6　两侧轮导板距离/mm	+5.0 −3.0	+5.0 −3.0				
一般项目	铰座钢梁	1　铰座基础螺栓中心/mm	1.0					
	埋件	2　底槛中心与铰座中心水平距离/mm	±4.0	±5.0				
		3　铰座中心和底槛垂直距离/mm	±4.0	±5.0				
		4　侧止水板中心曲率半径/mm	±4.0	±6.0				

检查意见：

　　主控项目共_____项，其中合格_____项，优良_____项，合格率_____%，优良率_____%。

　　一般项目共_____项，其中合格_____项，优良_____项，合格率_____%，优良率_____%。

检验人：（签字）	评定人：（签字）	监理工程师：（签字）
年　月　日	年　月　日	年　月　日

表5.5 弧形闸门门体单元工程
安装质量验收评定表填表要求

填表时必须遵守"填表基本规定",并应符合下列要求:

1. 单元工程划分:宜以每扇门体的安装划分为一个单元工程。

2. 单元工程量:填写本单元门体重量(t)。

3. 本表是在表5.5.1、表5.1.2～表5.1.4检查表质量评定合格基础上进行。

4. 单元工程施工质量验收评定应提交下列资料:

(1) 施工单位应提供闸门的安装图样、安装记录、门体焊接与门体表面防腐蚀记录,闸门试验及试运行记录、重大缺陷记录等资料。

(2) 监理单位应提交对单元工程施工质量的平行检测资料。

5. 弧形闸门门体的安装、表面防腐蚀及检查等技术要求应符合GB/T 14173和设计文件的规定。

6. 单元工程安装质量评定标准:

(1) 合格等级标准:

1) 各检验项目均达到合格等级及以上标准。

2) 设备的试验和试运行符合SL 635—2012及相关专业标准的规定;各项报验资料符合SL 635—2012的要求。

(2) 优良等级标准:在合格等级标准基础上,安装质量检验项目中优良项目占全部项目70%及以上,且主控项目100%优良。

表 5.5　　弧形闸门门体单元工程安装质量验收评定表

单位工程名称				单元工程量	
分部工程名称				安装单位	
单元工程名称、部位				评定日期	

项次	项　目	主控项目/个		一般项目/个	
		合格数	其中优良数	合格数	其中优良数
1	弧形闸门门体安装				
2	焊缝外观质量（见表5.1.2）				
3	焊缝内部质量（见表5.1.3）				
4	表面防腐蚀质量（见表5.1.4）				
试运行效果					
安装单位自评意见	各项试验和单元工程试运行符合要求，各项报验资料符合规定。检验项目全部合格。检验项目优良率为_____%，其中主控项目优良率为_____%。 单元工程安装质量等级评定为：_____。 　　　　　　　　　　　　　　　（签字，加盖公章）　　　年　月　日				
监理单位复核意见	各项试验和单元工程试运行符合要求，各项报验资料符合规定。检验项目全部合格。检验项目优良率为_____%，其中主控项目优良率为_____%。 单元工程安装质量等级评定为：_____。 　　　　　　　　　　　　　　　（签字，加盖公章）　　　年　月　日				

注1：主控项目和一般项目中的合格指达到合格及其以上质量标准的项目个数。

注2：优良项目占全部项目百分率$=\dfrac{\text{主控项目优良数}+\text{一般项目优良数}}{\text{检验项目总数}}×100\%$。

表5.5.1 弧形闸门门体安装质量检查表填表要求

填表时必须遵守"填表基本规定",并应符合下列要求:

1. 分部工程、单元工程名称填写应与表5.5相同。

2. 各检验项目的检验方法及检验数量按表E-7的要求执行。

表E-7   弧形闸门门体安装

部位	检验项目	检验方法	检验数量
铰座	铰座轴孔倾斜度	钢丝线、钢板尺、垂球、水准仪、经纬仪、全站仪	—
	两铰座轴线同轴度		
	铰座中心对孔口中心线的距离		
	铰座里程		
	铰座高程		
焊缝对口错边	焊缝对口错边（任意板厚δ)	钢板尺或焊接检验规	沿焊缝全长测量
表面清除和凹坑焊补	门体表面清除	钢板尺	全部表面
	门体局部凹坑焊补		
止水橡皮	止水橡皮实际压缩量和设计压缩量之差	钢板尺	沿止水橡皮长度检查
门体铰轴与支臂	铰轴中心至面板外缘曲率半径R	钢丝线、钢板尺、垂球、水准仪、经纬仪、全站仪	
	两侧曲率半径相对差		
	支臂中心线与铰链中心线吻合值		
	支臂中心至门叶中心的偏差L		
	支臂两端的连接板和铰链、主梁接触	塞尺	—
	抗剪板和连接板接触		—

3. 弧形闸门门体安装质量评定包括铰座安装、铰轴安装、支臂安装、焊缝焊接、门体表面清除和凹坑焊补、门体表面防腐蚀和止水橡皮安装等检验项目。

4. 弧形闸门门体焊缝焊接与表面防腐质量应符合 SL 635—2012 第4章的相关规定。

5. 弧形闸门的试验及试运行,应符合 GB/T 14173 的规定和设计文件的要求,并应做好记录备查。

6. 单元工程安装质量检验项目质量标准。

(1) 合格等级标准:

1) 主控项目,检测点应100%符合合格标准。

2) 一般项目,检测点应90%及以上符合合格标准,不合格点最大值不应超过其允许偏差值的1.2倍,且不合格点不应集中。

(2) 优良等级标准:在合格等级标准基础上,主控项目和一般项目的所有检测点应90%及以上符合优良标准。

7. 表中数值为允许偏差值。

表 5.5.1　弧形闸门门体安装质量检查表

编号：_____

分部工程名称							单元工程名称				
安装部位							安装内容				
安装单位							开/完工日期				

项次	部位	检验项目	质量要求				实测值	合格数	优良数	质量等级
			潜孔式	露顶式	潜孔式	露顶式				
			合格		优良					
主控项目	铰座	1　铰座轴孔倾斜度（l 为轴孔宽度，m）	$l/1000$		$l/1000$					
		2　两铰座轴线同轴度/mm	1.0		1.0					
	焊缝对口错边	3　焊缝对口错边（任意板厚 δ）/mm	≤10%δ，且不大于2.0		≤5%δ，且不大于2.0					
	门体铰轴与支臂	4　铰轴中心至面板外缘曲率半径 R/mm	±4.0	±8.0	±4.0	±6.0				
		5　两侧曲率半径相对差/mm	3.0	5.0	3.0	4.0				
		6　支臂中心线与铰链中心线吻合值/mm	2.0	1.5	2.0	1.5				
一般项目	铰座	1　铰座中心对孔口中心线的距离/mm	±1.5		±1					
		2　铰座里程/mm	±2.0		±1.5					
		3　铰座高程/mm	±2.0		±1.5					
	表面清除和凹坑焊补	4　门体表面清除	焊疤清除干净		焊疤清除干净并磨光					
		5　门体局部凹坑焊补	凡凹坑深度大于板厚10%或大于2.0mm应焊补		凡凹坑深度大于板厚10%或大于2.0mm应焊补并磨光					

项次	部位	检验项目	质量要求				实测值	合格数	优良数	质量等级
			潜孔式	露顶式	潜孔式	露顶式				
			合格		优良					
一般项目	止水橡皮	6 止水橡皮实际压缩量和设计压缩量之差/mm	+2.0 −1.0							
	门体铰轴与支臂	7 支臂中心至门叶中心的偏差 L（L 为铰座钢梁倾斜的水平投影尺寸，mm）	±1.5	±1.5	±1.5	±1.5				
		8 支臂两端的连接板和铰链、主梁接触	良好，互相密贴，接触面不小于 75%							
		9 抗剪板和连接板接触	顶紧							

检查意见：

主控项目共_____项，其中合格_____项，优良_____项，合格率_____%，优良率_____%。

一般项目共_____项，其中合格_____项，优良_____项，合格率_____%，优良率_____%。

检验人：（签字）	评定人：（签字）	监理工程师：（签字）
年 月 日	年 月 日	年 月 日

表5.6 人字闸门埋件单元工程
安装质量验收评定表填表要求

填表时必须遵守"填表基本规定",并应符合下列要求:

1. 单元工程划分:宜以每孔闸门埋件的安装划分为一个单元工程。

2. 单元工程量:填写本单元埋件重量(t)。

3. 本表是在表5.6.1、表5.1.2~表5.1.4检查表质量评定合格基础上进行。

4. 人字闸门埋件的安装、表面防腐蚀及检查等技术要求应符合GB/T 14173和设计文件的规定。

5. 单元工程施工质量验收评定应提交下列资料:

(1) 施工单位应提供埋件的安装图样、安装记录、埋件焊接与表面防腐蚀记录、重大缺陷处理记录等资料。

(2) 监理单位应提交对单元工程施工质量的平行检测资料。

6. 单元工程安装质量评定标准:

(1) 合格等级标准:

1) 各检验项目均达到合格等级及以上标准。

2) 设备的试验和试运行符合SL 635—2012及相关专业标准的规定;各项报验资料符合SL 635—2012的要求。

(2) 优良等级标准:在合格等级标准基础上,安装质量检验项目中优良项目占全部项目70%及以上,且主控项目100%优良。

表 5.6　人字闸门埋件单元工程安装质量验收评定表

单位工程名称				单元工程量	
分部工程名称				安装单位	
单元工程名称、部位				评定日期	

项次	项　目	主控项目/个		一般项目/个	
		合格数	其中优良数	合格数	其中优良数
1	人字闸门埋件安装				
2	焊缝外观质量（见表5.1.2）				
3	焊缝内部质量（见表5.1.3）				
4	表面防腐蚀质量（见表5.1.4）				
安装单位自评意见	各项报验资料符合规定。检验项目全部合格。检验项目优良率为_____%，其中主控项目优良率为_____%。 单元工程安装质量等级评定为：_____。 （签字，加盖公章）　　　年 月 日				
监理单位复核意见	各项报验资料符合规定。检验项目全部合格。检验项目优良率为_____%，其中主控项目优良率为_____%。 单元工程安装质量等级评定为：_____。 （签字，加盖公章）　　　年 月 日				
注1：主控项目和一般项目中的合格指达到合格及其以上质量标准的项目个数。 注2：优良项目占全部项目百分率＝$\dfrac{主控项目优良数＋一般项目优良数}{检验项目总数}\times 100\%$。					

表5.6.1 人字闸门埋件安装
质量检查表填表要求

填表时必须遵守"填表基本规定",并应符合下列要求:

1. 分部工程、单元工程名称填写应与表5.6相同。
2. 各检验项目的检验方法及检验位置按表E-8的要求执行。

表E-8   人字闸门埋件安装

部位	检验项目	检验方法	检验位置
顶枢装置与枕座	两拉杆中心线交点与顶枢中心重合	钢丝线、钢板尺、垂球、水准仪、经纬仪、全站仪	—
	拉杆两端高差		
	顶枢轴线与底枢轴线的同轴度		
	顶枢轴孔的同轴度和垂直度		
	枕座中心线对顶、底枢轴线的平行度	垂球、钢板尺、经纬仪、全站仪	
	中间支、枕座对顶、底部枕座中心线的对称度		
底枢	底枢轴孔蘑菇头中心	钢板尺、经纬仪、水准仪、全站仪	注:图中数字1~4为底枢轴座固定锚栓编号,一般不专门标注
	左、右两蘑菇头高程相对差		
	底枢轴座水平倾斜度		
	左、右两蘑菇头高程		

3. 人字闸门埋件安装工程质量评定包括顶枢装置安装、枕座安装和底枢装置安装等检验项目。
4. 人字闸门埋件焊接与表面防腐蚀质量应符合SL 635—2012第4章的相关规定。
5. 单元工程安装质量检验项目质量标准:

(1)合格等级标准:

1)主控项目,检测点应100%符合合格标准。

2)一般项目,检测点应90%及以上符合合格标准,不合格点最大值不应超过其允许偏差值的1.2倍,且不合格点不应集中。

(2)优良等级标准:在合格等级标准基础上,主控项目和一般项目的所有检测点应90%及以上符合优良标准。

6. 表中数值为允许偏差值。

表 5.6.1　　**人字闸门埋件安装质量检查表**

编号：_____

分部工程名称						单元工程名称				
安装部位						安装内容				
安装单位						开/完工日期				

项次	部位	检验项目	质量要求		实测值	合格数	优良数	质量等级
			合格	优良				
主控项目	顶枢装置与枕座	1　两拉杆中心线交点与顶枢中心重合/mm	2.0	1.5				
		2　拉杆两端高差/mm	1.0	0.8				
		3　顶枢轴线与底枢轴线的同轴度/mm	2.0	1.5				
		4　顶枢轴孔的同轴度和垂直度	《形状和位置公差未注公差值》（GB/T 1184）的9级精度					
		5　枕座中心线对顶、底枢轴线的平行度/mm	3.0	2.0				
		6　中间支、枕座对顶、底部枕座中心线的对称度/mm	2.0	1.5				
	底枢	7　底枢轴孔蘑菇头中心/mm	2.0	1.5				
		8　左、右两蘑菇头高程相对差/mm	2.0	1.5				
		9　底枢轴座水平倾斜度/mm	1/1000	1/1250				
一般项目	底枢	1　左、右两蘑菇头高程/mm	±3.0	±2.0				

检查意见：

　　主控项目共_____项，其中合格_____项，优良_____项，合格率_____%，优良率_____%。

　　一般项目共_____项，其中合格_____项，优良_____项，合格率_____%，优良率_____%。

检验人：（签字） 　　　　　年　月　日	评定人：（签字） 　　　　　年　月　日	监理工程师：（签字） 　　　　　年　月　日

表5.7 人字闸门门体单元工程
安装质量验收评定表填表要求

填表时必须遵守"填表基本规定"，并应符合下列要求：

1. 单元工程划分：宜以每两扇门体的安装划分为一个单元工程。

2. 单元工程量：填写本单元门体重量（t）。

3. 本表是在表5.7.1、表5.1.2～表5.1.4检查表质量评定合格基础上进行。

4. 单元工程施工质量验收评定应提交下列资料：

（1）施工单位应提供门体的安装图样、安装记录、门体焊接与表面防腐蚀记录、门叶检查调试记录、闸门试运行记录、重大缺陷处理记录等资料。

（2）监理单位应提交对单元工程施工质量的平行检测资料。

5. 人字闸门门体的安装、焊接与表面防腐蚀及检查等技术要求应符合 GB/T 14173 和设计文件的规定。

6. 单元工程安装质量评定标准：

（1）合格等级标准：

1）各检验项目均达到合格等级及以上标准。

2）设备的试验和试运行符合 SL 635—2012 及相关专业标准的规定；各项报验资料符合 SL 635—2012 的要求。

（2）优良等级标准：在合格等级标准基础上，安装质量检验项目中优良项目占全部项目70％及以上，且主控项目100％优良。

表 5.7　　人字闸门门体单元工程安装质量验收评定表

单位工程名称		单元工程量	
分部工程名称		安装单位	
单元工程名称、部位		评定日期	

项次	项　目	主控项目/个		一般项目/个	
		合格数	其中优良数	合格数	其中优良数
1	人字闸门门体安装				
2	焊缝外观质量（见表 5.1.2）				
3	焊缝内部质量（见表 5.1.3）				
4	表面防腐蚀质量（见表 5.1.4）				
	试运行效果				

安装单位自评意见	各项试验和单元工程试运行符合要求，各项报验资料符合规定。检验项目全部合格。检验项目优良率为＿＿＿＿＿％，其中主控项目优良率为＿＿＿＿＿％。 单元工程安装质量等级评定为：＿＿＿＿＿。 （签字，加盖公章）　　　年　月　日
监理单位复核意见	各项试验和单元工程试运行符合要求，各项报验资料符合规定。检验项目全部合格。检验项目优良率为＿＿＿＿＿％，其中主控项目优良率为＿＿＿＿＿％。 单元工程安装质量等级评定为：＿＿＿＿＿。 （签字，加盖公章）　　　年　月　日

注 1：主控项目和一般项目中的合格指达到合格及其以上质量标准的项目个数。

注 2：优良项目占全部项目百分率 $=\dfrac{\text{主控项目优良数}+\text{一般项目优良数}}{\text{检验项目总数}}\times100\%$。

表5.7.1 人字闸门门体安装质量检查表填表要求

填表时必须遵守"填表基本规定",并应符合下列要求:

1. 分部工程、单元工程名称填写应与表5.7相同。

2. 各检验项目的检验方法及检验数量按表E-9的要求执行。

表E-9   人字闸门门体安装

部位	检验项目		检验方法	检验数量
顶、底枢	顶底枢轴线同轴度		垂球、钢板尺、经纬仪、水准仪、全站仪	—
	旋转门叶,从全开到全关过程中斜接柱上任一点的跳动量	门宽不大于12m		用胶布将钢板尺贴于门体斜接柱上
		门宽为12~24m		
		门宽大于24m		
	底横梁在斜接柱一端的位移	顺水流方向		—
		垂直方向		
支、枕垫块	支枕垫块间隙	局部的	钢板尺、塞尺	每块支、枕垫块的全长
		连续的		
	每对相接处的支、枕垫块中心线偏移			每对支、枕垫块的两端
焊缝对口错边	焊缝对口错边(任意板厚δ)		钢板尺或焊接检验规	沿焊缝全长测量
表面清除和凹坑焊补	门体表面清除		钢板尺	全部表面
	门体局部凹坑焊补			
止水橡皮	止水橡皮顶面平度		钢丝线、钢板尺	通过止水橡皮顶面拉线测量,每0.5m测1个点
	止水橡皮实际压缩量与设计压缩量之差		钢板尺	沿止水橡皮长度检测

3. 人字闸门门体安装质量评定包括底、顶枢安装,支、枕垫块安装,焊缝对口错边,焊缝焊接质量,门体表面清除和局部凹坑焊补,门体表面防腐蚀及止水橡皮安装等检验项目。

4. 人字闸门门体焊缝焊接及门体表面防腐蚀质量应符合SL 635—2012第4章的相关规定。

5. 人字闸门的试验和试运行应符合设计文件的要求和GB/T 14173的规定,并做好记录备查。

6. 单元工程安装质量检验项目质量标准:

(1) 合格等级标准:

1) 主控项目,检测点应100%符合合格标准。

2) 一般项目,检测点应90%及以上符合合格标准,不合格点最大值不应超过其允许偏差值的1.2倍,且不合格点不应集中。

(2) 优良等级标准:在合格等级标准基础上,主控项目和一般项目的所有检测点应90%及以上符合优良标准。

7. 表中数值为允许偏差值。

表 5.7.1　　　　　人字闸门门体安装质量检查表

编号：_____

分部工程名称						单元工程名称			
安装部位						安装内容			
安装单位						开/完工日期			

项次	部位	检验项目		质量要求		实测值	合格数	优良数	质量等级
				合格	优良				
主控项目	顶、底枢	1	顶底枢轴线同轴度	2.0	1.5				
		2 旋转门叶，从全开到全关过程中斜接柱上任一点的跳动量/mm	门宽不大于12m	1.0	1.0				
			门宽为12～24m	1.5	1.0				
			门宽大于24m	2.0	1.5				
		3 底横梁在斜接柱一端的位移/mm	顺水流方向	±2.0	±1.5				
			垂直方向	±2.0	±1.5				
	支、枕垫块	4 支枕垫块间隙	局部的	0.4 且连续长度不大于垫块全长的10%					
			连续的	0.2mm					
	焊缝对口错边	5 焊缝对口错边/mm（任意板厚δ）		≤10%δ，且不大于2.0	≤5%δ，且不大于2.0				
	止水橡皮	6 止水橡皮顶面平度/mm		2.0					
一般项目	支、枕垫块	1 每对相接处的支、枕垫块中心线偏移/mm		5.0	4.0				
	表面清除和凹坑焊补	2 门体表面清除		焊疤清除干净	焊疤清除干净并磨光				
		3 门体局部凹坑焊补		凡凹坑深度大于板厚10%或大于2.0mm应焊补	凡凹坑深度大于板厚10%或大于2.0mm应焊补并磨光				
	止水橡皮	4 止水橡皮实际压缩量与设计压缩量之差/mm		+2.0 -1.0					

检查意见：
　　主控项目共_____项，其中合格_____项，优良_____项，合格率_____%，优良率_____%。
　　一般项目共_____项，其中合格_____项，优良_____项，合格率_____%，优良率_____%。

检验人：（签字）	评定人：（签字）	监理工程师：（签字）
年　月　日	年　月　日	年　月　日

表5.8 活动式拦污栅单元工程
安装质量验收评定表填表要求

填表时必须遵守"填表基本规定",并应符合下列要求:

1. 单元工程划分:宜以每孔埋件和栅体的安装划分为一个单元工程。

2. 单元工程量:填写本单元拦污栅重量(t)。

3. 本表是在表5.8.1检查表质量评定合格基础上进行。

4. 单元工程施工质量验收评定应提交下列资料:

(1)施工单位应提供埋件和栅体的安装图样、安装记录、埋件与栅体的表面防腐蚀记录、拦污栅升降试验、试运行记录、重大缺陷处理记录等资料。

(2)监理单位应提交对单元工程施工质量的平行检测资料。

5. 拦污栅的安装、表面防腐蚀及检查等技术要求应符合GB/T 14173和设计文件的规定。

6. 单元工程安装质量评定标准:

(1)合格等级标准:

1)以检验项目均达到合格等级及以上标准。

2)设备的试验和试运行符合SL 635—2012及相关专业标准的规定;各项报验资料符合SL 635—2012的要求。

(2)优良等级标准:在合格等级标准基础上,安装质量检验项目中优良项目占全部项目70% 及以上,且主控项目100%优良。

表 5.8   活动式拦污栅单元工程安装质量验收评定表

单位工程名称		单元工程量	
分部工程名称		安装单位	
单元工程名称、部位		评定日期	

项次	项　　目	主控项目/个		一般项目/个	
		合格数	其中优良数	合格数	其中优良数
1	活动式拦污栅安装				
	试运行效果				

安装单位自评意见	各项试验和单元工程试运行符合要求，各项报验资料符合规定。检验项目全部合格。检验项目优良率为_____%，其中主控项目优良率为_____%。 单元工程安装质量等级评定为：_____。 （签字，加盖公章）　　　年　月　日
监理单位复核意见	各项试验和单元工程试运行符合要求，各项报验资料符合规定。检验项目全部合格。检验项目优良率为_____%，其中主控项目优良率为_____%。 单元工程安装质量等级评定为：_____。 （签字，加盖公章）　　　年　月　日

注1：主控项目和一般项目中的合格指达到合格及其以上质量标准的项目个数。

注2：优良项目占全部项目百分率 $= \dfrac{主控项目优良数 + 一般项目优良数}{检验项目总数} \times 100\%$。

表5.8.1 活动式拦污栅安装质量检查表填表要求

填表时必须遵守"填表基本规定",并应符合下列要求:

1. 分部工程、单元工程名称填写应与表5.8相同。

2. 各检验项目的检验方法及检验数量按表E-10的要求执行。

表E-10　　　　　　　　　活动式拦污栅安装

部位	检验项目	检验方法	检验数量
埋件	主轨对栅槽中心线	钢丝线、垂球、钢板尺、水准仪、全站仪	每米至少测1个点
	反轨对栅槽中心线		
	底槛里程		两端各测1个点,中间测1~3个点
	底槛高程		
	底槛对孔口中心线		—
	主、反轨对孔口中心线		每米至少测1个点
	底槛工作面一端对另一端的高差		—
	倾斜设置的拦污栅倾斜角度		
栅体	栅体间连接	检查	—
	栅体在栅槽内升降		
各埋件间距离	主、反轨工作面距离	钢丝线、垂球、钢板尺、水准仪、全站仪	每米测1个点
	主轨中心距离		
	反轨中心距离		

3. 活动式拦污栅安装质量评定包括埋件、各埋件间距离及栅体安装等检验项目。

4. 单元工程安装质量检验项目质量标准:

(1) 合格等级标准:

1) 主控项目,检测点应100%符合合格标准。

2) 一般项目,检测点应90%及以上符合合格标准,不合格点最大值不应超过其允许偏差值的1.2倍,且不合格点不应集中。

(2) 优良等级标准:在合格等级标准基础上,主控项目和一般项目的所有检测点应90%及以上符合优良标准。

5. 表中数值为允许偏差值。

表 5.8.1　　　　活动式拦污栅安装质量检查表

编号：_____

分部工程名称							单元工程名称				
安装部位							安装内容				
安装单位							开/完工日期				

项次	部位	检验项目	质量要求		实测值	合格数	优良数	质量等级
			合格	优良				
主控项目 1	埋件	主轨对栅槽中心线/mm	+3.0 −2.0	+3.0 −2.0				
2		反轨对栅槽中心线/mm	+5.0 −2.0	+5.0 −2.0				
3	栅体	栅体间连接	应牢固可靠					
4		栅体在栅槽内升降	灵活、平稳、无卡阻现象					
一般项目 1	埋件	底槛里程/mm	±5.0	±4.0				
2		底槛高程/mm	±5.0	±4.0				
3		底槛对孔口中心线/mm	±5.0	±4.0				
4		主、反轨对孔口中心线/mm	±5.0	±4.0				
5		底槛工作面一端对另一端的高差/mm	3.0	2.0				
6		倾斜设置的拦污栅倾斜角度/mm	±10′	±10′				
7	各埋件间距离	主、反轨工作面距离/mm	+7.0 −3.0					
8		主轨中心距离/mm	±8.0					
9		反轨中心距离/mm	±8.0					

检查意见：

　　主控项目共_____项，其中合格_____项，优良_____项，合格率_____%，优良率_____%。

　　一般项目共_____项，其中合格_____项，优良_____项，合格率_____%，优良率_____%。

检验人：（签字）	评定人：（签字）	监理工程师：（签字）
年　月　日	年　月　日	年　月　日

表5.9 大车轨道单元工程安装质量验收评定表填表要求

填表时必须遵守"填表基本规定",并应符合下列要求:

1. 单元工程划分:宜以连续的、轨距相同的、可供一台或多台启闭机运行的两条轨道安装划分为一个单元工程。

2. 单元工程量:填写本单元轨道型号及长度(m)。

3. 本表是在表5.9.1检查表质量评定合格基础上进行。

4. 单元工程施工质量验收评定应提交下列资料:

(1) 施工单位应提供大车轨道的安装图样、安装记录及轨道安装前的检查记录等资料。

(2) 监理单位应提交对单元工程施工质量的平行检测资料。

5. 启闭机轨道安装技术要求应符合《水利水电工程启闭机制造安装及验收规范》(SL 381)的规定。

6. 钢轨如有弯曲、歪扭等变形,应予矫形,但不应采用火焰法矫形,不合格的钢轨不应安装。

7. 轨道基础螺栓对轨道中心线距离偏差不应超过±2mm。拧紧螺母后,螺栓应露出螺母,其露出的长度宜为2～5个螺距。

8. 两平行轨道接头的位置应错开,其错开距离不应等于启闭机前后车轮的轮距。

9. 单元工程安装质量评定标准:

(1) 合格等级标准:

1) 各检验项目均达到合格等级及以上标准。

2) 设备的试验和试运行符合 SL 635—2012 及相关专业标准的规定;各项报验资料符合 SL 635—2012 的要求。

(2) 优良等级标准:在合格等级标准基础上,安装质量检验项目中优良项目占全部项目70%及以上,且主控项目100%优良。

表 5.9 　　**大车轨道单元工程安装质量验收评定表**

单位工程名称				单元工程量	
分部工程名称				安装单位	
单元工程名称、部位				评定日期	

项次	项　　目	主控项目/个		一般项目/个	
		合格数	其中优良数	合格数	其中优良数
1	大车轨道安装				

安装单位自评意见	各项报验资料符合规定。检验项目全部合格。检验项目优良率为_____％，其中主控项目优良率为_____％。 单元工程安装质量等级评定为：_____。 　　　　　　　　　　　　　　　　　　　（签字，加盖公章）　　　年　月　日
监理单位复核意见	各项报验资料符合规定。检验项目全部合格。检验项目优良率为_____％，其中主控项目优良率为_____％。 单元工程安装质量等级评定为：_____。 　　　　　　　　　　　　　　　　　　　（签字，加盖公章）　　　年　月　日

注1：主控项目和一般项目中的合格指达到合格及其以上质量标准的项目个数。

注2：优良项目占全部项目百分率＝$\dfrac{主控项目优良数＋一般项目优良数}{检验项目总数}×100\%$。

533

表5.9.1 大车轨道安装
质量检查表填表要求

填表时必须遵守"填表基本规定",并应符合下列要求:

1. 分部工程、单元工程名称填写应与表5.9相同。

2. 各检验项目的检验方法及检验数量按表E-11的要求执行。

表E-11　　　　　　　　　大车轨道安装

检验项目	检验方法	检验数量
轨道实际中心线对轨道设计中心线位置的偏差	钢尺、钢板尺、钢丝线	轨道设计中心线应根据启闭机起吊中心线、坝轴线或厂房中心线测定。在轨道接头处及其他部位间距2m布设测点
轨距		
轨道侧向局部弯曲(任意2m内)		
轨道在全行程上最高点与最低点之差	全站仪、水准仪	
同一横截面上两轨道标高相对差		
轨道接头处高低差和侧面错位	钢板尺、塞尺、欧姆表	每个接头左、右、上三面各测1个点
轨道接头间隙		
轨道接地电阻		

3. 大车轨道安装质量评定包括轨道实际中心线对轨道设计中心线位置的偏差等检验项目。

4. 单元工程安装质量检验项目质量标准:

(1)合格等级标准:

1)主控项目,检测点应100%符合合格标准。

2)一般项目,检测点应90%及以上符合合格标准,不合格点最大值不应超过其允许偏差值的1.2倍,且不合格点不应集中。

(2)优良等级标准:在合格标准基础上,主控项目和一般项目的所有检测点应90%及以上符合优良标准。

5. 表中数值为允许偏差值。

_____工程

表 5.9.1　　　　大车轨道安装质量检查表

编号：_____

分部工程名称			单元工程名称					
安装部位			安装内容					
安装单位			开/完工日期					

项次		检验项目	质量要求		实测值	合格数	优良数	质量等级
			合格	优良				
主控项目	1	轨道实际中心线对轨道设计中心线位置的偏差/mm	2.0	1.5				
	2	轨距/mm	±4.0	±3.0				
	3	轨道侧向局部弯曲/mm（任意2m内）	1.0	1.0				
	4	轨道在全行程上最高点与最低点之差/mm	2.0	1.5				
	5	同一横截面上两轨道标高相对差/mm	5.0	4.0				
一般项目	1	轨道接头处高低差和侧面错位/mm	1.0	1.0				
	2	轨道接头间隙/mm	2.0	2.0				
	3	轨道接地电阻/Ω	4	3				

检查意见：
  主控项目共_____项，其中合格_____项，优良_____项，合格率_____%，优良率_____%。
  一般项目共_____项，其中合格_____项，优良_____项，合格率_____%，优良率_____%。

检验人：（签字） 年　月　日	评定人：（签字） 年　月　日	监理工程师：（签字） 年　月　日

表5.10 桥式启闭机单元工程
安装质量验收评定表填表要求

填表时必须遵守"填表基本规定",并应符合下列要求:

1. 单元工程划分:宜以每一台桥式启闭机的安装划分为一个单元工程。

2. 单元工程量:填写本单元桥机重量(t)。

3. 本表是在表5.10.1~表5.10.4、表8.19检查表质量评定合格基础上进行。

4. 单元工程施工质量验收评定应提交下列资料:

(1) 施工单位应提供桥式启闭机的安装图样、安装记录、试验与试运行记录以及桥式启闭机到货验收资料等。

(2) 监理单位应提交对单元工程施工质量的平行检测资料。

5. 桥式启闭机安装工程由桥架和大车行走机构、小车行走机构、制动器安装、电气设备安装等部分组成。在各部分安装完毕后应进行试运行。

6. 桥式启闭机到货后应按合同要求进行验收,检验其各部件的完好状态、产品合格证、整体组装图纸等资料,做好记录并由责任人签证。

7. 桥式启闭机的安装技术要求应符合 SL 381 的规定,其中电气设备安装应符合《水利水电工程单元工程施工质量验收评定标准——发电电气设备安装工程》(SL 638—2013)。

8. 在现场装配联轴器时,其端面间隙、径向位移和轴向倾斜应符合设备技术文件的规定。设备技术文件无规定时,应符合《机械设备安装工程施工及验收通用规范》(GB 50231)的规定。

9. 单元工程安装质量评定标准:

(1) 合格等级标准:

1) 各检验项目均达到合格等级及以上标准。

2) 设备的试验和试运行符合 SL 635—2012 及相关专业标准的规定;各项报验资料符合 SL 635—2012 的要求。

3) 启闭机电气设备安装质量达到合格以上标准。

(2) 优良等级标准:

1) 在合格等级标准基础上,安装质量检验项目中优良项目占全部项目70%及以上,且主控项目100%优良。

2) 启闭机电气设备安装质量达到优良标准。

表 5.10 桥式启闭机单元工程安装质量验收评定表

单位工程名称		单元工程量	
分部工程名称		安装单位	
单元工程名称、部位		评定日期	

项次	项　目	主控项目/个		一般项目/个	
		合格数	其中优良数	合格数	其中优良数
1	桥架和大车行走机构安装				
2	小车行走机构安装				
3	制动器安装				
	电气设备安装				
	试运行效果				

安装单位自评意见	各项试验和单元工程试运行符合要求，各项报验资料符合规定。检验项目全部合格。检验项目优良率为_____%，其中主控项目优良率为_____%。 单元工程安装质量等级评定为：_____。 （签字，加盖公章）　　年　月　日
监理单位复核意见	各项试验和单元工程试运行符合要求，各项报验资料符合规定。检验项目全部合格。检验项目优良率为_____%，其中主控项目优良率为_____%。 单元工程安装质量等级评定为：_____。 （签字，加盖公章）　　年　月　日

注1：主控项目和一般项目中的合格指达到合格及其以上质量标准的项目个数。

注2：优良项目占全部项目百分率 $= \dfrac{主控项目优良数 + 一般项目优良数}{检验项目总数} \times 100\%$。

表5.10.1 桥架和大车行走机构安装质量检查表填表要求

填表时必须遵守"填表基本规定",并应符合下列要求:

1. 分部工程、单元工程名称填写应与表5.10相同。
2. 各检验项目的检验方法及检验数量按表E-12的要求执行。

表E-12　　　　　　　　　　桥架和大车行走机构安装

检验项目		检验方法	检验数量
大车跨度 L_1L_2 的相对差			每个桥架检测1组,检测位置见表E-13中图1
桥架对角线差 $\lvert D_1-D_2 \rvert$			每个桥架检测1组,检测位置见表E-13中图1
大车车轮的垂直偏斜 α (只许下轮缘向内偏斜,l 为测量长度)			每个车轮检验1次,检测位置见表E-13中图2
大车车轮的水平偏斜 P (同一轴线上一对车轮的偏斜方向应相反,l 为测量长度)			每个车轮检验1次,检测位置见表E-13中图3
同一端梁下,车轮的同位差	2个车轮时		每个车轮检验1次,检测位置见表E-13中图4
	2个以上车轮时		
	同一平衡梁上车轮的同位差		
同一横截面上小车轨道标高相对差		钢丝线、垂球、钢尺、钢板尺、水准仪、经纬仪、全站仪、平尺	在轨道接头处及其他部位间距2m布设测点
跨中上拱度 F (最大上拱度在跨度中部的 $L/10$ 范围内)			在跨中及1/3跨度处布设测点,每个主梁均检测,检测位置见表E-13中图5
主梁的水平弯曲 f			测量位置离上盖板约100mm的腹板处,每个主梁均检测,检测位置见表E-13中图1
悬臂端上翘度 F_0			每个悬臂末端侧1个点,检测位置见表E-13中图6
主梁上翼缘的水平偏斜 b (B 为主梁上翼缘宽度)			测量位置于长筋板处,每个主梁上翼缘均检测,按2m间距布设测点,检测位置见表E-13中图7
主梁腹板的垂直偏斜 h (H 为主梁腹板的高度)			测量位置于长筋板处,每个主梁腹板均检测,按2m间距布设测点,检测位置见表E-13中图8
腹板波浪度 (1m平尺检查,δ 为主梁腹板厚度)	距上盖板 $\dfrac{H}{3}$ 以内区域		每个主梁腹板均检测,按2m间距布设测点,检测位置见表E-13中图9
	其余区域		
大车跨度 L 偏差			大车两侧跨度均需测量,检测位置见表E-13中图5
小车轨距 T 偏差			在轨道接头处及其他部位间距2m布设测点,检测位置见表E-13中图1
小车轨道中心线与轨道梁腹板中心线位置偏差 (δ 为轨道梁腹板厚度)			两根轨道均检测
小车轨道侧向局部弯曲(任意2m内)			按间距2m布设测点
小车轨道接头处高低差和侧面错位			每个接头均检测
小车轨道接头间隙			每个接头均检测

538

启闭机结构尺寸检测图示如表 E-13 所示。

表 E-13　　　　　　　　　　　　启闭机结构尺寸检测图示

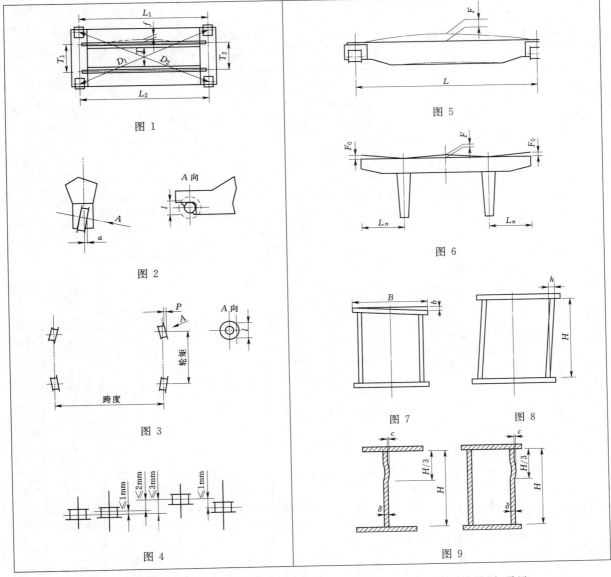

图 1

图 2

图 3

图 4

图 5

图 6

图 7　　　　图 8

图 9

3. 桥架和大车行车机构安装质量评定包括大车跨界 L_1、L_2 的相对差等检验项目。

4. 单元工程安装质量检验项目质量标准：

（1）合格等级标准：

1）主控项目，检测点应 100% 符合合格标准。

2）一般项目，检测点应 90% 及以上符合合格标准，不合格点最大值不应超过其允许偏差值的 1.2 倍，且不合格点不应集中。

（2）优良等级标准：在合格等级标准基础上，主控项目和一般项目的所有检测点应 90% 及以上符合优良标准。

5. 表中数值为允许偏差值。

表 5.10.1 **桥架和大车行走机构安装质量检查表**

编号：_____

分部工程名称				单元工程名称			
安装部位				安装内容			
安装单位				开/完工日期			

项次		检验项目	质量要求		实测值	合格数	优良数	质量等级
			合格	优良				
主控项目	1	大车跨度 L_1、L_2 的相对差/mm	5.0	4.0				
	2	桥架对角线差 $\mid D_1 - D_2 \mid$ /mm	5.0	4.0				
	3	大车车轮的垂直偏斜 α（只许下轮缘向内偏斜，l 为测量长度，mm）	$\dfrac{l}{400}$	$\dfrac{l}{450}$				
	4	大车车轮的水平偏斜 P（同一轴线上一对车轮的偏斜方向应相反，l 为测量长度，mm）	$\dfrac{l}{1000}$	$\dfrac{l}{1200}$				
	5	同一端梁下，车轮的同位差/mm — 2 个车轮时	2.0	1.5				
		2 个以上车轮时	3.0	2.5				
		同一平衡梁上车轮的同位差	1.0	1.0				
	6	同一横截面上小车轨道标高相对差/mm	3.0	2.5				
一般项目	1	跨中上拱度 F（最大上拱度在跨度中部的 $L/10$ 范围内）/mm	$\dfrac{(0.9\sim1.4)L}{1000}$					
	2	主梁的水平弯曲 f/mm	$\dfrac{L}{2000}$ 且不大于 20					
	3	悬臂端上翘度 F_0/mm	$\dfrac{(0.9\sim1.4)L_n}{350}$					
	4	主梁上翼缘的水平偏斜 b（B 为主梁上翼缘宽度）/mm	$\dfrac{B}{200}$					

项次	检验项目		质量要求		实测值	合格数	优良数	质量等级
			合格	优良				
一般项目	5	主梁腹板的垂直偏斜 h（H 为主梁腹板的高度）/mm	$\dfrac{H}{500}$					
	6	腹板波浪度（1m 平尺检查，δ 为主梁腹板厚度）/mm	距上盖板 $\dfrac{H}{3}$ 以内区域 0.7δ					
			其余区域 1.0δ					
	7	大车跨度 L 偏差/mm	±5.0	±4.0				
	8	小车轨距 T 偏差/mm	±3.0	±2.5				
	9	小车轨道中心线与轨道梁腹板中心线位置偏差（δ 为轨道梁腹板厚度）/mm	0.5δ	0.5δ				
	10	小车轨道侧向局部弯曲（任意 2m 内）/mm	1.0	1.0				
	11	小车轨道接头处高低差和侧面错位/mm	1.0	1.0				
	12	小车轨道接头间隙/mm	2.0	2.0				

检查意见：

主控项目共_____项，其中合格_____项，优良_____项，合格率_____%，优良率_____%。

一般项目共_____项，其中合格_____项，优良_____项，合格率_____%，优良率_____%。

检验人：（签字） 年 月 日	评定人：（签字） 年 月 日	监理工程师：（签字） 年 月 日

表5.10.2　小车行走机构安装质量检查表填表要求

填表时必须遵守"填表基本规定"，并应符合下列要求：

1. 分部工程、单元工程名称填写应与表5.10相同。

2. 各检验项目的检验方法及检验数量按表E-14的要求执行。

表 E-14　　　　　　　　　小车行走机构安装

检验项目	检验方法	检验数量
小车跨度相对差 $\mid T_1-T_2 \mid$	钢丝线、垂球、钢尺、钢板尺、水准仪、经纬仪、全站仪	每个小车检测1组，检测位置见表E-15中图1
小车车轮的垂直偏斜 α（只许下轮缘向内偏斜，l 为测量长度）		每个车轮检验1次，检测位置见表E-15中图2
对两根平行基准线每个小车轮水平偏斜	钢丝线、垂球、钢尺、钢板尺、水准仪、经纬仪、全站仪	每个车轮检验1次，检测位置见表E-15中图3
小车主动轮和被动轮同位差		每个车轮检验1次

3. 小车行走机构安装质量评定包括小车跨度相对差 $\mid T_1-T_2 \mid$ 等检验项目。

4. 单元工程安装质量检验项目质量标准：

（1）合格等级标准：

1）主控项目，检测点应100%符合合格标准。

2）一般项目，检测点应90%及以上符合合格标准，不合格点最大值不应超过其允许偏差值的1.2倍，且不合格点不应集中。

（2）优良等级标准：在合格等级标准基础上，主控项目和一般项目的所有检测点应90%及以上符合优良标准。

启闭机结构件尺寸检测如表E-15所示。

5. 表中数值为允许偏差值。

表 E-15　　　　　　　启闭机结构件尺寸检测图示

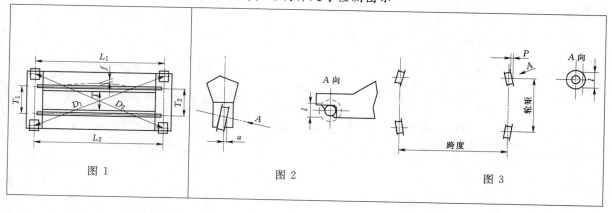

542

表 5.10.2   **小车行走机构安装质量检查表**

编号：_____

分部工程名称		单元工程名称	
安装部位		安装内容	
安装单位		开/完工日期	

项次		检验项目	质量要求		实测值	合格数	优良数	质量等级
			合格	优良				
主控项目	1	小车跨度相对差 $\mid T_1-T_2 \mid$ /mm	3.0	2.5				
	2	小车车轮的垂直偏斜 α（只许下轮缘向内偏斜，l 为测量长度，mm）	$\dfrac{l}{400}$	$\dfrac{l}{450}$				
一般项目	1	对两根平行基准线每个小车轮水平偏斜 /mm	$\dfrac{l}{1000}$	$\dfrac{l}{1200}$				
	2	小车主动轮和被动轮同位差 /mm	2.0	2.0				

检查意见：

    主控项目共_____项，其中合格_____项，优良_____项，合格率_____%，优良率_____%。

    一般项目共_____项，其中合格_____项，优良_____项，合格率_____%，优良率_____%。

检验人：（签字）	评定人：（签字）	监理工程师：（签字）
年 月 日	年 月 日	年 月 日

表5.10.3 制动器安装质量检查表

填 表 要 求

填表时必须遵守"填表基本规定",并应符合下列要求:

1. 分部工程、单元工程名称填写应与表5.10相同。

2. 各检验项目的检验方法及检验数量按表E-16的要求执行。

表E-16   制 动 器 安 装

检验项目	检验方法	检验数量
制动轮径向跳动	百分表	端面圆跳动在联轴器的结合面上测量。每个制动器均需检测
制动轮端面圆跳动		
制动带与制动轮的实际接触面积不小于总面积		

3. 制动器安装质量评定包括制动轮径向跳动等检验项目。

4. 单元工程安装质量检验项目质量标准:

(1) 合格等级标准:

1) 主控项目,检测点应100%符合合格标准。

2) 一般项目,检测点应90%及以上符合合格标准,不合格点最大值不应超过其允许偏差值的1.2倍,且不合格点不应集中。

(2) 优良等级标准:在合格等级标准基础上,主控项目和一般项目的所有检测点应90%及以上符合优良标准。

5. 表中数值为允许偏差值。

表 5.10.3　　　　　　　　　**制动器安装质量检查表**

编号：_____

分部工程名称					单元工程名称				
安装部位					安装内容				
安装单位					开/完工日期				

项次	检验项目	质量要求			实测值	合格数	优良数	质量等级
		制动轮直径 D/mm						
		≤200	200～300	>300				
一般项目	1	制动轮径向跳动/mm	0.10	0.12	0.18				
	2	制动轮端面圆跳动/mm	0.15	0.20	0.25				
	3	制动带与制动轮的实际接触面积不小于总面积/mm	75%						

检查意见：

一般项目共_____项，其中合格_____项，优良_____项，合格率_____%，优良率_____%。

检验人：（签字）	评定人：（签字）	监理工程师：（签字）
年　月　日	年　月　日	年　月　日

表5.10.4 桥式启闭机试运行
质量检查表填表要求

填表时必须遵守"填表基本规定",并应符合下列要求:

1. 分部工程、单元工程名称填写应与表5.10相同。

2. 单元工程量:填写本单元桥机重量(t)。

3. 启闭机试运行按运行质量标准要求进行。桥式启闭机试运行质量检验包括试运行前检查、试运行、静载试验、动载试验等项目。

4. 单元工程安装质量试运行质量标准:设备的试验和试运行符合 SL 635—2012 及相关专业标准规定;各项报验资料符合 SL 635—2012 的要求。

表 5.10.4　　**桥式启闭机试运行质量检查表**

编号：_____

单位工程名称				分部工程名称		单元工程量	
单元工程名称、部位				试运行日期			
序号	部位	检验项目		质量标准	检测情况		结论
1	试运行前检查	所有机械部件、连接部件，各种保护装置及润滑系统		安装、注油情况符合设计要求，并清除轨道两侧所有杂物			
2		钢丝绳固定压板与缠绕反方向		牢固，缠绕方向正确			
3		电缆卷筒、中心导电装置、滑线、变压器以及各电机的接线		正确，无松动，接地良好			
4		双电机驱动的起升机构	电动机的转向	转向正确			
5			吊点的同步性	两侧钢丝绳尽量调至等长			
6		行走机构的电动机转向		转向正确			
7		用手转动各机构的制动轮，使最后一根轴（如车轮轴、卷筒轴）旋转一周		无卡阻现象			
8	试运行（起升机构和行走机构分别在行程内往返3次）	电动机		运行平稳，三相电流不平衡度不超过10%，并测量电流值			
9		电气设备		无异常发热现象，控制器触头无烧灼现象			
10		限位开关、保护装置及联锁装置		动作正确可靠			
11		大车、小车	行走时，车轮	无啃轨现象			
12			运行时，导电装置	平稳，无卡阻、跳动及严重冒火花现象			
13		机械部件		运转时，无冲击声及其他异常声音			
14		运行过程中，制动闸瓦		全部离开制动轮，无任何摩擦			

序号	部位	检验项目		质量标准	检测情况	结论
15	试运行（起升机构和行走机构分别在行程内往返3次）	轴承和齿轮		润滑良好，轴承温度不超过65℃		
16		噪声		在司机座（不开窗）测得的噪声不应大于85dB（A）		
17		双吊点启闭机	闸门吊耳轴中心线水平偏差	设计要求或使闸门顺利进入门槽		
18			同步性	行程开关显示两侧钢丝绳等长		
19	静载试验	主梁上拱度和悬臂端上翘度		上拱度 $\frac{(0.9\sim1.4)L}{1000}$（$L$ 为跨度，mm），上翘度 $\frac{(0.9\sim1.4)L_n}{350}$（$L_n$ 为悬臂长度，mm）		
20		小车分别停在主梁跨中和悬臂端起升1.25倍额定载荷	离地面 100～200mm，停留10min，卸载	门架或桥架未产生永久变形		
21			挠度测定	主梁挠度值：$\frac{L}{700}$（L 为跨度，mm），悬臂端挠度值：$\frac{L_n}{350}$（L_n 为悬臂长度，mm）		
22	动载试验	在起升 1.1 倍额定载荷后，作起升、下降、停车等试验，同时开动大车、小车两个机构，应延续达 1h，检查各机构		动作灵敏、工作平稳可靠，各限位开关、安全保护连锁装置动作正确、可靠，各连接处无松动		

检查意见：

检验人：（签字）　　　　　　　　评定人：（签字）　　　　　　　　监理工程师：（签字）

　　　　　　　　　　年　月　日　　　　　　　　年　月　日　　　　　　　　年　月　日

表5.11 门式启闭机单元工程
安装质量验收评定表填表要求

填表时必须遵守"填表基本规定",并应符合下列要求:

1. 单元工程划分:宜以每一台门式启闭机的安装划分为一个单元工程。

2. 单元工程量:填写本单元门式启闭机重量(t)。

3. 本表是在表5.11.1、表5.11.2、表5.10.1～表5.10.3、表8.19检查表质量评定合格基础上进行。

4. 单元工程施工质量验收评定应提交下列资料:

(1)施工单位应提供门式启闭机设备进场检验记录、安装图样、安装记录、重大缺陷处理记录等。

(2)监理单位应提交对单元工程施工质量的平行检测资料。

5. 门式启闭机安装由门架和大车行走机构、门腿、小车行走机构、制动器、电气设备安装等部分组成,其安装技术要求应符合SL 381的规定。在各部分安装完毕后应进行试运行。

6. 门式启闭机出厂前,应进行整体组装和试运行,经检查合格,方可出厂。

7. 门架和大车行走机构、小车行走机构、制动器、电气设备及试运行质量标准应符合SL 635—2012第13章桥式启闭机有关规定。电气设备安装应符合SL 638有关规定。

8. 单元工程安装质量评定标准:

(1)合格等级标准:

1)各检验项目均达到合格等级及以上标准。

2)设备的试验和试运行符合SL 635—2012及相关专业标准的规定;各项报验资料符合SL 635—2012的要求。

3)启闭机电气设备安装质量达到合格以上标准。

(2)优良等级标准:

1)在合格等级标准基础上,安装质量检验项目中优良项目占全部项目70%及以上,且主控项目100%优良。

2)启闭机电气设备安装质量达到优良标准。

表 5.11 门式启闭机单元工程安装质量验收评定表

编号：_____

单位工程名称		单元工程量	
分部工程名称		安装单位	
单元工程名称、部位		评定日期	

项次	项　目	主控项目/个		一般项目/个	
		合格数	其中优良数	合格数	其中优良数
1	门架和大车行走机构安装（见表5.10.1）				
2	门式启闭机门腿安装				
3	小车行走机构安装（见表5.10.2）				
4	制动器安装（见表5.10.3）				
电气设备安装					
试运行效果					

安装单位自评意见	各项试验和单元工程试运行符合要求，各项报验资料符合规定。检验项目全部合格。检验项目优良率为_____％，其中主控项目优良率为_____％。 单元工程安装质量等级评定为：_____。 （签字，加盖公章）　　　年　月　日
监理单位复核意见	各项试验和单元工程试运行符合要求，各项报验资料符合规定。检验项目全部合格。检验项目优良率为_____％，其中主控项目优良率为_____％。 单元工程安装质量等级评定为：_____。 （签字，加盖公章）　　　年　月　日

注1：主控项目和一般项目中的合格指达到合格及其以上质量标准的项目个数。

注2：优良项目占全部项目百分率 $= \dfrac{主控项目优良数＋一般项目优良数}{检验项目总数} \times 100\%$。

表5.11.1 门式启闭机门腿安装
质量检查表填表要求

填表时必须遵守"填表基本规定",并应符合下列要求:

1. 分部工程、单元工程名称填写应与表5.11相同。

2. 各检验项目的检验方法及检验数量按表E-17的要求执行。

表E-17 门式启闭机门腿安装

检验项目	检验方法	检验数量
门架支腿从车轮工作面到支腿上法兰平面高度相对差	钢尺、垂球、钢板尺	每个门腿测1组值

3. 单元工程安装质量检验项目质量标准:

(1) 合格等级标准:主控项目,检测点应100%符合合格标准。

(2) 优良等级标准:在合格等级标准基础上,所有检测点应90%及以上符合优良标准。

4. 表中数值为允许偏差值。

表 5.11.1   门式启闭机门腿安装质量检查表

编号：_____

分部工程名称		单元工程名称	
安装部位		安装内容	
安装单位		开/完工日期	

项次		检验项目	质量要求		实测值	合格数	优良数	质量等级
			合格	优良				
主控项目	1	门架支腿从车轮工作面到支腿上法兰平面高度相对差/mm	8.0	6.0				

检查意见：

主控项目共_____项，其中合格_____项，优良_____项，合格率_____%，优良率_____%。

检验人：（签字）	评定人：（签字）	监理工程师：（签字）
年　月　日	年　月　日	年　月　日

表5.11.2　门式启闭机试运行
质量检查表填表要求

填表时必须遵守"填表基本规定"，并应符合下列要求：

1. 单位工程、分部工程、单元工程名称及部位填写应与表5.11相同。

2. 单元工程量：填写本单元门机重量（t）。

3. 启闭机试运行按运行质量标准要求进行。

4. 单元工程安装质量试运行质量标准：设备的试验和试运行符合 SL 635—2012 及相关专业标准的规定；各项报验资料符合 SL 635—2012 的要求。

表 5.11.2　　　　　　**门式启闭机试运行质量检查表**

编号：_____

单位工程名称				分部工程名称		单元工程量	
单元工程名称、部位					试运行日期		

序号	部位	检验项目		质量要求	检测情况		结论
1	试运行前检查	所有机械部件、连接部件，各种保护装置及润滑系统		安装、注油情况符合设计要求，并清除轨道两侧所有杂物			
2		钢丝绳固定压板与缠绕反方向		牢固，缠绕方向正确			
3		电缆卷筒、中心导电装置、滑线、变压器以及各电机的接线		正确，无松动，接地良好			
4		双电机驱动的起升机构	电动机的转向	转向正确			
5			吊点的同步性	两侧钢丝绳尽量调至等长			
6		行走机构的电动机转向		转向正确			
7		用手转动各机构的制动轮，使最后一根轴（如车轮轴、卷筒轴）旋转一周		无卡阻现象			
8	试运行（起升机构和行走机构分别在行程内往返3次）	电动机		运行平稳，三相电流不平衡度不超过10%，并测量电流值			
9		电气设备		无异常发热现象，控制器触头无烧灼现象			
10		限位开关、保护装置及联锁装置		动作正确可靠			
11		大车、小车	行走时，车轮	无啃轨现象			
12			运行时，导电装置	平稳，无卡阻、跳动及严重冒火花现象			
13		机械部件		运转时，无冲击声及其他异常声音			
14		运行过程中，制动闸瓦		全部离开制动轮，无任何摩擦			

序号	部位	检验项目		质量要求	检测情况	结论
15	试运行（起升机构和行走机构分别在行程内往返3次）	轴承和齿轮		润滑良好，轴承温度不超过65℃		
16		噪声		在司机座（不开窗）测得的噪声不应大于85dB（A）		
17		双吊点启闭机	闸门吊耳轴中心线水平偏差	设计要求或使闸门顺利进入门槽		
18			同步性	行程开关显示两侧钢丝绳等长		
19		主梁上拱度和悬臂端上翘度		上拱度 $\dfrac{(0.9\sim1.4)L}{1000}$（$L$ 为跨度，mm），上翘度 $\dfrac{(0.9\sim1.4)L_n}{350}$（$L_n$ 为悬臂长度，mm）		
20	静载试验	小车分别停在主梁跨中和悬臂端起升1.25倍额定载荷	离地面 100～200mm，停留10min，卸载	门架或桥架未产生永久变形		
21			挠度测定	主梁挠度值：$\dfrac{L}{700}$（L 为跨度，mm），悬臂端挠度值：$\dfrac{L_n}{350}$（L_n 为悬臂长度，mm）		
22	动载试验	在起升1.1倍额定载荷后，作起升、下降、停车等试验，同时开动大车、小车两个机构，应延续达1h，检查各机构		动作灵敏、工作平稳可靠，各限位开关、安全保护连锁装置动作正确、可靠，各连接处无松动		

检查意见：

检验人：（签字） 年 月 日	评定人：（签字） 年 月 日	监理工程师：（签字） 年 月 日

表5.12 固定卷扬式启闭机单元工程 安装质量验收评定表填表要求

填表时必须遵守"填表基本规定",并应符合下列要求:

1. 单元工程划分:宜以每一台固定卷扬启闭机的安装划分为一个单元工程。

2. 单元工程量:填写本单元卷扬机重量(t)或型号。

3. 本表是在表5.12.1、表5.12.2、表5.10.3、表8.19检查表质量评定合格基础上进行。

4. 单元工程施工质量验收评定应提交下列资料:

(1)施工单位应提供各部分安装图纸、安装记录、试运行记录以及进场检验记录等。

(2)监理单位应提交对单元工程施工质量的平行检测资料。

5. 固定卷扬式启闭机出厂前,应进行整体组装和空载模拟试验,有条件的应作额定载荷试验,经检验合格后,方可出厂。

6. 固定卷扬式启闭机进场后,应按订货合同检查其产品合格证、随机构配件(说明:"构配件"为专用名词,系结构类配件总称)、专用工具及完整的技术文件等。

7. 固定卷扬式启闭机减速器清洗后应注入新的润滑油,油位不应低于高速级大齿轮最低齿的齿高,但不应高于最低齿两倍齿高,其油封和结合面处不应漏油。

8. 应检查基础螺栓埋设位置及螺栓伸出部分的长度是否符合安装要求。

9. 钢丝绳应有序地逐层缠绕在卷筒上,不应挤叠、跳槽或乱槽。当吊点在下限时,钢丝绳留在卷筒上的缠绕圈数应不小于4圈,其中2圈作为固定用,另外2圈为安全圈,当吊点处于上限位置时,钢丝绳不应缠绕到圈筒绳槽以外。

10. 固定卷扬式启闭机安装工程由启闭机位置、制动器安装、电气设备安装等部分组成,其安装技术要求应符合《水利水电工程启闭机制造安装及验收规范》(SL 381)的规定,其中电气设备安装应符合SL 638有关规定。

11. 制动器安装质量应符合桥式启闭机有关规定。

12. 单元工程安装质量评定标准:

(1)合格等级标准:

1)各检验项目均达到合格等级及以上标准。

2)设备的试验和试运行符合SL 635—2012及相关专业标准的规定;各项报验资料符合SL 635—2012的要求。

3)启闭机电气设备安装质量达到合格以上标准。

(2)优良等级标准:

1)在合格等级标准基础上,安装质量检验项目中优良项目占全部项目70%及以上,且主控项目100%优良。

2)启闭机电气设备安装质量达到优良标准。

表5.12　　固定卷扬式启闭机单元工程安装质量验收评定表

单位工程名称		单元工程量	
分部工程名称		安装单位	
单元工程名称、部位		评定日期	

项次	项　　目	主控项目/个		一般项目/个	
		合格数	其中优良数	合格数	其中优良数
1	固定卷扬式启闭机安装位置				
2	制动器安装（见表5.10.3）				
	电气设备安装				
	试运行效果				

安装单位自评意见	各项试验和单元工程试运行符合要求，各项报验资料符合规定。检验项目全部合格。检验项目优良率为_____%，其中主控项目优良率为_____%。 单元工程安装质量等级评定为：_____。 （签字，加盖公章）　　年　月　日
监理单位复核意见	各项试验和单元工程试运行符合要求，各项报验资料符合规定。检验项目全部合格。检验项目优良率为_____%，其中主控项目优良率为_____%。 单元工程安装质量等级评定为：_____。 （签字，加盖公章）　　年　月　日

注1：主控项目和一般项目中的合格指达到合格及其以上质量标准的项目个数。

注2：优良项目占全部项目百分率 $= \dfrac{主控项目优良数＋一般项目优良数}{检验项目总数} \times 100\%$。

表5.12.1　固定卷扬式启闭机
安装位置质量检查表填表要求

填表时必须遵守"填表基本规定"，并应符合下列要求：

1. 分部工程、单元工程名称填写应与表5.12相同。

2. 各检验项目的检验方法及检验数量按表E-18的要求执行。

表 E-18　　　　　　　　　固定卷扬式启闭机安装位置

检验项目	检验方法	检验数量
纵、横向中心线与起吊中心线之差	经纬仪、水准仪、全站仪、垂球、钢板尺	每台启闭机纵、横两个方向各测1值
启闭机平台水平偏差（每延米）		
启闭机平台高程偏差		每台启闭机四个角各测1值
双卷筒串联的双吊点启闭机吊距偏差		

3. 固定卷扬式启闭机安装质量评定包括纵、横向中心线与起吊中心线之差等检验项目。

4. 单元工程安装质量检验项目质量标准：

（1）合格等级标准：

1）主控项目，检测点应100％符合合格标准。

2）一般项目，检测点应90％及以上符合合格标准，不合格点最大值不应超过其允许偏差值的1.2倍，且不合格点不应集中。

（2）优良等级标准：在合格等级标准基础上，主控项目和一般项目的所有检测点应90％及以上符合优良标准。

5. 表中数值为允许偏差值。

表 5.12.1   固定卷扬式启闭机安装位置质量检查表

编号：_____

分部工程名称				单元工程名称				
安装部位				安装内容				
安装单位				开/完工日期				

项次		检验项目	质量要求		实测值	合格数	优良数	质量等级
			合格	优良				
主控项目	1	纵、横向中心线与起吊中心线之差/mm	±3.0	±2.5				
	2	启闭机平台水平偏差/mm（每延米）	0.5	0.4				
一般项目	1	启闭机平台高程偏差/mm	±5.0	±4.0				
	2	双卷筒串联的双吊点启闭机吊距偏差/mm	±3.0	±2.5				

检查意见：

　　主控项目共_____项，其中合格_____项，优良_____项，合格率_____%，优良率_____%。

　　一般项目共_____项，其中合格_____项，优良_____项，合格率_____%，优良率_____%。

检验人：（签字）　　　　　　　　　年　月　日	评定人：（签字）　　　　　　　年　月　日	监理工程师：（签字）　　　　　　年　月　日

表5.12.2 固定卷扬式启闭机
试运行质量检查表填表要求

填表时必须遵守"填表基本规定",并应符合下列要求:

1. 单位工程、分部工程、单元工程名称及部位填写应与表5.12相同。

2. 单元工程量:填写本单元卷扬机重量(t)或型号。

3. 启闭机试运行按运行质量标准要求进行。固定卷扬式启闭机试运行由电气设备试验、无载荷试验、载荷试验等三部分组成。

4. 单元工程安装质量试运行质量标准:设备的试验和试运行符合 SL 635—2012 及相关专业标准的规定;各项报验资料符合 SL 635—2012 的要求。

表 5.12.2　　固定卷扬式启闭机试运行质量检查表

编号：＿＿＿＿＿＿＿＿＿＿＿＿

单位工程名称		分部工程名称		单元工程量	
单元工程名称、部位			试运行日期		

序号	部位	检验项目	质量要求	检测情况	结论
1	电气设备试验	全部接线	符合图样规定		
2		线路的绝缘电阻	符合设计标准		
3		试验中各电动机和电器元件温升	不超过各自的允许值		
4	无载荷试验（全行程往返3次）	电动机	三相电流不平衡度不超过10％		
5		电气设备	无异常发热现象		
6		主令开关	启闭机运行到行程的上下极限位置，主令开关能发出信号并自动切断电源，使启闭机停止运转		
7		机械部件	无冲击声及其他异常声音，钢丝绳在任何部位不与其他部件相摩擦		
8		制动闸瓦	松闸时全部打开，闸瓦与制动轮间隙符合 0.5～1.0mm 的要求		
9		快速闸门启闭机	利用直流松闸时，松闸直流电流值不大于名义最大电流值，松闸持续2min时电磁线圈的温度不大于100℃		
10		轴承和齿轮	润滑良好，轴承温度不超过65℃		

序号	部位	检验项目		质量要求	检测情况	结论
11	载荷试验（带闸门在设计水头工况下运行）	电动机		三相电流不平衡度不超过 10%		
12		电气设备		无异常发热现象，所有保护装置和信号准确可靠		
13		机械部件		无冲击声，开式齿轮啮合状态满足要求		
14		制动器		无打滑、无焦味和冒烟现象		
15		机构各部分		无破裂、永久变形、连接松动或破坏		
16		快速闸门启闭机	快速闭门时间	不超过设计值，闸门接近底槛的最大速度不超过 5m/min		
17			电动机或调速器	最大转速一般不超过电动机额定转速的 2 倍		
18			离心式调速器的摩擦面最高温度	不大于 200℃		

检查意见：

检验人：（签字）	评定人：（签字）	监理工程师：（签字）
年 月 日	年 月 日	年 月 日

表5.13 螺杆式启闭机单元工程
安装质量验收评定表填表要求

填表时必须遵守"填表基本规定",并应符合下列要求:

1. 单元工程划分:宜以每一台螺杆式启闭机的安装划分为一个单元工程。

2. 单元工程量:填写本单元螺杆式启闭机的重量(t)。

3. 本表是在表5.13.1、表5.13.2、表8.19检查表质量评定合格基础上进行。

4. 单元工程施工质量验收评定应包括下列资料:

(1) 施工单位应提供产品到货验收记录、现场安装记录等资料。

(2) 监理单位应提交对单元工程施工质量的平行检测资料。

5. 螺杆式启闭机出厂前,应进行整体组装和试运行,经检查合格,方可出厂。到货后应按合同验收,并对其主要零部件进行复测、检查、登记。

6. 检查基础螺栓埋设位置及螺栓伸出部分长度是否符合安装要求。

7. 螺杆式启闭机安装由启闭机安装位置、电气设备安装等组成,其安装技术要求应符合 SL 381 的规定,安装完毕后应进行试运行。

其中电气设备安装应符合 SL 638 的有关规定。

8. 单元工程安装质量评定标准:

(1) 合格等级标准:

1) 各检验项目均达到合格等级及以上标准。

2) 设备的试验和试运行符合 SL 635—2012 及相关专业标准的规定;各项报验资料符合 SL 635—2012 的要求。

3) 启闭机电气设备安装质量达到合格以上标准。

(2) 优良等级标准:

1) 在合格等级标准基础上,安装质量检验项目中优良项目占全部项目70%及以上,且主控项目100%优良。

2) 启闭机电气设备安装质量达到优良标准。

表 5.13　　螺杆式启闭机单元工程安装质量验收评定表

单位工程名称		单元工程量	
分部工程名称		安装单位	
单元工程名称、部位		评定日期	

项次	项　目	主控项目/个		一般项目/个	
		合格数	其中优良数	合格数	其中优良数
1	螺杆式启闭机安装				
	电气设备安装				
	试运行效果				

安装单位自评意见	各项试验和单元工程试运行符合要求，各项报验资料符合规定。检验项目全部合格。检验项目优良率为_____％，其中主控项目优良率为_____％。 单元工程安装质量等级评定为：_____。 <div align="right">（签字，加盖公章）　　　年　月　日</div>
监理单位复核意见	各项试验和单元工程试运行符合要求，各项报验资料符合规定。检验项目全部合格。检验项目优良率为_____％，其中主控项目优良率为_____％。 单元工程安装质量等级评定为：_____。 <div align="right">（签字，加盖公章）　　　年　月　日</div>

注1：主控项目和一般项目中的合格指达到合格及其以上质量标准的项目个数。

注2：优良项目占全部项目百分率＝$\dfrac{\text{主控项目优良数}＋\text{一般项目优良数}}{\text{检验项目总数}} \times 100\%$。

表5.13.1 螺杆式启闭机安装位置 质量检查表填表要求

填表时必须遵守"填表基本规定",并应符合下列要求:

1. 分部工程、单元工程名称填写应与表5.13相同。

2. 各检验项目的检验方法及检验数量按表E-19的要求执行。

表E-19   螺杆式启闭机安装位置

检验项目	检验方法	检验数量
基座纵、横向中心线与闸门吊耳的起吊中心线之差	经纬仪、水准仪、全站仪、垂球、钢板尺	每台启闭机各项至少检测1个点
启闭机平台水平偏差(每延米)		
螺杆与闸门连接前铅锤度(每延米)		
启闭机平台高程偏差	水准仪、塞尺	
机座与基础板局部间隙		

3. 螺杆式启闭机安装质量评定包括基座纵、横向中心线与闸门吊耳的起吊中心线之差等检验项目。

4. 单元工程安装质量检验项目质量标准:

(1)合格等级标准:

1)主控项目,检测点应100%符合合格标准。

2)一般项目,检测点应90%及以上符合合格标准,不合格点最大值不应超过其允许偏差值的1.2倍,且不合格点不应集中。

(2)优良等级标准:在合格等级标准基础上,主控项目和一般项目的所有检测点应90%及以上符合优良标准。

5. 表中数值为允许偏差值。

表 5.13.1　　螺杆式启闭机安装位置质量检查表

编号：_____

分部工程名称		单元工程名称	
安装部位		安装内容	
安装单位		开/完工日期	

项次		检验项目	质量要求		实测值	合格数	优良数	质量等级
			合格	优良				
主控项目	1	基座纵、横向中心线与闸门吊耳的起吊中心线之差/mm	±1.0	±0.5				
	2	启闭机平台水平偏差/mm（每延米）	0.5	0.4				
	3	螺杆与闸门连接前铅锤度/mm（每延米）	0.2	0.2				
一般项目	1	启闭机平台高程偏差/mm	±5.0	±4.0				
	2	机座与基础板局部间隙/mm	0.2 非接触面不大于总接触面20％	0.2 非接触面不大于总接触面20％				

检查意见：

　　主控项目共_____项，其中合格_____项，优良_____项，合格率_____％，优良率_____％。

　　一般项目共_____项，其中合格_____项，优良_____项，合格率_____％，优良率_____％。

检验人：（签字）	评定人：（签字）	监理工程师：（签字）
年　月　日	年　月　日	年　月　日

表5.13.2 螺杆式启闭机
试运行质量检查表填表要求

填表时必须遵守"填表基本规定",并应符合下列要求:

1. 单位工程、分部工程、单元工程名称及部位填写应与表5.13相同。

2. 单元工程量:填写本单元启闭机重量(t)或型号。

3. 启闭机试运行按运行质量标准要求进行。螺杆式启闭机的试运行由电气设备测试、无载荷试验、载荷试验等三部分组成。

4. 单元工程安装质量试运行质量标准:设备的试验和试运行符合 SL 635—2012 及相关专业标准的规定;各项报验资料符合 SL 635—2012 的要求。

表 5.13.2　　螺杆式启闭机试运行质量检查表

编号：_____

单位工程名称			分部工程名称		单元工程量	
单元工程名称、部位				试运行日期		

序号	部位	检验项目	质量标准	检测情况	结论
1	电气设备测试	全部接线	符合图样规定		
2		线路的绝缘电阻	符合设计要求		
3		试验中各电动机和电器元件温升	不超过各自的允许值		
4	无载荷试验（全行程往返3次）	电动机	三相电流不平衡度不超过10%		
5		行程限位开关	运行到上下限位置时，能发出信号并自动切断电源，使启闭机停止运转		
6		机械部件	无冲击声及其他异常声音		
7	载荷试验（在动水工况下闭门2次）	传动零件	运转平稳，无异常声音、发热和漏油现象		
8		行程开关	动作灵敏可靠		
9		载荷控制装置、高度指示装置的信号发送、接收	动作灵敏、指示正确、安全可靠		
10		手摇或电机驱动	操作方便，运行平稳，传动皮带无打滑现象		
11		双吊点启闭机	同步升降，无卡阻现象		
12		地脚螺栓	螺栓紧固，无松动		

检查意见：

检验人：（签字）	评定人：（签字）	监理工程师：（签字）
年　月　日	年　月　日	年　月　日

表5.14 液压式启闭机单元工程
安装质量验收评定表填表要求

填表时必须遵守"填表基本规定",并应符合下列要求:

1. 单元工程划分:宜以每一个液压系统的安装划分为一个单元工程。

2. 单元工程量:填写本单元启闭机重量（t）或型号。

3. 本表是在表5.14.1～表5.14.4、表7.13.4、表7.14.1检查表质量评定合格基础上进行。

4. 单元工程施工质量验收评定应提交下列资料:

(1) 施工单位应提供启闭机到货检验记录（资料）、安装记录、试运行记录等。

(2) 监理单位应提交对单元工程施工质量的平行检测资料。

5. 液压式启闭机安装包括机架安装、钢梁与推力支座安装、油桶及贮油箱管道安装等部分,其安装技术要求应符合 SL 381 的规定。各部分安装完毕后应进行试运行。

6. 液压式启闭机设备出厂前应进行整体组装和试验。设备运到现场后,应经检查,开箱验收后方可安装。

7. 油桶及贮邮箱管道安装质量检查表参照《水利水电工程单元工程施工质量验收评定标准——水利机械辅助设备系统安装工程》（SL 637—2012）的规定。

8. 单元工程安装质量评定标准:

(1) 合格等级标准:

1) 各检验项目均达到合格等级及以上标准。

2) 设备的试验和试运行符合 SL 635—2012 及相关专业标准的规定;各项报验资料符合 SL 635—2012 的要求。

(2) 优良等级标准:在合格等级标准基础上,安装质量检验项目中优良项目占全部项目 70% 及以上,且主控项目 100% 优良。

表 5.14   **液压式启闭机单元工程安装质量验收评定表**

编号：_____

单位工程名称					
分部工程名称			安装单位		
单元工程名称、部位			评定日期		

项次	项　　目	主控项目/个		一般项目/个	
		合格数	其中优良数	合格数	其中优良数
1	液压式启闭机机械系统机架安装				
2	液压式启闭机机械系统钢梁与推力支座安装				
3	明管安装单元工程安装质量检查表（见表 7.13.4）				
4	箱、罐及其他容器安装单元工程安装质量检查表（见表 7.14.1）				
试运行效果					

安装单位自评意见	各项试验和单元工程试运行符合要求，各项报验资料符合规定。检验项目全部合格。检验项目优良率为_____%，其中主控项目优良率为_____%。 单元工程安装质量等级评定为：_____。 （签字，加盖公章）　　　年　月　日
监理单位复核意见	各项试验和单元工程试运行符合要求，各项报验资料符合规定。检验项目全部合格。检验项目优良率为_____%，其中主控项目优良率为_____%。 单元工程安装质量等级评定为：_____。 （签字，加盖公章）　　　年　月　日

注1：主控项目和一般项目中的合格指达到合格及其以上质量标准的项目个数。

注2：优良项目占全部项目百分率＝$\dfrac{主控项目优良数＋一般项目优良数}{检验项目总数} \times 100\%$。

表5.14.1 液压式启闭机机械系统机架安装质量检查表填表要求

填表时必须遵守"填表基本规定",并应符合下列要求:

1. 分部工程、单元工程名称填写应与表5.14相同。

2. 各检验项目的检验方法及检验数量按表E-20的要求执行。

表E-20 液压式启闭机机械系统机架安装

检验项目	检验方法	检验数量
机架横向中心线与实际起吊中心线的距离	钢板尺、水准仪、经纬仪、全站仪、垂球	机架中心线应按门槽实际中心线测出
机架高程偏差	钢板尺、水准仪、经纬仪、全站仪、垂球	启闭机四个角各测1个点
双吊点液压式启闭机支撑面的高差		

3. 液压式启闭机机械系统的安装,主要包括机架、钢梁与推力支座的安装。

4. 现场安装管路应进行整体循环油冲洗,冲洗速度宜达到紊流状态,滤网过滤精度应不低于$10\mu m$,冲洗时间不应少于30min。

5. 现场注入的液压油型号、油量及油位应符合设计要求,液压油过滤精度应不低于$20\mu m$。

6. 单元工程安装质量检验项目质量标准:

(1) 合格等级标准:

1) 主控项目,检测点应100%符合合格标准。

2) 一般项目,检测点应90%及以上符合合格标准,不合格点最大值不应超过其允许偏差值的1.2倍,且不合格点不应集中。

(2) 优良等级标准:在合格等级标准基础上,主控项目和一般项目的所有检测点应90%及以上符合优良标准。

7. 表中数值为允许偏差值。

表 5.14.1　液压式启闭机机械系统机架安装质量检查表

编号：_____

分部工程名称		单元工程名称	
安装部位		安装内容	
安装单位		开/完工日期	

项次		检验项目	质量要求		实测值	合格数	优良数	质量等级
			合格	优良				
主控项目	1	机架横向中心线与实际起吊中心线的距离/mm	±2.0	±1.5				
一般项目	1	机架高程偏差/mm	±5.0	±4.0				
	2	双吊点液压式启闭机支撑面的高差/mm	±0.5	±0.5				

检查意见：

主控项目共_____项，其中合格_____项，优良_____项，合格率_____%，优良率_____%。

一般项目共_____项，其中合格_____项，优良_____项，合格率_____%，优良率_____%。

检验人：（签字）	评定人：（签字）	监理工程师：（签字）
年　月　日	年　月　日	年　月　日

表5.14.2　液压式启闭机机械系统钢梁与推力支座安装质量检查表填表要求

填表时必须遵守"填表基本规定"，并应符合下列要求：

1. 分部工程、单元工程名称填写应与表5.14相同。

2. 各检验项目的检验方法及检验数量按表E-21的要求执行。

表E-21　　液压式启闭机机械系统钢梁推力支座安装

检验项目		检验方法	检验数量
机架钢梁与推力支座组合面通隙		塞尺、水准仪、全站仪	沿组合面检查4～8个点
推力支座顶面水平偏差（每延米）			纵、横向各测1个点
机架钢梁与推力支座的组合面	局部间隙		沿组合面检查4～8个点
	局部间隙深度		
	局部间隙累计长度		

3. 单元工程安装质量检验项目质量标准：

(1) 合格等级标准：

1) 主控项目，检测点应100%符合合格标准。

2) 一般项目，检测点应90%及以上符合合格标准，不合格点最大值不应超过其允许偏差值的1.2倍，且不合格点不应集中。

(2) 优良等级标准：在合格等级标准基础上，主控项目和一般项目的所有检测点应90%及以上符合优良标准。

4. 表中数值为允许偏差值。

表 5.14.2 液压式启闭机机械系统钢梁与推力支座安装质量检查表

编号：_____

分部工程名称				单元工程名称					
安装部位				安装内容					
安装单位				开/完工日期					

项次		检验项目		质量要求		实测值	合格数	优良数	质量等级
				合格	优良				
主控项目	1	机架钢梁与推力支座组合面通隙/mm		0.05	0.05				
	2	推力支座顶面水平偏差/mm（每延米）		0.2	0.2				
一般项目	1	机架钢梁与推力支座的组合面	局部间隙/mm	0.1	0.08				
			局部间隙深度	$\frac{1}{3}$组合面宽度	$\frac{1}{4}$组合面宽度				
			局部间隙累计长度	20%周长	15%周长				

检查意见：

　　主控项目共_____项，其中合格_____项，优良_____项，合格率_____%，优良率_____%。

　　一般项目共_____项，其中合格_____项，优良_____项，合格率_____%，优良率_____%。

检验人：（签字）	评定人：（签字）	监理工程师：（签字）
年　月　日	年　月　日	年　月　日

表5.14.3 液压式启闭机试运行
质量检查表填表要求

填表时必须遵守"填表基本规定",并应符合下列要求:

1. 单位工程、分部工程、单元工程名称及部位填写应与表5.14相同。

2. 单元工程量:填写本单元启闭机重量(t)或型号。

3. 启闭机试运行按运行质量标准要求进行。

4. 液压式启闭机试运行由试运行前检查、油泵试验、手动操作试验、自动操作试验、闸门沉降试验、双吊点同步试验等检验项目组成。

5. 单元工程安装质量试运行质量标准:设备的试验和试运行符合 SL 635—2012 及相关专业标准的规定;各项报验资料符合 SL 635—2012 的要求。

表 5.14.3　液压式启闭机试运行质量检查表

编号：＿＿＿＿＿＿＿＿＿＿

单位工程名称				分部工程名称		单元工程量	
单元工程名称、部位					试运行日期		
序号	部位	检验项目		质量要求	检测情况		结论
1	试运行前检查	门槽及运行区域		障碍物清除干净，闸门及油缸运行不受卡阻			
2		液压系统的滤油芯		清洗或更换，试运行前液压系统的污染度等级应不低于 NAS9 级			
3		环境温度		不低于设计工况的最低温度			
4		机架固定		焊缝达到要求，地脚螺栓紧固			
5		电器元件和设备		调试完毕，符合 GB 5226.1 的有关规定			
6	油泵试验	油泵溢流阀全部打开，连续空转 30min		无异常现象			
7		管路充油运转试验的工作压力	50%	分别连续运转 5min，系统无振动、杂音、温升过高等现象；阀件及管路无漏油现象			
			75%				
			100%				
8		排油检查		油泵在 1.1 倍工作压力下排油，无剧烈振动和杂音			
9	手动操作试验	闸门升降		缓冲装置减速正常、闸门升降灵活、无卡阻			

序号	部位	检验项目	质量要求	检测情况	结论
10	自动操作试验	闸门启闭	灵活、无卡阻。快速闭门时间符合设计要求		
11	闸门沉降试验	活塞油封和管路系统漏油检查	将闸门提起，24h内闸门沉降量不大于100mm		
12		警示信号和自动复位功能	24h后，闸门沉降量超过100mm时，警示信号应提示；闸门沉降量超过200mm时，液压系统能自动复位；72h内自动复位次数不大于2次		
13	双吊点同步试验	同一台启闭机的两套油缸在全行程内同步运行	在行程内任意位置的同步偏差大于设计值时，如有自动纠偏装置，应自动投入纠偏装置		

检查意见：

检验人：（签字）

　　　　　　年　月　日

评定人：（签字）

　　　　　年　月　日

监理工程师：（签字）

　　　　　年　月　日

6　水轮发电机组安装工程

水轮发电机组安装工程填表说明

1. 本章表格适用于水利水电工程中符合下列条件之一的水轮发电机组安装工程单元工程施工质量验收评定。

（1）单机容量 15MW 及以上。

（2）冲击式水轮机，转轮名义直径 1.5m 及以上。

（3）反击式水轮机中的混流式水轮机，转轮名义直径 2.0m 及以上；轴流式、斜流式、贯流式水轮机，转轮名义直径 3.0m 及以上。

单机容量和水轮机转轮名义直径小于上述规定的机组也可参照执行。

2. 单元工程安装质量验收评定，应在单元工程检验项目的检验结果达到《水利水电工程单元工程施工质量验收评定标准——水轮发电机组安装工程》（SL 636—2012）的要求和具有完备的施工记录基础上进行。

3. 单位工程、分部工程名称按《项目划分表》确定的名称填写。单元工程名称、部位：填写《项目划分表》确定的本单元工程设备名称及部位。

4. 单元工程质量检查表表头上方的"编号"宜参照工程档案管理有关要求并由工程项目参建各方研究确定。设计值应按设计文件及设备、技术文件要求填写，并将设计值用"（　）"标明。检测值填写实际测量值。

5. 主控项目和一般项目中的合格数是指达到合格及以上质量标准的项目个数。

检验项目优良标准率＝（主控项目优良数＋一般项目优良数)/检验项目总数×100%

6. 安装质量标准中的优良、合格标准采用同一标准的，其质量标准的评定由监理单位（建设单位）会同安装单位商定。主控项目和一般项目中的合格数是指达到合格及以上质量标准的项目个数。

7. 单元工程安装质量检验项目质量标准分合格和优良两级：

（1）合格等级标准：

1）主控项目检测点应 100% 符合合格标准。

2）一般项目检测点应 90% 及以上符合合格标准，其余虽有微小偏差，但不影响使用。

（2）优良等级标准：在合格标准基础上，主控项目和一般项目的所有检测点应 90% 及以上符合优良标准。

8. 单元工程安装质量评定分为合格和优良两个等级：

（1）合格等级标准：

1）检验项目应符合 SL 636—2012 第 3.2.5 条 1 款的要求。

2）主要部件的调试及操作试验应符合 SL 636—2012 和相关专业标准的规定。

3）各项报验资料应符合 SL 636—2012 的要求。

（2）优良等级标准：在合格等级标准基础上，有 70% 及以上的检验项目应达到优良标准，其中主控项目应全部达到优良标准。

9. 单元工程安装质量具备下述条件后验收评定：①单元工程所有施工项目已完成，并自检合格，施工现场具备验收的条件；②单元工程所有施工项目的有关质量缺陷已处理完毕或有监理单位批准的处理意见。

10. 单元工程安装质量按下述程序进行验收评定：①施工单位对已经完成的单元工程安装质量进行自检，并填写检验记录；②自检合格后，填写单元工程施工质量验收评定表，向监理单位申请复核；③监理单位收到申请后，应在一个工作日内进行复核，并核定单元工程质量等级；

④重要隐蔽单元工程和关键部位单元工程施工质量的验收评定应由建设单位（或委托监理单位）主持，由建设、设计、监理、施工等单位的代表组成联合小组，共同验收评定，并在验收前通知工程质量监督机构。

11. 监理复核单元工程安装质量包括下述内容：①应逐项核查报验资料是否真实、齐全、完整；②对照有关图纸及有关技术文件，复核单元工程质量是否达到 SL 636—2012 的要求；③检查已完单元工程遗留问题的处理情况，核定本单元工程安装质量等级，复核合格后签署验收意见，履行相关手续；④对验收中发现的问题提出处理意见。

表6.1 立式反击式水轮机尾水管里衬安装
单元工程质量验收评定表（含质量检查表）填表要求

填表时必须遵守"填表基本规定"，并应符合下列要求：

1. 单元工程划分：每台水轮机的尾水管里衬安装宜划分为一个单元工程。

2. 单元工程量：填写本单元尾水管里衬安装量（t）。

3. 各检验项目的检验方法及检验数量按表F-1的要求执行。

表F-1　　　　　　　　　立式反击式水轮机尾水管里衬安装

检验项目	检验方法	检验数量
肘管、锥管上管口中心及方位	挂钢琴线，用钢板尺	对称位置不少于8个点
焊缝	PT/MT	全部
锥管管口直径	挂钢琴线，用钢卷尺	按圆周对称不少于8个点
内壁焊缝错牙	钢板尺	全部
上管口高程	水准仪、钢板尺	对称位置不少8个点
肘管断面尺寸	挂钢琴线，用钢卷尺	检查进出口断面
下管口	目测	全部

4. 单元工程施工质量验收评定应提交下列资料：

（1）安装单位应提供安装前的设备检验记录，机坑清扫测量记录，安装质量项目（主控项目和一般项目）的检验记录以及焊缝质量检查记录等，并由相关责任人签认的资料。

（2）监理单位对单元工程安装质量的平行检验资料；监理工程师签署质量复核意见的单元工程安装质量验收评定表及质量检查表。

5. 尾水管里衬安装验收评定应在混凝土浇筑之前进行，按设计要求做好加固工作。

6. 质量检查表中质量标准按转轮直径划分，填表时，在相应直径栏中加"√"号标明；表中数值为允许偏差值。

表 6.1 **立式反击式水轮机尾水管里衬安装**
单元工程质量验收评定表

单位工程名称		单元工程量	
分部工程名称		安装单位	
单元工程名称、部位		评定日期	

项次	项　目	主控项目/个		一般项目/个	
		合格数	其中优良数	合格数	其中优良数
1	单元工程安装质量				

安装单位自评意见	各项报验资料符合规定，检验项目全部合格。检验项目优良标准率为_____%，其中主控项目优良标准率为_____%。 单元工程安装质量等级评定为：_____。 （签字，加盖公章）　　　年　月　日
监理单位复核意见	各项报验资料符合规定，检验项目全部合格。检验项目优良标准率为_____%，其中主控项目优良标准率为_____%。 单元工程安装质量等级评定为：_____。 （签字，加盖公章）　　　年　月　日

表 6.1.1 **立式反击式水轮机尾水管里衬安装**
单元工程质量检查表

编号：_____

分部工程名称		单元工程名称	
安装部位		安装内容	
单元工程名称、部位		开/完工日期	

项次	检验项目	质量要求										实测值	合格数	优良数	质量等级
		合 格					优 良								
		转轮直径 D_1/mm					转轮直径 D_1/mm								
		$D_1 <$ 3000	3000 $\leqslant D_1 <$ 6000	6000 $\leqslant D_1 <$ 8000	8000 $\leqslant D_1 <$ 10000	$D_1 \geqslant$ 10000	$D_1 <$ 3000	3000 $\leqslant D_1 <$ 6000	6000 $\leqslant D_1 <$ 8000	8000 $\leqslant D_1 <$ 10000	$D_1 \geqslant$ 10000				
主控项目	1	肘管、锥管上管口中心及方位/mm	4	6	8	10	12	3	5	6	8	10				
	2	焊缝	无表面裂纹及明显咬边缺肉													
一般项目	1	锥管管口直径（D 为锥管管口直径设计值，mm）	$\pm 0.0015D$					$\pm 0.0010D$								
	2	内壁焊缝错牙	符合设计要求													
	3	上管口高程/mm	0～8	0～12	0～15	0～18	0～20	0～6	0～10	0～12	0～15	0～18				
	4	肘管断面尺寸（B 为断面长度，mm；r 为断面弧段半径，mm）	$\pm 0.0015H$ (B, r)	$\pm 0.0010H$ (B, r)				$\pm 0.0012H$ (B, r)	$\pm 0.0008H$ (B, r)							
	5	下管口	与混凝土管口平滑过渡													

检查意见：
　　主控项目共_____项，其中合格_____项，优良_____项，合格率_____%，优良率_____%。
　　一般项目共_____项，其中合格_____项，优良_____项，合格率_____%，优良率_____%。

检验人：（签字）　　　　　年　月　日	评定人：（签字）　　　　　年　月　日	监理工程师：（签字）　　　　　年　月　日

表6.2 立式反击式水轮机转轮室、基础环、座环安装单元工程质量验收评定表（含质量检查表）填表要求

填表时必须遵守"填表基本规定"，并应符合下列要求：

1. 单元工程划分：每台水轮机的转轮室、基础环、座环安装宜划分为一个单元工程。

2. 单元工程量：填写本单元转轮室、基础环、座环安装量（t）。

3. 各检验项目的检验方法及检验数量按表F-2的要求执行。

表F-2   立式反击式水轮机转轮室、基础环、座环安装

检验项目			检验方法	检验数量
中心及方位			挂钢琴线用钢板尺	对称位置不少于8个点
安装顶盖和底环的法兰面平面度	径向测量	现场不机加工	平衡梁、方型水平仪或水准仪或全站仪	一般不少于+x，-x，+y，-y 4个点
		现场机加工		
	周向测量	现场不机加工		
		现场机加工		
转轮室圆度			挂钢琴线，用测杆	对称8个点
基础环、座环及与转轮室同轴度			挂钢琴线，用测杆	在基础环、座环出口及转轮室对应位置各8个点
高程			水准仪、钢板尺	1～2个点
各组合缝间隙			塞尺	全部

4. 单元工程施工质量验收评定应提交下列资料：

（1）安装单位应提供的资料包括清扫与检验记录表，机坑测量记录表，焊缝质量检验记录，安装调整实测记录等资料。

（2）监理单位对单元工程安装质量的平行检验资料；监理工程师签署质量复核意见的单元工程安装质量验收评定表及质量检查表。

5. 转轮室、基础环、座环安装验收评定应在混凝土浇筑之前进行，按设计要求做好加固工作。

6. 质量检查表中质量要求按转轮直径划分，填表时，在相应直径栏中加"√"号标明；表中数值为允许偏差值，mm。

表 6.2 **立式反击式水轮机转轮室、基础环、座环安装**
单元工程质量验收评定表

单位工程名称		单元工程量	
分部工程名称		安装单位	
单元工程名称、部位		评定日期	

项次	项　目	主控项目/个		一般项目/个	
		合格数	其中优良数	合格数	其中优良数
1	单元工程安装质量				

安装单位自评意见	各项报验资料符合规定，检验项目全部合格。检验项目优良标准率为＿＿＿＿＿％，其中主控项目优良标准率为＿＿＿＿＿％。 单元工程安装质量等级评定为：＿＿＿＿＿。 （签字，加盖公章）　　年　月　日
监理单位复核意见	各项报验资料符合规定，检验项目全部合格。检验项目优良标准率为＿＿＿＿＿％，其中主控项目优良标准率为＿＿＿＿＿％。 单元工程安装质量等级评定为：＿＿＿＿＿。 （签字，加盖公章）　　年　月　日

表 6.2.1　立式反击式水轮机转轮室、基础环、座环安装单元工程质量检查表

编号：_____

单位工程名称		单元工程量	
安装部位		安装内容	
安装单位		开/完工日期	

项次	检验项目			质量要求 合格 转轮直径 D_1/mm					质量要求 优良 转轮直径 D_1/mm					实测值	合格数	优良数	质量等级
				$D_1<3000$	$3000\leqslant D_1<6000$	$6000\leqslant D_1<8000$	$8000\leqslant D_1<10000$	$D_1\geqslant10000$	$D_1<3000$	$3000\leqslant D_1<6000$	$6000\leqslant D_1<8000$	$8000\leqslant D_1<10000$	$D_1\geqslant10000$				
主控项目 1	中心及方位			2	3	4	5	6	1.5	2	3	4	5				
主控项目 2	安装顶盖和底环的法兰面平面度/mm	径向测量	现场不机加工	≤0.05mm/m，最大不超过0.60					≤0.04mm/m，最大不超过0.50								
			现场机加工	0.25					0.20								
		周向测量	现场不机加工	0.3	0.4	0.6			0.2	0.3	0.5						
			现场机加工	0.35					0.30								
主控项目 3	转轮室圆度			±10%设计平均间隙					±8%设计平均间隙								
主控项目 4	基础环、座环及与转轮室同轴度/mm			1.0	1.5	2.0	2.5	3.0	0.8	1.2	1.6	2.0	2.4				
一般项目 1	高程/mm			±3.0					±2.0								
一般项目 2	各组合缝间隙			符合《水轮发电机组安装技术规范》（GB/T 8564）的要求													

检查意见：

　　主控项目共_____项，其中合格_____项，优良_____项，合格率_____%，优良率_____%。

　　一般项目共_____项，其中合格_____项，优良_____项，合格率_____%，优良率_____%。

检验人：（签字）　　　　　年　月　日	评定人：（签字）　　　　　年　月　日	监理工程师：（签字）　　　　　年　月　日

表6.3 立式反击式水轮机蜗壳安装单元工程
质量验收评定表（含质量检查表）填表要求

填表时必须遵守"填表基本规定"，并应符合下列要求：

1. 单元工程划分：每台水轮机的蜗壳安装宜划分为一个单元工程。

2. 单元工程量：填写本单元蜗壳安装量（t）。

3. 各检验项目的检验方法及检验数量按表F-3的要求执行。

表F-3   立式反击式水轮机蜗壳安装

检验项目		检验方法	检验数量
直管段中心与机组Y轴线距离		挂钢琴线，用钢卷尺	上下端各1个点
直管段中心高程		水准仪、钢板尺	1个点
焊缝射线探伤	环缝	射线探伤	按设计要求或GB/T 8564
	纵缝与蝶形边		
焊缝超声波探伤	环缝	超声波探伤	按设计要求
	纵缝与蝶形边		
蜗壳水压试验（有要求时）		打压	全部
最远点高程		水准仪、钢板尺	每节1个点
定位节管口与基准线偏差		拉线用钢板尺	2个点
定位节管口倾斜值		吊线锤用钢板尺	2个点
最远点半径		经纬仪放点	每节1个点
焊缝外观检查		目测和钢板尺	全部
混凝土蜗壳钢衬焊缝		煤油渗透试验	全部

4. 单元工程施工质量验收评定应提交下列资料：

（1）安装单位应提供的资料包括应提供清扫、拼装和挂装记录，安装调试记录，焊缝质量检验记录及水压试验报告等资料。

（2）监理单位对单元工程安装质量的平行检验资料；监理工程师签署质量复核意见的单元工程安装质量验收评定表及质量检查表。

5. 蜗壳安装验收评定应在混凝土浇筑之前进行，按设计要求做好加固工作。

6. 质量检查表中质量要求按转轮直径划分，填表时，在相应直径栏中加"√"号标明；表中数值为允许偏差值。

表 6.3　　立式反击式水轮机蜗壳安装单元工程质量验收评定表

单位工程名称		单元工程量	
分部工程名称		安装单位	
单元工程名称、部位		评定日期	

项次	项　　目	主控项目/个		一般项目/个	
		合格数	其中优良数	合格数	其中优良数
1	单元工程安装质量				

安装单位自评意见	各项报验资料符合规定，检验项目全部合格。检验项目优良标准率为_____%，其中主控项目优良标准率为_____%。 　　单元工程安装质量等级评定为：_____。 （签字，加盖公章）　　　年　月　日
监理单位复核意见	各项报验资料符合规定，检验项目全部合格。检验项目优良标准率为_____%，其中主控项目优良标准率为_____%。 　　单元工程安装质量等级评定为：_____。 （签字，加盖公章）　　　年　月　日

表 6.3.1   立式反击式水轮机蜗壳安装单元工程质量检查表

编号：_____

单位工程名称				单元工程名称					
安装部位				安装内容					
安装单位				开/完工日期					

项次		检验项目		质量要求		实测值	合格数	优良数	质量等级
				合格	优良				
主控项目	1	直管段中心与机组 Y 轴线距离（D 为蜗壳进口直径，mm）		$\pm0.003D$	$\pm0.002D$				
	2	直管段中心高程/mm		±5	±4				
	3	焊缝射线探伤	环缝	Ⅲ级	Ⅲ级一次合格率 85％以上				
			纵缝与蝶形边	Ⅱ级	Ⅱ级一次合格率 85％以上				
	4	焊缝超声波探伤	环缝	BⅡ级	BⅡ级一次合格率 90％以上				
			纵缝与蝶形边	BⅠ级	BⅠ级一次合格率 90％以上				
	5	蜗壳水压试验（有要求时）		符合设计要求					
一般项目	1	最远点高程/mm		±15	±12				
	2	定位节管口与基准线偏差/mm		±5	±4				
	3	定位节管口倾斜值/mm		5	4				
	4	最远点半径（R 为最远点半径设计值，mm）		$\pm0.004R$	$\pm0.003R$				
	5	焊缝外观检查		符合 GB/T 8564 的要求					
	6	混凝土蜗壳钢衬焊缝		无贯穿性缺陷					

检查意见：

主控项目共_____项，其中合格_____项，优良_____项，合格率_____％，优良率_____％。

一般项目共_____项，其中合格_____项，优良_____项，合格率_____％，优良率_____％。

检验人：（签字）	评定人：（签字）	监理工程师：（签字）
年 月 日	年 月 日	年 月 日

表6.4 立式反击式水轮机机坑里衬及接力器基础安装单元工程质量验收评定表（含质量检查表）填表要求

填表时必须遵守"填表基本规定"，并应符合下列要求：

1. 单元工程划分：每台水轮机的机坑里衬及接力器基础安装宜划分为一个单元工程。

2. 单元工程量：填写本单元机坑里衬及接力器基础安装量（t）。

3. 各检验项目的检验方法及检验数量按表F-4的要求执行。

表F-4　　　　　　　立式反击式水轮机机坑里衬及接力器基础安装

检验项目	检验方法	检验数量
接力器基础法兰垂直度	方型水平仪	2个点间隔90°
接力器基础法兰中心及高程	挂钢琴线，用钢板尺	各1个点
机坑里衬中心	钢板尺	90°交叉
机坑里衬上口直径	钢卷尺	不少于8个点
接力器基础与机组基准线平行度	挂钢琴线，用钢板尺	各1个点
接力器基础中心至机组基准线距离	用钢卷尺	各1个点

4. 单元工程施工质量验收评定应提交下列资料：

（1）安装单位应提供的资料包括：拼装检验记录，重要焊缝检查记录，安装调整检测记录等资料。

（2）监理单位对单元工程安装质量的平行检验资料；监理工程师签署质量复核意见的单元工程安装质量验收评定表及质量检查表。

5. 机坑里衬及接力器基础安装验收评定应在混凝土浇筑之前进行，按设计要求做好加固工作。

6. 质量检查表中质量要求按转轮直径划分，填表时，在相应直径栏中加"√"号标明；表中数值为允许偏差值。

**表 6.4   立式反击式水轮机机坑里衬及接力器基础安装
单元工程质量验收评定表**

单位工程名称		单元工程量	
分部工程名称		安装单位	
单元工程名称、部位		评定日期	

项次	项 目	主控项目/个		一般项目/个	
		合格数	优良数	合格数	优良数
1	单元工程安装质量				

安装单位自评意见	各项报验资料符合规定，检验项目全部合格。检验项目优良标准率为_____%，其中主控项目优良标准率为_____%。 单元工程安装质量等级评定为：_____。 　　　　　　　　　　　　　　　　　　　（签字，加盖公章）　　年 月 日
监理单位复核意见	各项报验资料符合规定，检验项目全部合格。检验项目优良标准率为_____%，其中主控项目优良标准率为_____%。 单元工程安装质量等级评定为：_____。 　　　　　　　　　　　　　　　　　　　（签字，加盖公章）　　年 月 日

表6.4.1 立式反击式水轮机机坑里衬及接力器基础安装单元工程质量检查表

编号：_____

单位工程名称		单元工程名称	
安装部位		安装内容	
安装单位		开/完工日期	

项次	检验项目	合格 转轮直径 D_1/mm $D_1<3000$	$3000≤D_1<6000$	$6000≤D_1<8000$	$8000≤D_1<10000$	$D_1≥10000$	优良 转轮直径 D_1/mm $D_1<3000$	$3000≤D_1<6000$	$6000≤D_1<8000$	$8000≤D_1<10000$	$D_1≥10000$	实测值	合格数	优良数	质量等级
主控项目 1	接力器基础法兰垂直度/(mm/m)	≤0.30		≤0.25			≤0.20								
2	接力器基础法兰中心及高程/mm	±1.0	±1.5	±2.0	±2.5	±3.0	±1.0	±1.5	±1.5	±2.0	±2.5				
一般项目 1	机坑里衬中心/mm	5	10	15	20		4	8	12	15					
2	机坑里衬上口直径/mm	±5	±8	±10	±12		±3	±5	±8	±10					
3	接力器基础与机组基准线平行度/mm	1.0	1.5	2.0	2.5	3.0	<1.0	<1.5	1.5	2.0	2.5				
4	接力器基础中心至机组基准线距离/mm	±3.0					±2.0								

检查意见：

主控项目共_____项，其中合格_____项，优良_____项，合格率_____%，优良率_____%。

一般项目共_____项，其中合格_____项，优良_____项，合格率_____%，优良率_____%。

检验人：（签字）	评定人：（签字）	监理工程师：（签字）
年 月 日	年 月 日	年 月 日

表6.5 立式反击式水轮机转轮装配单元工程
安装质量验收评定表（含质量检查表）填表要求

填表时必须遵守"填表基本规定"，并应符合下列要求：

1. 单元工程划分：每台水轮机的转轮装配宜划分为一个单元工程。
2. 单元工程量：填写本单元转轮安装量（t）。
3. 各检验项目的检验方法及检验数量按表F-5的要求执行。

表 F-5　　　　　　　　　　立式反击式水轮机转轮装配安装

检验项目			检验方法	检验数量
分瓣转轮焊缝探伤			超声波探伤	全部
转轮各部位圆度及同轴度	工作水头小于200m	止漏环	测圆架	均布不少于8个点
		止漏环安装面		
		叶片外缘		
		引水板止漏圈		
		法兰护罩（兼作检修密封）		
	工作水头不小于200m	上冠外缘		
		下环外缘		
		上梳齿止漏环		
		下止漏环		
转轮单位质量允许不平衡量值				
转桨式转轮漏油量				
分瓣转轮焊缝错牙			焊缝检验规	2~4个点
分瓣转轮组合缝间隙			塞尺	全部
转轮上冠法兰	下凹值			垂直方向4~8个点
	上凹值			
转轮叶片最低操作油压			动作试验	2次
连接螺栓伸长值			百分表或传感器	全部

4. 单元工程施工质量验收评定应提交下列资料：

（1）安装单位应提供的资料包括：转轮现场组焊工艺要求，焊缝质量检验记录，各组合面检查记录，静平衡记录，转桨式转轮静平衡及漏油量检验记录、转轮圆度检验记录等资料，均应有负责人签认。

（2）监理单位对单元工程安装质量的平行检验资料；监理工程师签署质量复核意见的单元工程安装质量验收评定表及质量检查表。

5. 转轮允许单位质量不平衡量值见表 F-6，转桨式转轮允许每小时漏油量见表 F-7。

表 F-6　　　　　　　　　　　　　转轮单位质量允许不平衡量值

检验项目	质量标准												检验方法
	合　格						优　良						
	最大工作转速/(r/min)						最大工作转速/(r/min)						
	125	150	200	250	300	400	125	160	200	250	300	400	
单位质量允许不平衡量值/(g·mm/kg)	550	450	330	270	220	170	385	315	231	189	154	119	用静平衡专用工具检查，整体出厂的转轮由制造厂检验，出具记录；现场组焊的转轮检验配重至符合标准

表 F-7　　　　　　　　　　　　　转桨式转轮允许每小时漏油量

检验项目	质量要求										检验方法	检验数量
	合　格					优　良						
	转轮直径 D_1/mm					转轮直径 D_1/mm						
	$D_1 < 3000$	$3000 \leqslant D_1 < 6000$	$6000 \leqslant D_1 < 8000$	$8000 \leqslant D_1 < 10000$	$D_1 \geqslant 10000$	$D_1 < 3000$	$3000 \leqslant D_1 < 6000$	$6000 \leqslant D_1 < 8000$	$8000 \leqslant D_1 < 10000$	$D_1 \geqslant 10000$		
每小时漏油量/(mL/h)	5	7	10	12	15	4	6	9	11	14	量杯秒表	加压与未加压各1次

注：表中数值为单个桨叶密封漏油允许值，mm。

6. 主控项目项次 2 填表时，在相应工作水头栏加"√"标明。

7. 一般项目项次 5 设计要求可直接填写在栏内。

8. 表中数值为允许偏差值。

表 6.5 立式反击式水轮机转轮装配单元工程安装质量验收评定表

单位工程名称			单元工程量	
分部工程名称			安装单位	
单元工程名称、部位			评定日期	

项次	项 目	主控项目/个		一般项目/个	
		合格数	优良数	合格数	优良数
1	单元工程安装质量				

安装单位自评意见	各项报验资料符合规定，检验项目全部合格。检验项目优良标准率为_____%，其中主控项目优良标准率为_____%。 单元工程安装质量等级评定为：_____。 （签字，加盖公章）　　　年　月　日
监理单位复核意见	各项报验资料符合规定，检验项目全部合格。检验项目优良标准率为_____%，其中主控项目优良标准率为_____%。 单元工程安装质量等级评定为：_____。 （签字，加盖公章）　　　年　月　日

表 6.5.1　立式反击式水轮机转轮装配单元工程安装质量检查表

编号：_____

单位工程名称				单元工程名称				
安装部位				安装内容				
安装单位				开/完工日期				

项次		检验项目		质量要求		实测值	合格数	优良数	质量等级
				合　格	优　良				
主控项目	1	分瓣转轮焊缝探伤		Ⅰ级	Ⅰ级一次合格率95%以上				
	2	转轮各位圆度及同轴度	工作水头小于200m	止漏环	±10%设计间隙	±8%设计间隙				
				止漏环安装面						
				叶片外缘	±15%设计间隙	±12%设计间隙				
				引水板止漏圈						
				法兰护罩（兼作检修密封）						
			工作水头不小于200m	上冠外缘	±5%设计间隙	±4%设计间隙				
				下环外缘						
				上梳齿止漏环/mm	±0.10	±0.08				
				下止漏环/mm						
	3	转轮单位质量允许不平衡量值/(g·mm/kg)		符合表F-6的规定					
	4	转桨式转轮漏油量/(mL/h)		符合表F-7的规定					
一般项目	1	分瓣转轮焊缝错牙/mm		≤0.50	<0.50				
	2	分瓣转轮组合缝间隙		符合GB/T 8564的要求					
	3	转轮上冠法兰	下凹值/(mm/m)		≤0.07	≤0.06				
			上凸值/mm		≤0.03mm/m，最大不超过0.06	≤0.02mm/m，最大不超过0.04				
					对于主轴采用摩擦传递力矩的，一般不允许上凸					
	4	转轮叶片最低操作油压		≤15%工作油压	<15%工作油压				
	5	连接螺栓伸长值		符合设计要求					

检查意见：

　　主控项目共_____项，其中合格_____项，优良_____项，合格率_____%，优良率_____%。

　　一般项目共_____项，其中合格_____项，优良_____项，合格率_____%，优良率_____%。

检验人：（签字）　　　　　　年　月　日	评定人：（签字）　　　　　　年　月　日	监理工程师：（签字）　　　　　　年　月　日

表6.6 立式反击式水轮机导水机构安装
单元工程质量验收评定表（含质量检查表）填表要求

填表时必须遵守"填表基本规定"，并应符合下列要求：

1. 单元工程划分：每台水轮机的导水机构安装宜划分为一个单元工程。

2. 单元工程量：填写本单元导水机构安装量（t）。

3. 各检验项目的检验方法及检验数量按表F-8的要求执行。

表F-8 　　　　　　　　　立式反击式水轮机导水机构安装

检验项目		检验方法	检验数量
各固定止漏环圆度		挂钢琴线用测杆	均布8个点
各固定止漏环同轴度			8个点以上
导叶局部立面间隙	导叶高度	塞尺	全部
	无密封条导叶		
	带密封条导叶		
底环上平面水平		方形水平仪	x向、y向2~4个点
端部间隙		塞尺	全部
导叶拐臂连杆两端高差		用钢板尺、方型水平仪检查	全开和全关各1个点

4. 对于导叶立面间隙项目，在用钢丝绳捆紧的情况下，用0.05mm塞尺检查，不能通过；局部间隙不应超过SL 636—2012表4.6.3-2的要求。其间隙的总长度，不应超过导叶高度的25%。当设计有特殊要求（如导叶表面有抗磨涂层）时，应符合设计要求。

5. 单元工程施工质量验收评定应提交下列资料：

（1）安装单位应提供的资料包括：各部件的圆度、水平度和间隙的安装测量记录等，并由责任人签认。

（2）监理单位对单元工程安装质量的平行检验资料；监理工程师签署质量复核意见的单元工程安装质量验收评定表及质量检查表。

6. 质量检查表中质量要求按转轮直径划分，填表时，在相应直径栏中加"√"号标明；表中数值为允许偏差值。

表 6.6 立式反击式水轮机导水机构安装单元工程质量验收评定表

单位工程名称		单元工程量	
分部工程名称		安装单位	
单元工程名称、部位		评定日期	

项次	项 目	主控项目/个		一般项目/个	
		合格数	优良数	合格数	优良数
1	单元工程安装质量				

安装单位自评意见	各项报验资料符合规定，检验项目全部合格。检验项目优良标准率为_____%，其中主控项目优良标准率为_____%。 单元工程安装质量等级评定为：_____。 （签字，加盖公章）　　　年　月　日
监理单位复核意见	各项报验资料符合规定，检验项目全部合格。检验项目优良标准率为_____%，其中主控项目优良标准率为_____%。 单元工程安装质量等级评定为：_____。 （签字，加盖公章）　　　年　月　日

表 6.6.1 立式反击式水轮机导水机构安装单元工程质量检查表

编号：_____

单位工程名称		单元工程名称	
安装部位		安装内容	
安装单位		开/完工日期	

项次		检验项目		质量要求										实测值	合格数	优良数	质量等级
				合 格					优 良								
				转轮直径 D_1/mm					转轮直径 D_1/mm								
				$D_1<3000$	$3000 \leqslant D_1 < 6000$	$6000 \leqslant D_1 < 8000$	$8000 \leqslant D_1 < 10000$	$D_1 \geqslant 10000$	$D_1<3000$	$3000 \leqslant D_1 < 6000$	$6000 \leqslant D_1 < 8000$	$8000 \leqslant D_1 < 10000$	$D_1 \geqslant 10000$				
主控项目	1	各固定止漏环圆度		5%转轮止漏环设计间隙					4%转轮止漏环设计间隙								
	2	各固定止漏环同轴度/mm		0.15		0.2			0.12		0.15						
	3	导叶局部立面间隙	导叶高度 h /mm	$h<600$	$600 \leqslant h < 1200$	$1200 \leqslant h < 2000$	$2000 \leqslant h < 4000$	$h \geqslant 4000$	$h<600$	$600 \leqslant h < 1200$	$1200 \leqslant h < 2000$	$2000 \leqslant h < 4000$	$h \geqslant 4000$				
			无密封条导叶/mm	0.05	0.10	0.13	0.15	0.20	0.04	0.08	0.10	0.12	0.15				
			带密封条导叶/mm	0.15		0.20			0.12		0.15						
一般项目	1	底环上平面水平/mm		0.35	0.45		0.60		0.30	0.40		0.50					
	2	端部间隙/mm		按设计间隙控制													
	3	导叶拐臂连杆两端高差/mm		$\leqslant 1.0$					<1.0								

检查意见：

主控项目共_____项，其中合格_____项，优良_____项，合格率_____%，优良率_____%。

一般项目共_____项，其中合格_____项，优良_____项，合格率_____%，优良率_____%。

检验人：（签字）		评定人：（签字）		监理工程师：（签字）
	年 月 日		年 月 日	年 月 日

表6.7 立式反击式水轮机接力器安装
单元工程质量验收评定表（含质量检查表）填表要求

填表时必须遵守"填表基本规定"，并应符合下列要求：

1. 单元工程划分：每台水轮机的接力器安装宜划分为一个单元工程。

2. 单元工程量：填写本单元接力器安装量（t）。

3. 各检验项目的检验方法及检验数量按表F-9的要求执行。

表F-9　　　　　　　　　　立式反击式水轮机接力器安装

检验项目		检验方法	检验数量
接力器水平度		方型水平仪检查套筒或活塞杆	全关、中间、全开各1个点
接力器压紧行程	直缸接力器（导叶带密封条）	撤除油压测量活塞返回行程值	一般2次
	直缸接力器（导叶无密封条）		
	摇摆接力器、单导叶接力器		
两接力器活塞全行程偏差		钢板尺	一般2次

4. 单元工程施工质量验收评定应提交下列资料：

（1）安装单位应有责任人签字的全部安装检测记录。

（2）监理单位对单元工程安装质量的平行检验资料；监理工程师签署质量复核意见的单元工程安装质量验收评定表及质量检查表。

5. 对于接力器的压紧行程项目，偏差应符合制造厂设计要求，制造厂无要求时，应按评定标准表4.7.3的要求确定。

6. 质量检查表中质量要求按转轮直径划分，填表时，在相应直径栏中加"√"号标明；表中数值为允许偏差值。

表 6.7 立式反击式水轮机接力器安装单元工程质量验收评定表

单位工程名称				单元工程量	
分部工程名称				安装单位	
单元工程名称、部位				评定日期	

项次	项 目	主控项目/个		一般项目/个	
		合格数	优良数	合格数	优良数
1	单元工程安装质量				

安装单位自评意见	各项报验资料符合规定，检验项目全部合格，检验项目优良标准率为_____%，其中主控项目优良标准率为_____%。 单元工程安装质量等级评定为：_____。 <div align="right">（签字，加盖公章）　　年　月　日</div>
监理单位复核意见	各项报验资料符合规定，检验项目全部合格，检验项目优良标准率为_____%，其中主控项目优良标准率为_____%。 单元工程安装质量等级评定为：_____。 <div align="right">（签字，加盖公章）　　年　月　日</div>

表 6.7.1 立式反击式水轮机接力器安装单元工程质量检查表

编号：_____

单位工程名称		单元工程名称	
安装部位		安装内容	
安装单位		开/完工日期	

项次	检验项目	质量要求										实测值	合格数	优良数	质量等级
		合 格					优 良								
		转轮直径 D_1/mm					转轮直径 D_1/mm								
		$D_1<$ 3000	3000 $\leqslant D_1$ < 6000	6000 $\leqslant D_1$ < 8000	8000 $\leqslant D_1$ < 10000	$D_1 \geqslant$ 10000	$D_1<$ 3000	3000 $\leqslant D_1$ < 6000	6000 $\leqslant D_1$ < 8000	8000 $\leqslant D_1$ < 10000	$D_1 \geqslant$ 10000				
主控项目	1 接力器水平度 /(mm/m)	$\leqslant 0.10$					$\leqslant 0.08$								
	2 接力器压紧行程 /mm 直缸接力器（导叶带密封条）/mm	4～7	6～8	7～10	8～13	10～15	4～7	6～8	7～10	8～13	10～15				
	直缸接力器（导叶无密封条）/mm	3～6	5～7	6～9	7～12	9～14	3～6	5～7	6～9	7～12	9～14				
	摇摆接力器、单导叶接力器	符合设计要求													
一般项目	1 两接力器活塞全行程偏差/mm	$\leqslant 1.0$					<1.0								

检查意见：

主控项目共_____项，其中合格_____项，优良_____项，合格率_____%，优良率_____%。

一般项目共_____项，其中合格_____项，优良_____项，合格率_____%，优良率_____%。

检验人：（签字）	评定人：（签字）	监理工程师：（签字）
年 月 日	年 月 日	年 月 日

表6.8 立式反击式水轮机转动部件安装
单元工程质量验收评定表（含质量检查表）填表要求

填表时必须遵守"填表基本规定"，并应符合下列要求：

1. 单元工程划分：每台水轮机的转动部件安装宜划分为一个单元工程。

2. 单元工程量：填写本单元转动部件安装量（t）。

3. 各检验项目的检验方法及检验数量见表F-10的要求执行。

表F-10 立式反击式水轮机转动部件安装

检验项目			检验方法	检验数量
转轮径向间隙	额定水头小于200m		塞尺	8～12个点
	额定水头不小于200m	外圆		
		迷宫环		
主轴法兰组合面				
转轮安装高程	混流式		按GB/T 8564	2～4个点
	轴流式			
	斜流式			
联轴螺栓伸长值			百分表或传感器	全部
操作油管摆度	固定铜瓦		盘车检查	4～8个点
	浮动铜瓦			
受油器水平度			方型水平仪	x 向、y 向1～2个点
旋转油盆径向间隙			塞尺	2～4个点
受油器对地绝缘			尾水管无水时用兆欧表	—

4. 单元工程施工质量验收评定应提交下列资料：

（1）安装单位应提供的资料包括：各项目调整检测记录包括各部分间隙、摆度、水平度等记录表格，并由责任人签认。

（2）监理单位对单元工程安装质量的平行检验资料；监理工程师签署质量复核意见的单元工程安装质量验收评定表及质量检查表。

5. 质量检查表中质量要求按转轮直径划分，填表时，在相应直径栏中加"√"号标明；表中数值为允许偏差值。

表 6.8   **立式反击式水轮机转动部件安装**
单元工程质量验收评定表

单位工程名称		单元工程量	
分部工程名称		安装单位	
单元工程名称、部位		评定日期	

项次	项　目	主控项目/个		一般项目/个	
		合格数	优良数	合格数	优良数
1	单元工程安装质量				

安装单位自评意见	各项报验资料符合规定，检验项目全部合格。检验项目优良标准率为_____%，其中主控项目优良标准率为_____%。 单元工程安装质量等级评定为：_____。 　　　　　　　　　　　　　　　　　　　　　　　（签字，加盖公章）　　年　月　日
监理单位复核意见	各项报验资料符合规定，检验项目全部合格。检验项目优良标准率为_____%，其中主控项目优良标准率为_____%。 单元工程安装质量等级评定为：_____。 　　　　　　　　　　　　　　　　　　　　　　　（签字，加盖公章）　　年　月　日

表 6.8.1 立式反击式水轮机转动部件安装单元工程质量检查表

编号：_____

单位工程名称									单元工程名称				
安装部位									安装内容				
安装单位									开/完工日期				

项次		检验项目		质量要求								实测值	合格数	优良数	质量等级
				合　格				优　良							
				转轮直径 D_1/mm				转轮直径 D_1/mm							
				$D_1 \leqslant 3000$	$3000 < D_1 \leqslant 6000$	$6000 < D_1 \leqslant 8000$	$D_1 > 8000$	$D_1 \leqslant 3000$	$3000 < D_1 \leqslant 6000$	$6000 < D_1 \leqslant 8000$	$D_1 > 8000$				
主控项目	1	转轮径向间隙	额定水头小于200m	各间隙与实际平均间隙之差不超过实际平均间隙的±20%				各间隙与实际平均间隙之差不超过实际平均间隙的±15%							
			额定水头不小于200m 外圆 迷宫环	各间隙与实际平均间隙之差不超过设计间隙的±10%				各间隙与实际平均间隙之差不超过设计间隙的±8%							
	2	主轴法兰组合面		0.03mm 塞尺不能通过；对于涂撒摩擦粉末介质的法兰面间隙按设计要求控制											
一般项目	1	转轮安装高程/mm	混流式	±1.5	±2.0	±2.5	±3	±1.0	±1.5	±2	±2.5				
			轴流式	0～+2	0～+3	0～+4	0～+5	0～+1.5	0～+2.5	0～+3	0～+4				
			斜流式	0～+0.8	0～+1			0～+0.5	0～+0.8						
	2	联轴螺栓伸长值		符合设计要求											
	3	操作油管摆度/mm	固定铜瓦	≤0.20				≤0.15							
			浮动铜瓦	≤0.30				≤0.25							
	4	受油器水平度/(mm/m)		≤0.05				≤0.04							
	5	旋转油盆径向间隙		不小于70%设计值				不小于80%设计值							
	6	受油器对地绝缘		不小于 0.5MΩ											

检查意见：

主控项目共_____项，其中合格_____项，优良_____项，合格率_____%，优良率_____%。

一般项目共_____项，其中合格_____项，优良_____项，合格率_____%，优良率_____%。

检验人：（签字）　　　　年　月　日	评定人：（签字）　　　　年　月　日	监理工程师：（签字）　　　　年　月　日

表6.9 立式反击式水轮机水导轴承及主轴密封安装单元工程质量验收评定表（含质量检查表）
填表要求

填表时必须遵守"填表基本规定"，并应符合下列要求：

1. 单元工程划分：每台水轮机的水导轴承及主轴密封安装宜划分为一个单元工程。

2. 单元工程量填写本单元水导轴承及主轴密封安装量（t）。

3. 各检验项目的检验方法及检验数量按表F-11的要求执行。

表F-11　　　　　立式反击式水轮机水导轴承及主轴密封安装

检验项目		检验方法	检验数量
轴瓦间隙	分块瓦	塞尺	每块瓦1个点
	筒式瓦		
	橡胶瓦		4～6个点
轴承油槽渗漏试验		煤油渗漏试验	
轴承冷却器耐压试验		水压试验	1次
平板密封间隙		塞尺	4～6个点
工作密封动作检查		目测，有水量要求时测水量	
轴瓦检查及研刮		外观及着色	1次
检修密封充气试验		充气在水中检查	
检修密封径向间隙		塞尺	4～6个点
组合面间隙检查			全部

4. 单元工程施工质量验收评定应提交下列资料：

（1）安装单位应提供的资料包括：该部件安装调整检测的原始记录并由责任人签认。

（2）监理单位对单元工程安装质量的平行检验资料；监理工程师签署质量复核意见的单元工程安装质量验收评定表及质量检查表。

5. 主控项目项次1，在相应轴瓦处加"√"标明；表中数值为允许偏差值。

表 6.9 **立式反击式水轮机水导轴承及主轴密封安装**
单元工程质量验收评定表

单位工程名称		单元工程量	
分部工程名称		安装单位	
单元工程名称、部位		评定日期	

项次	项 目	主控项目/个		一般项目/个	
		合格数	优良数	合格数	优良数
1	单元工程安装质量				

安装单位自评意见	主要部件调试及操作试验符合要求，各项报验资料符合规定，检验项目全部合格，检验项目优良标准率为_____%，其中主控项目优良标准率为_____%。 单元工程安装质量等级评定为：_____。 <div align="right">（签字，加盖公章）　　年　月　日</div>
监理单位复核意见	主要部件调试及操作试验符合要求，各项报验资料符合规定，检验项目全部合格，检验项目优良标准率为_____%，其中主控项目优良标准率为_____%。 单元工程安装质量等级评定为：_____。 <div align="right">（签字，加盖公章）　　年　月　日</div>

表 6.9.1　　立式反击式水轮机水导轴承及主轴密封安装
单元工程质量检查表

编号：_____

单位工程名称				单元工程名称				
安装部位				安装内容				
安装单位				开/完工日期				

项次	检验项目		质量要求		实测值	合格数	优良数	质量等级
			合格	优良				
主控项目	1	轴瓦间隙 分块瓦	±0.02mm					
		筒式瓦	实测平均总间隙的10%以内					
		橡胶瓦	实测平均总间隙的10%以内					
	2	轴承油槽渗漏试验	4h无渗漏					
	3	轴承冷却器耐压试验	符合GB/T 8564的要求					
	4	平板密封间隙	轴向、径向间隙符合设计要求且在±20%实际平均间隙值以内					
一般项目	1	工作密封动作检查	符合设计要求					
	2	轴瓦检查及研刮	按设计要求控制					
	3	检修密封充气试验	充气0.05MPa无漏气					
	4	检修密封径向间隙	±20%设计间隙以内					
	5	组合面间隙检查	按设计（制造）要求控制，如设计无技术要求可按GB/T 8564的要求					

检查意见：

　　主控项目共_____项，其中合格_____项，优良_____项，合格率_____%，优良率_____%。

　　一般项目共_____项，其中合格_____项，优良_____项，合格率_____%，优良率_____%。

检验人：（签字）　　　　　年　月　日	评定人：（签字）　　　　　年　月　日	监理工程师：（签字）　　　　　年　月　日

表6.10 立式反击式水轮机附件安装
单元工程质量验收评定表（含质量检查表）填表要求

填表时必须遵守"填表基本规定"，并应符合下列要求：

1. 单元工程划分：每台水轮机的附件安装宜划分为一个单元工程。

2. 单元工程量：填写本单元水轮机附件安装量（t）。

3. 各检验项目的检验方法及检验数量按表F-12的要求执行。

表 F-12 立式反击式水轮机附件安装

检验项目	检验方法	检验数量
盘形阀阀座水平度	方型水平仪	$+x$ 和 $+y$ 方向
盘形阀密封面间隙	塞尺	周向均布 4～6 个点
真空破坏阀，补气阀动作试验	动作试验	1～2 次
真空破坏阀，补气阀密封面间隙	塞尺	周向均布 4～6 个点
蜗壳及尾水管排水阀接力器严密性试验	水压或油压试验	1 次
盘形阀动作试验	动作试验	开关各 1 次
主轴中心补气管偏心度	塞尺	在密封处各测 4～6 个点

4. 单元工程施工质量验收评定应提交下列资料：

（1）安装单位应提供的资料包括：相关附件安装调整和试验的原始记录，并由责任人签认。

（2）监理单位对单元工程安装质量的平行检验资料；监理工程师签署质量复核意见的单元工程安装质量验收评定表及质量检查表。

5. 附件绝缘电阻应符合 GB/T 8564 标准的要求。

6. 表中数值为允许偏差值。

表 6.10 立式反击式水轮机附件安装单元工程质量验收评定表

单位工程名称		单元工程量	
分部工程名称		安装单位	
单元工程名称、部位		评定日期	

项次	项　　目	主控项目/个		一般项目/个	
		合格数	优良数	合格数	优良数
1	单元工程安装质量				
	主要部件调试及操作试验效果				

安装单位自评意见	主要部件调试及操作试验符合要求，各项报验资料符合规定。检验项目全部合格。检验项目优良标准率为_____%，其中主控项目优良标准率为_____%。 单元工程安装质量等级评定为：_____。 （签字，加盖公章）　　　年　月　日
监理单位复核意见	主要部件调试及操作试验符合要求，各项报验资料符合规定。检验项目全部合格。检验项目优良标准率为_____%，其中主控项目优良标准率为_____%。 单元工程安装质量等级评定为：_____。 （签字，加盖公章）　　　年　月　日

表 6.10.1 立式反击式水轮机附件安装单元工程质量检查表

编号：_____

单位工程名称					单元工程名称				
安装部位					安装内容				
安装单位					开/完工日期				

项次		检验项目	质量要求		实测值	合格数	优良数	质量等级
			合格	优良				
主控项目	1	盘形阀阀座水平度/(mm/m)	≤0.20	≤0.15				
	2	盘形阀密封面间隙	无间隙					
一般项目	1	真空破坏阀，补气阀动作试验	符合设计要求					
	2	真空破坏阀，补气阀密封面间隙	无间隙					
	3	蜗壳及尾水管排水阀接力器严密性试验	符合 GB/T 8564 的要求					
	4	盘形阀动作试验	符合设计要求					
	5	主轴中心补气管偏心度	不超过实际密封间隙平均值的20%，最大不超过0.30mm	不超过实际密封间隙平均值的15%，最大不超过0.25mm				

检查意见：

　　主控项目共_____项，其中合格_____项，优良_____项，合格率_____%，优良率_____%。

　　一般项目共_____项，其中合格_____项，优良_____项，合格率_____%，优良率_____%。

检验人：（签字）	评定人：（签字）	监理工程师：（签字）
年　月　日	年　月　日	年　月　日

表6.11 贯流式水轮机尾水管安装
单元工程质量验收评定表（含质量检查表）填表要求

填表时必须遵守"填表基本规定"，并应符合下列要求：

1. 单元工程划分：每台水轮机的尾水管安装宜划分为一个单元工程。
2. 单元工程量：填写本单元尾水管安装量（t）。
3. 各检验项目的检验方法及检验数量按表F-13的要求执行。

表F-13　　　　　　　　　贯流式水轮机尾水管安装

检验项目	检验方法	检验数量
管口法兰至转轮中心距离	钢卷尺（若先装管形座，应以其下游侧法兰为基准）	测上、下、左、右4个点
中心及高程	挂钢琴线，用钢板尺	1～2个点
法兰面垂直平面度	经纬仪和钢板尺，测法兰面对机组中心线的垂直度	2～4个点
管口法兰最大与最小直径差	挂钢琴线，用钢卷尺，有基础环的结构，指基础环上法兰	按圆周等分4～8个点

4. 单元工程施工质量验收评定应提交下列资料：

（1）安装单位应提供的资料包括：安装前的设备检查记录，机坑清扫测量记录，安装调试的检测记录及焊缝质量检验记录等，并由相关责任人签认。

（2）监理单位对单元工程安装质量的平行检验资料；监理工程师签署质量复核意见的单元工程安装质量验收评定表及质量检查表。

5. 质量检查表中质量要求按转轮直径划分，填表时，在相应直径栏中加"√"号标明；表中数值为允许偏差值。

表 6.11　　贯流式水轮机尾水管安装单元工程质量验收评定表

单位工程名称		单元工程量	
分部工程名称		安装单位	
单元工程名称、部位		评定日期	

项次	项　目	主控项目/个		一般项目/个	
		合格数	优良数	合格数	优良数
1	单元工程安装质量				

安装单位自评意见	各项报验资料符合规定，检验项目全部合格，检验项目优良标准率为_____%，其中主控项目优良标准率为_____%。 单元工程安装质量等级评定为：_____。 　　　　　　　　　　　　　　　　　　（签字，加盖公章）　　　年　月　日
监理单位复核意见	各项报验资料符合规定，检验项目全部合格，检验项目优良标准率为_____%，其中主控项目优良标准率为_____%。 单元工程安装质量等级评定为：_____。 　　　　　　　　　　　　　　　　　　（签字，加盖公章）　　　年　月　日

表 6.11.1　贯流式水轮机尾水管安装单元工程质量检查表

编号：＿＿＿＿＿＿＿＿＿＿

单位工程名称		单元工程名称	
安装部位		安装内容	
安装单位		开/完工日期	

项次		检验项目	质量要求						实测值	合格数	优良数	质量等级
			合格			优良						
			转轮直径 D_1/mm			转轮直径 D_1/mm						
			$D_1<3000$	$3000\leqslant D_1<6000$	$6000\leqslant D_1<8000$	$D_1<3000$	$3000\leqslant D_1<6000$	$6000\leqslant D_1<8000$				
主控项目	1	管口法兰至转轮中心距离/mm	±2.0	±2.5	±3.0	±1.5	±2.0	±2.5				
	2	中心及高程/mm	±1.5	±2.0	±2.5	±1.0	±1.5	±2.0				
	3	法兰面垂直平面度/mm	0.8	1.0	1.2	0.6	0.8	1.0				
一般项目	1	管口法兰最大与最小直径差/mm	≤3	≤4	≤5	≤2	≤3	≤4				

检查意见：

　　主控项目共＿＿＿＿＿项，其中合格＿＿＿＿＿项，优良＿＿＿＿＿项，合格率＿＿＿＿＿%，优良率＿＿＿＿＿%。

　　一般项目共＿＿＿＿＿项，其中合格＿＿＿＿＿项，优良＿＿＿＿＿项，合格率＿＿＿＿＿%，优良率＿＿＿＿＿%。

检验人：（签字）　　　　　　　　年　月　日	评定人：（签字）　　　　　　　　年　月　日	监理工程师：（签字）　　　　　　　年　月　日

表6.12 贯流式水轮机管形座安装
单元工程质量验收评定表（含质量检查表）填表要求

填表时必须遵守"填表基本规定"，并应符合下列要求：

1. 单元工程划分：每台水轮机的管形座安装宜划分为一个单元工程。

2. 单元工程量：填写本单元管形座安装量（t）。

3. 各检验项目的检验方法及检验数量按表F-14的要求执行。

表 F-14　　　　　　　　贯流式水轮机管形座安装

检验项目		检验方法	检验数量
方位及高程		挂钢琴线，钢卷尺	2～4个点
最大尺寸法兰面垂直度及平面度		经纬仪、钢板尺	
法兰面至转轮中心距离		钢卷尺（若先装尾水管，应以其法兰为基准）	
下游侧内外法兰面的距离		经纬仪和钢板尺	
法兰圆度		挂钢琴线，钢卷尺	
流道盖板	流道盖板竖井孔中心及位置（框架中心线与设计中心线偏差）	拉线用钢卷尺	对称2～4个点
	基础框架高程	水准仪、钢板尺	2～4个点
	基础框架四角高差	水准仪、钢板尺	4个点
	流道盖板竖井孔法兰水平度	方型水平仪	$+x$和$+y$方向

4. 单元工程施工质量验收评定应提交下列资料：

（1）安装单位应提供的资料包括：清扫检验记录，安装前机坑测量记录，焊缝质量检验记录，安装调试实测记录等，并由责任人签认。

（2）监理单位对单元工程安装质量的平行检验资料；监理工程师签署质量复核意见的单元工程安装质量验收评定表及质量检查表。

5. 质量检查表中质量要求按转轮直径划分，填表时，在相应直径栏中加"√"号标明；表中数值为允许偏差值。

表 6.12 贯流式水轮机管形座安装单元工程质量验收评定表

单位工程名称				单元工程量	
分部工程名称				安装单位	
单元工程名称、部位				评定日期	

项次	项 目	主控项目/个		一般项目/个	
		合格数	优良数	合格数	优良数
1	单元工程安装质量				

安装单位自评意见	各项报验资料符合规定，检验项目全部合格，检验项目优良标准率为_____%，其中主控项目优良标准率为_____%。 单元工程安装质量等级评定为：_____。 （签字，加盖公章）　　　年　月　日
监理单位复核意见	各项报验资料符合规定，检验项目全部合格，检验项目优良标准率为_____%，其中主控项目优良标准率为_____%。 单元工程安装质量等级评定为：_____。 （签字，加盖公章）　　　年　月　日

表 6.12.1 贯流式水轮机管形座安装单元工程质量检查表

编号：_____

单位工程名称		单元工程名称	
安装部位		安装内容	
安装单位		开/完工日期	

项次		检验项目	质量要求						实测值	合格数	优良数	质量等级
			合 格			优 良						
			转轮直径 D_1/mm			转轮直径 D_1/mm						
			$D_1 <$ 3000	$3000 \leqslant D_1 <$ 6000	$6000 \leqslant D_1 <$ 8000	$D_1 <$ 3000	$3000 \leqslant D_1 <$ 6000	$6000 \leqslant D_1 <$ 8000				
主控项目	1	方位及高程/mm	±2.0	±3.0	±4.0	±1.5	±2.0	±3.0				
	2	最大尺寸法兰面垂直度及平面度/mm	0.8	1.0	1.2	0.6	0.8	1.0				
	3	法兰面至转轮中心距离/mm	±2.0	±2.5	±3.0	±1.5	±2.0	±2.5				
	4	下游侧内外法兰面的距离/mm	0.6	1.0	1.2	0.5	0.8	1.0				
一般项目	1	法兰圆度	1.0	1.5	2.0	0.5	1.0	1.5				
	2 流道盖板	流道盖板竖井孔中心及位置（框架中心线与设计中心线偏差）/mm	±2.0	±3.0	±4.0	±1.5	±2.0	±3.0				
		基础框架高程/mm	±5.0			±3.5						
		基础框架四角高差/mm	4.0	5.0	6.0	3.0	3.5	4.0				
		流道盖板竖井孔法兰水平度/(mm/m)	0.8			0.6						

检查意见：

主控项目共_____项，其中合格_____项，优良_____项，合格率_____%，优良率_____%。

一般项目共_____项，其中合格_____项，优良_____项，合格率_____%，优良率_____%。

检验人：（签字）	评定人：（签字）	监理工程师：（签字）
年 月 日	年 月 日	年 月 日

表6.13 贯流式水轮机导水机构安装
单元工程质量验收评定表（含质量检查表）填表要求

填表时必须遵守"填表基本规定"，并应符合下列要求：

1. 单元工程划分：每台贯流式水轮机导水机构的安装宜划分为一个单元工程。

2. 单元工程量填写本单元导水机构安装量（t）。

3. 各检验项目的检验方法及检验数量按表F－15的要求执行。

表F－15　　　　　　　　贯流式水轮机导水机构安装

检验项目	检验方法	检验数量
内外导水环同轴度	挂钢琴线，用钢板尺	对称各2个点
上游侧内外法兰面距离	经纬仪和钢板尺	2～4个点
导叶端部间隙	塞尺	全部
导叶立面间隙		
接力器基础至基准线距离	钢卷尺	每个基础2个点
调速环与外导水环间隙	塞尺	4～8个点

4. 单元工程施工质量验收评定应提交下列资料：

（1）安装单位应提供的资料包括：各部件圆度、水平和间隙的安装测量记录，由责任人签认。

（2）监理单位对单元工程安装质量的平行检验资料；监理工程师签署质量复核意见的单元工程安装质量验收评定表及质量检查表。

5. 表中数值为允许偏差值。

表 6.13 贯流式水轮机导水机构安装单元工程质量验收评定表

单位工程名称		单元工程量	
分部工程名称		安装单位	
单元工程名称、部位		评定日期	

项次	项 目	主控项目/个		一般项目/个	
		合格数	优良数	合格数	优良数
1	单元工程安装质量				

安装单位自评意见	各项报验资料符合规定，检验项目全部合格，检验项目优良标准率为_____%，其中主控项目优良标准率为_____%。 单元工程安装质量等级评定为：_____。 （签字，加盖公章）　　　年　月　日
监理单位复核意见	各项报验资料符合规定，检验项目全部合格，检验项目优良标准率为_____%，其中主控项目优良标准率为_____%。 单元工程安装质量等级评定为：_____。 （签字，加盖公章）　　　年　月　日

表 6.13.1　贯流式水轮机导水机构安装单元工程质量检查表

编号：_____

单位工程名称					单元工程名称				
安装部位					安装内容				
安装单位					开/完工日期				

项次		检验项目	质量要求		实测值	合格数	优良数	质量等级
			合格	优良				
主控项目	1	内外导水环同轴度/mm	≤0.5	≤0.4				
	2	上游侧内外法兰面距离/mm	≤0.4	≤0.3				
一般项目	1	导叶端部间隙	符合设计要求					
	2	导叶立面间隙	局部不超过 0.25mm，间隙的总长度不超过导叶高度的 25％	局部不超过 0.20mm，间隙的总长度不超过导叶高度的 20％				
	3	接力器基础至基准线距离/mm	±3.0	±2.0				
	4	调速环与外导水环间隙	符合设计要求					

检查意见：

　　主控项目共_____项，其中合格_____项，优良_____项，合格率_____％，优良率_____％。

　　一般项目共_____项，其中合格_____项，优良_____项，合格率_____％，优良率_____％。

检验人：（签字）	评定人：（签字）	监理工程师：（签字）
年　月　日	年　月　日	年　月　日

表6.14 贯流式水轮机轴承安装
单元工程质量验收评定表（含质量检查表）填表要求

填表时必须遵守"填表基本规定"，并应符合下列要求：

1. 单元工程划分：每台水轮机的轴承安装宜划分为一个单元工程。

2. 单元工程量：填写本单元轴承安装量（t）。

3. 各检验项目的检验方法及检验数量按表F-16的要求执行。

表 F-16 贯流式水轮机轴承安装

检验项目		检验方法	检验数量
轴瓦间隙		压铅法或塞尺检查	2～4个点
镜板与主轴垂直度		水平仪检查	对称2～4个点
下轴瓦与轴颈接触角		着色法检查	1次
轴承体各组合缝间隙		塞尺检查	全部
轴瓦与轴承外壳配合接触面积	圆柱面配合	着色法	
	球面配合		

4. 单元工程施工质量验收评定应提交下列资料：

（1）安装单位应提供的资料包括：该部件安装调整检测的原始记录并由责任人签认。

（2）监理单位对单元工程安装质量的平行检验资料；监理工程师签署质量复核意见的单元工程安装质量验收评定表及质量检查表。

5. 表中数值为允许偏差值。

表 6.14 贯流式水轮机轴承安装单元工程质量验收评定表

单位工程名称			单元工程量		
分部工程名称			安装单位		
单元工程名称、部位			评定日期		

项次	项　目	主控项目/个		一般项目/个	
		合格数	优良数	合格数	优良数
1	单元工程安装质量				

安装单位自评意见	各项报验资料符合规定，检验项目全部合格，检验项目优良标准率为_____％，其中主控项目优良标准率为_____％。 单元工程安装质量等级评定为：_____。 　　　　　　　　　　　　　　　　　（签字，加盖公章）　　　年　月　日
监理单位复核意见	各项报验资料符合规定，检验项目全部合格，检验项目优良标准率为_____％，其中主控项目优良标准率为_____％。 单元工程安装质量等级评定为：_____。 　　　　　　　　　　　　　　　　　（签字，加盖公章）　　　年　月　日

表 6.14.1　贯流式水轮机轴承安装单元工程质量检查表

编号：_____

单位工程名称				单元工程名称					
安装部位				安装内容					
安装单位				开/完工日期					

项次		检验项目	质量要求		实测值	合格数	优良数	质量等级
			合格	优良				
主控项目	1	轴瓦间隙	符合设计要求					
	2	镜板与主轴垂直度/mm	0.05	0.04				
一般项目	1	下轴瓦与轴颈接触角	符合设计要求但不大于60°					
	2	轴承体各组合缝间隙	符合 GB/T 8564 的要求					
	3	轴瓦与轴承外壳配合接触面积 圆柱面配合	≥60%	≥70%				
		轴瓦与轴承外壳配合接触面积 球面配合	≥75%	≥80%				

检查意见：

主控项目共_____项，其中合格_____项，优良_____项，合格率_____%，优良率_____%。

一般项目共_____项，其中合格_____项，优良_____项，合格率_____%，优良率_____%。

检验人：（签字）	评定人：（签字）	监理工程师：（签字）
年　月　日	年　月　日	年　月　日

表6.15　贯流式水轮机转动部件安装
单元工程质量验收评定表（含质量检查表）填表要求

填表时必须遵守"填表基本规定"，并应符合下列要求：

1. 单元工程划分：每台水轮机的转动部件安装宜划分为一个单元工程。

2. 单元工程量填写转动部件安装量（t）。

3. 各检验项目的检验方法及检验数量按表F-17的要求执行。

表F-17　　　　　　　　贯流式水轮机转动部件安装

检 验 项 目		检 验 方 法	检 验 数 量
转轮耐压及动作试验		量杯秒表	加压与未加压各1次
转轮与转轮室间隙		塞尺	对称均布4～8个点
转轮与主轴法兰组合缝面间隙			全部
操作油管摆度值	固定瓦	盘车	周向4～8个点
	浮动瓦		
主轴平板密封间隙		塞尺	4～8个点
转轮与主轴联轴螺栓伸长值		百分表或传感器	全部

4. 单元工程施工质量验收评定应提交下列资料：

（1）安装单位应提供的资料包括：各项目调整检测记录包括各部件间隙、摆度、水平度等记录表格，并由责任人签认。

（2）监理单位对单元工程安装质量的平行检验资料；监理工程师签署质量复核意见的单元工程安装质量验收评定表及质量检查表。

5. 有对地绝缘要求的轴承绝缘电阻应符合GB/T 8564规定的要求。

6. 转桨式转轮允许每小时漏油量见表F-18。

表F-18　　　　　　　转桨式转轮允许每小时漏油量

检验项目	质 量 标 准										检验方法	检验数量
	合 格					优 良						
	转轮直径 D_1/mm					转轮直径 D_1/mm						
	$D_1 <$ 3000	$3000 \leq D_1 <$ 6000	$6000 \leq D_1 <$ 8000	$8000 \leq D_1 <$ 10000	$D_1 \geq$ 10000	$D_1 <$ 3000	$3000 \leq D_1 <$ 6000	$6000 \leq D_1 <$ 8000	$8000 \leq D_1 <$ 10000	$D_1 \geq$ 10000		
每小时漏油量/(mL/h)	5	7	10	12	15	4	6	9	11	14	量杯秒表	加压与未加压各1次

7. 一般项目项次2在相应轴瓦处加"√"标明。

8. 表中数值为允许偏差值。

表 6.15　　贯流式水轮机转动部件安装单元工程质量验收评定表

单位工程名称			单元工程量		
分部工程名称			安装单位		
单元工程名称、部位			评定日期		
项次	项　目	主控项目/个		一般项目/个	
		合格数	优良数	合格数	优良数
1	单元工程安装质量				
	主要部件调试及操作试验效果				
安装单位自评意见	主要部件调试及操作试验符合要求，各项报验资料符合规定，检验项目全部合格，检验项目优良标准率为_____%，其中主控项目优良标准率为_____%。 单元工程安装质量等级评定为：_____。 （签字，加盖公章）　　年　月　日				
监理单位复核意见	主要部件调试及操作试验符合要求，各项报验资料符合规定，检验项目全部合格，检验项目优良标准率为_____%，其中主控项目优良标准率为_____%。 单元工程安装质量等级评定为：_____。 （签字，加盖公章）　　年　月　日				

表 6.15.1　贯流式水轮机转动部件安装单元工程质量检查表

编号：_____

单位工程名称				单元工程名称				
安装部位				安装内容				
安装单位				开/完工日期				

项次		检验项目	质量要求		实测值	合格数	优良数	质量等级
			合格	优良				
主控项目	1	转轮耐压及动作试验	符合表F-19的要求					
	2	转轮与转轮室间隙	符合设计要求					
一般项目	1	转轮与主轴法兰组合缝面间隙	无间隙，用0.03mm塞尺不能塞入	无间隙，用0.02mm塞尺不能塞入				
	2	操作油管摆度值/mm	固定瓦 ≤0.15	<0.10				
			浮动瓦 ≤0.20	<0.15				
	3	主轴平板密封间隙	±20%设计间隙					
	4	转轮与主轴联轴螺栓伸长值	符合设计要求					

检查意见：

　　主控项目共_____项，其中合格_____项，优良_____项，合格率_____%，优良率_____%。

　　一般项目共_____项，其中合格_____项，优良_____项，合格率_____%，优良率_____%。

检验人：（签字）　　　　　　年　月　日	评定人：（签字）　　　　　　年　月　日	监理工程师：（签字）　　　　　　年　月　日

表6.16 冲击式水轮机引水管路安装
单元工程质量验收评定表（含质量检查表）填表要求

填表时必须遵守"填表基本规定"，并应符合下列要求：

1. 单元工程划分：每台水轮机的引水管路安装宜划分为一个单元工程。

2. 单元工程量：填写本单元引水管路安装量（t）。

3. 各检验项目的检验方法及检验数量按表F-19的要求执行。

表F-19   冲击式水轮机引水管路安装

检验项目	检验方法	检验数量
引水管进口中心与机组坐标线距离	挂钢琴线，用钢板尺	1~2个点
分流管叉管耐压试验	水压	1次
分流管法兰高程及垂直度	水准仪、钢板尺、方型水平仪	2~4个点

4. 单元工程施工质量验收评定应提交下列资料：

（1）安装单位应提供的资料包括：清扫检验记录表，焊缝质量检验记录，安装、调整实测记录，并由责任人签认。

（2）监理单位对单元工程安装质量的平行检验资料；监理工程师签署质量复核意见的单元工程安装质量验收评定表及质量检查表。

5. 表中数值为允许偏差值。

表 6.16　　冲击式水轮机引水管路安装单元工程质量验收评定表

单位工程名称		单元工程量	
分部工程名称		安装单位	
单元工程名称、部位		评定日期	

项次	项　　目	主控项目/个		一般项目/个	
		合格数	优良数	合格数	优良数
1	单元工程安装质量				
	主要部件调试及操作试验效果				

安装单位自评意见	主要部件调试及操作试验符合要求,各项报验资料符合规定,检验项目全部合格,检验项目优良标准率为_____%,其中主控项目优良标准率为_____%。 单元工程安装质量等级评定为:_____。 （签字,加盖公章）　　　年　月　日
监理单位复核意见	主要部件调试及操作试验符合要求,各项报验资料符合规定,检验项目全部合格,检验项目优良标准率为_____%,其中主控项目优良标准率为_____%。 单元工程安装质量等级评定为:_____。 （签字,加盖公章）　　　年　月　日

表 6.16.1 冲击式水轮机引水管路安装单元工程质量检查表

编号：_____

单位工程名称			单元工程名称		
安装部位			安装内容		
安装单位			开/完工日期		

项次		检验项目	质量要求		实测值	合格数	优良数	质量等级
			合格	优良				
主控项目	1	引水管进口中心与机组坐标线距离	不超过进口直径的±2‰	±2‰				
	2	分流管叉管耐压试验	焊缝无渗漏，法兰无变形					
一般项目	1	分流管法兰高程及垂直度	符合设计要求					

检查意见：

　　主控项目共_____项，其中合格_____项，优良_____项，合格率_____%，优良率_____%。

　　一般项目共_____项，其中合格_____项，优良_____项，合格率_____%，优良率_____%。

检验人：（签字） 　　　　　年　月　日	评定人：（签字） 　　　　年　月　日	监理工程师：（签字） 　　　　年　月　日

表6.17 冲击式水轮机机壳安装
单元工程质量验收评定表（含质量检查表）填表要求

填表时必须遵守"填表基本规定"，并应符合下列要求：

1. 单元工程划分：每台水轮机的机壳安装宜划分为一个单元工程。

2. 单元工程量：填写本单元机壳安装量（t）。

3. 各检验项目的检验方法及检验数量按表F-20的要求执行。

表 F-20　　　　　　　　　　冲击式水轮机机壳安装

检验项目	检验方法	检验数量
卧式上法兰面水平度	方型水平仪	交叉方向2个点
卧式双轮机壳中心距	钢卷尺	
立式机组各喷嘴法兰垂直度	方型水平仪	交叉方向2个点
机壳组合缝	塞尺	全部
机壳组合缝安装面错牙		
机壳中心位置	拉钢琴线，钢板尺	1~2个点
机壳中心高程	水准仪、钢板尺	
卧式双轮机壳高差	水准仪	
立式机组各喷嘴法兰高差		各1个点

4. 单元工程施工质量验收评定应提交下列资料：

（1）安装单位应提供的资料包括：清扫检验记录表，焊缝质量检验记录，安装调整实测记录，并由责任人签认。

（2）监理单位对单元工程安装质量的平行检验资料；监理工程师签署质量复核意见的单元工程安装质量验收评定表及质量检查表。

5. 表中数值为允许偏差值。

表 6.17 冲击式水轮机机壳安装单元工程质量验收评定表

单位工程名称			
分部工程名称		安装单位	
单元工程名称、部位		评定日期	

项次	项　目	主控项目/个		一般项目/个	
		合格数	优良数	合格数	优良数
1	单元工程安装质量				

安装单位自评意见	各项报验资料符合规定，检验项目全部合格，检验项目优良标准率为_____%，其中主控项目优良标准率为_____%。 单元工程安装质量等级评定为：_____。 （签字，加盖公章）　　年　月　日
监理单位复核意见	各项报验资料符合规定，检验项目全部合格，检验项目优良标准率为_____%，其中主控项目优良标准率为_____%。 单元工程安装质量等级评定为：_____。 （签字，加盖公章）　　年　月　日

表 6.17.1　冲击式水轮机机壳安装单元工程质量检查表

编号：_____

单位工程名称				单元工程名称				
安装部位				安装内容				
安装单位				开/完工日期				

项次		检验项目	质量要求		实测值	合格数	优良数	质量等级
			合格	优良				
主控项目	1	卧式上法兰面水平度/(mm/m)	≤0.04	≤0.03				
	2	卧式双轮机壳中心距/mm	0～+1.0	0～+0.8				
	3	立式机组各喷嘴法兰垂直度/(mm/m)	≤0.30	≤0.20				
一般项目	1	机壳组合缝	符合 GB/T 8564 的要求					
	2	机壳组合缝安装面错牙/mm	≤0.10	≤0.08				
	3	机壳中心位置/mm	≤1.0	≤0.8				
	4	机壳中心高程/mm	±2.0	±1.5				
	5	卧式双轮机壳高差/mm	≤1.0	≤0.8				
	6	立式机组各喷嘴法兰高差/mm	≤1.0	≤0.8				

检查意见：

主控项目共_____项，其中合格_____项，优良_____项，合格率_____%，优良率_____%。

一般项目共_____项，其中合格_____项，优良_____项，合格率_____%，优良率_____%。

检验人：（签字）	评定人：（签字）	监理工程师：（签字）
年　月　日	年　月　日	年　月　日

表6.18　冲击式水轮机喷嘴与接力器安装单元工程质量验收评定表（含质量检查表）填表要求

填表时必须遵守"填表基本规定"，并应符合下列要求：

1. 单元工程划分：每台水轮机的喷嘴与接力器安装宜划分为一个单元工程。

2. 单元工程量：填写本单元喷嘴与接力器安装量（t）。

3. 各检验项目的检验方法及检验数量按表F-21的要求执行。

表F-21　　　　　　　　冲击式水轮机喷嘴与接力器安装

检验项目	检验方法	检验数量
喷嘴及接力器组装后动作试验	在接力器处于关闭侧用塞尺检查喷针与喷嘴口无间隙	全部
喷嘴中心与转轮节圆径向偏差	专用工具	1～2个点
喷嘴及接力器严密性耐压试验	水压或油压	1次
喷嘴中心与水斗分水刃轴向偏差	专用工具	2～4个点均布
折向器中心与喷嘴中心距	用专用工具检查	1～2个点
缓冲器弹簧压缩长度与设计值偏差	在压力机上检查	1次
各喷嘴的喷针行程的不同步偏差	录制关系曲线检查	
反向制动喷嘴中心线轴向/径向偏差	用专用工具检查	1～2个点

4. 单元工程施工质量验收评定应提交下列资料：

（1）安装单位应提供的资料包括：清扫检验记录表，安装调整实测记录，并由责任人签认。

（2）监理单位对单元工程安装质量的平行检验资料；监理工程师签署质量复核意见的单元工程安装质量验收评定表及质量检查表。

5. 表中数值为允许偏差值。

表 6.18 冲击式水轮机喷嘴与接力器安装单元工程质量验收评定表

单位工程名称		单元工程量	
分部工程名称		安装单位	
单元工程名称、部位		评定日期	

项次	项　　目	主控项目/个		一般项目/个	
		合格数	优良数	合格数	优良数
1	单元工程安装质量				
	主要部件调试及操作试验效果				

安装单位自评意见	主要部件调试及操作试验符合要求，各项报验资料符合规定，检验项目全部合格，检验项目优良标准率为_____%，其中主控项目优良标准率为_____%。 单元工程安装质量等级评定为：_____。 （签字，加盖公章）　　　年　月　日
监理单位复核意见	主要部件调试及操作试验符合要求，各项报验资料符合规定，检验项目全部合格，检验项目优良标准率为_____%，其中主控项目优良标准率为_____%。 单元工程安装质量等级评定为：_____。 （签字，加盖公章）　　　年　月　日

表 6.18.1 冲击式水轮机喷嘴与接力器安装单元工程质量检查表

编号：_____

分部工程名称				单元工程名称				
安装部位				安装内容				
安装单位				开/完工日期				

项次		检验项目	质量要求		实测值	合格数	优良数	质量等级
			合格	优良				
主控项目	1	喷嘴及接力器组装后动作试验	符合 GB/T 8564 的要求					
	2	喷嘴中心与转轮节圆径向偏差（d_1 为转轮节圆直径，mm）	不超过 $\pm0.20\%d_1$	不超过 $\pm0.15\%d_1$				
	3	喷嘴及接力器严密性耐压试验	符合设计要求					
	4	喷嘴中心与水斗分水刃轴向偏差（W 为水斗内侧最大宽度，mm）	不超过 $\pm0.50\%W$	不超过 $\pm0.35\%W$				
一般项目	1	折向器中心与喷嘴中心距/mm	≤4.0	≤3.0				
	2	缓冲器弹簧压缩长度与设计值偏差/mm	±1.0	±0.8				
	3	各喷嘴的喷针行程的不同步偏差	≤2%设计值	<2%设计值				
	4	反向制动喷嘴中心线轴向/径向偏差/mm	±5	±4				

检查意见：

　　主控项目共_____项，其中合格_____项，优良_____项，合格率_____%，优良率_____%。

　　一般项目共_____项，其中合格_____项，优良_____项，合格率_____%，优良率_____%。

检验人：（签字）	评定人：（签字）	监理工程师：（签字）
年　月　日	年　月　日	年　月　日

表6.19 冲击式水轮机转动部件安装
单元工程质量验收评定表（含质量检查表）填表要求

填表时必须遵守"填表基本规定"，并应符合下列要求：

1. 单元工程划分：每台水轮机的转动部件安装宜划分为一个单元工程。

2. 单元工程量：填写本单元转动部件安装量（t）。

3. 各检验项目的检验方法及检验数量按表F-22的要求执行。

表F-22   冲击式水轮机转动部件安装

检验项目		检验方法	检验数量
主轴水平或垂直度		方型水平仪	对称2～4个点
主轴密封间隙偏差		塞尺或百分表	4～6个点
转轮端面跳动量		盘车用百分表	4～8个点
转轮与挡水板间隙		塞尺	周向4～8个点
水斗分水刃旋转平面与喷管的法兰中心偏差		专用工具	4～8个点
立式轴承装配	轴承法兰高程偏差	水平仪、钢板尺	1～2个点
	轴承法兰水平	方型水平仪	对称2～4个点
	油箱渗油试验	煤油渗漏试验	1次
	冷却器耐压试验	水压试验	
卧式轴承装配	轴瓦研刮	着色法	全部
	轴瓦间隙	塞尺、压铅法	

4. 单元工程施工质量验收评定应提交下列资料：

（1）安装单位应提供的资料包括：各项目调整检测记录（各部分间隙、摆度、垂直度的记录表格等），并由责任人签认。

（2）监理单位对单元工程安装质量的平行检验资料；监理工程师签署质量复核意见的单元工程安装质量验收评定表及质量检查表。

5. 表中数值为允许偏差值。

表 6.19 冲击式水轮机转动部件安装单元工程质量验收评定表

单位工程名称		单元工程量	
分部工程名称		安装单位	
单元工程名称、部位		评定日期	

项次	项　目	主控项目/个		一般项目/个	
		合格数	优良数	合格数	优良数
1	单元工程安装质量				
	主要部件调试及操作试验效果				

安装单位自评意见	主要部件调试及操作试验符合要求，各项报验资料符合规定，检验项目全部合格，检验项目优良标准率为_____%，其中主控项目优良标准率为_____%。 单元工程安装质量等级评定为：_____。 　　　　　　　　　　　　　　　　（签字，加盖公章）　　年　月　日
监理单位复核意见	主要部件调试及操作试验符合要求，各项报验资料符合规定，检验项目全部合格，检验项目优良标准率为_____%，其中主控项目优良标准率为_____%。 单元工程安装质量等级评定为：_____。 　　　　　　　　　　　　　　　　（签字，加盖公章）　　年　月　日

表 6.19.1　冲击式水轮机转动部件安装单元工程质量检查表

编号：_____

分部工程名称				单元工程名称		
安装部位				安装内容		
安装单位				开/完工日期		

项次		检验项目	质量要求		实测值	合格数	优良数	质量等级
			合格	优良				
主控项目	1	主轴水平或垂直度/(mm/m)	≤0.02	<0.02				
	2	主轴密封间隙偏差	不大于平均间隙的±20%	不大于平均间隙的±15%				
一般项目	1	转轮端面跳动量/(mm/m)	不超过0.05	≤0.04				
	2	转轮与挡水板间隙	应符合设计要求					
	3	水斗分水刃旋转平面与喷管的法兰中心偏差（W为内侧最大宽度，mm）	±0.5%W	±0.35%W				
	4	立式轴承装配	轴承法兰高程偏差/mm	±2	±1.5				
			轴承法兰水平/(mm/m)	≤0.04	<0.04			
			油箱渗油试验	符合 GB/T 8564 的要求				
			冷却器耐压试验					
	5	卧式轴承装配	轴瓦研刮					
			轴瓦间隙					

检查意见：

　　主控项目共_____项，其中合格_____项，优良_____项，合格率_____%，优良率_____%。

　　一般项目共_____项，其中合格_____项，优良_____项，合格率_____%，优良率_____%。

检验人：（签字）	评定人：（签字）	监理工程师：（签字）
年　月　日	年　月　日	年　月　日

表6.20 冲击式水轮机控制机构安装
单元工程质量验收评定表（含质量检查表）填表要求

填表时必须遵守"填表基本规定"，并应符合下列要求：

1. 单元工程划分：每台水轮机的控制机构安装宜划分为一个单元工程。

2. 单元工程量：填写本单元控制机构安装量（t）。

3. 各检验项目的检验方法及检验数量按表 F-23 的要求执行。

表 F-23   冲击式水轮机控制机构安装

检验项目	检验方法	检验数量
折向器与喷针协联关系偏差	检查协联关系	1 次
各元件水平或垂直度	方型水平仪检查	
各元件中心	拉线用钢板尺检查	全部
各元件高程	水准仪、钢板尺检查	
折向器开口	钢板尺检查	1~2 次
各折向器同步偏差	钢板尺	全部

4. 单元工程施工质量验收评定应提交下列资料：

（1）安装单位应提供的资料包括：清扫检验记录，安装、调整等实测记录，并由责任人签认。

（2）监理单位对单元工程安装质量的平行检验资料；监理工程师签署质量复核意见的单元工程安装质量验收评定表及质量检查表。

5. 表中数值为允许偏差值。

表 6.20　冲击式水轮机控制机构安装单元工程质量验收评定表

单位工程名称			单元工程量	
分部工程名称			安装单位	
单元工程名称、部位			评定日期	

项次	项　目	主控项目/个		一般项目/个	
		合格数	优良数	合格数	优良数
1	单元工程安装质量				

安装单位自评意见	各项报验资料符合规定，检验项目全部合格，检验项目优良标准率为_____%，其中主控项目优良标准率为_____%。 单元工程安装质量等级评定为：_____。 （签字，加盖公章）　　　年　月　日
监理单位复核意见	各项报验资料符合规定，检验项目全部合格，检验项目优良标准率为_____%，其中主控项目优良标准率为_____%。 单元工程安装质量等级评定为：_____。 （签字，加盖公章）　　　年　月　日

表 **6.20.1** 　冲击式水轮机控制机构安装单元工程质量检查表

编号：＿＿＿＿＿＿＿＿＿＿＿＿

分部工程名称					单元工程名称					
安装部位					安装内容					
安装单位					开/完工日期					

项次		检验项目	质量要求		实测值	合格数	优良数	质量等级
			合格	优良				
主控项目	1	折向器与喷针协联关系偏差	≤2%设计值	<2%设计值				
一般项目	1	各元件水平或垂直度/(mm/m)	≤0.10	≤0.08				
	2	各元件中心/mm	≤2.0	≤1.5				
	3	各元件高程/mm	±1.5					
	4	折向器开口	大于射流半径3mm,但不超过6mm					
		各折向器同步偏差	≤2%设计值					

检查意见：

　　主控项目共＿＿＿＿＿项,其中合格＿＿＿＿＿项,优良＿＿＿＿＿项,合格率＿＿＿＿＿%,优良率＿＿＿＿＿%。

　　一般项目共＿＿＿＿＿项,其中合格＿＿＿＿＿项,优良＿＿＿＿＿项,合格率＿＿＿＿＿%,优良率＿＿＿＿＿%。

检验人：(签字)	评定人：(签字)	监理工程师：(签字)
年　月　日	年　月　日	年　月　日

表6.21 油压装置安装
单元工程质量验收评定表（含质量检查表）填表要求

填表时必须遵守"填表基本规定"，并应符合下列要求：

1. 单元工程划分：油压装置安装宜划分为一个单元工程。

2. 单元工程量：填写本单元油压装置安装量（t）。

3. 各检验项目的检验方法及检验数量按表F-24的要求执行。

表F-24   油压装置安装

检验项目	检验方法	检验数量
压力罐、油管路及承压元件严密性试验	油压试验	全部
油泵试运转	动作试验	1~2次
油压装置工作严密性	记录油压下降值换算	1次
集油槽、压油罐中心、高程、水平度垂直度	钢卷尺、水准仪、钢板尺	全部
油泵及电动机弹性联轴节的偏心和倾斜值	专用工具或塞尺	对称2~4个点
油压装置压力整定值	标准压力表校验	全部

4. 单元工程施工质量验收评定应提交下列资料：

（1）安装单位应提供的资料包括：清扫检查记录，安装、调整、实测记录等，并由责任人签认。

（2）监理单位对单元工程安装质量的平行检验资料；监理工程师签署质量复核意见的单元工程安装质量验收评定表及质量检查表。

5. 集油槽、压油罐安装允许偏差见表F-25。

表F-25   集油槽、压油罐安装允许偏差

项 目	允许偏差	说 明
中心/mm	5	测量设备上标记与机组 X、Y 基准的距离
高程/mm	±5	
水平度/(mm/m)	1	测量回油箱（调速器油箱）四角高程
压力罐垂直/(mm/m)	1	X、Y 方向挂线测量

6. 表中数值为允许偏差值。

表 6.21   油压装置安装单元工程质量验收评定表

单位工程名称			单元工程量		
分部工程名称			安装单位		
单元工程名称、部位			评定日期		

项次	项　目	主控项目/个		一般项目/个	
		合格数	优良数	合格数	优良数
1	单元工程安装质量				
	主要部件调试及操作试验效果				

安装单位自评意见	主要部件调试及操作试验符合要求，各项报验资料符合规定，检验项目全部合格，检验项目优良标准率为_____%，其中主控项目优良标准率为_____%。 单元工程安装质量等级评定为：_____。 　　　　　　　　　　　　　　　　　　　　（签字，加盖公章）　　　年　月　日
监理单位复核意见	主要部件调试及操作试验符合要求，各项报验资料符合规定，检验项目全部合格，检验项目优良标准率为_____%，其中主控项目优良标准率为_____%。 单元工程安装质量等级评定为：_____。 　　　　　　　　　　　　　　　　　　　　（签字，加盖公章）　　　年　月　日

表 6.21.1　油压装置安装单元工程质量检查表

编号：_____

分部工程名称					单元工程名称				
安装部位					安装内容				
安装单位					开/完工日期				

项次		检验项目	质量要求		实测值	合格数	优良数	质量等级
			合格	优良				
主控项目	1	压力罐、油管路及承压元件严密性试验	符合 GB/T 8564 的要求					
	2	油泵试运转						
	3	油压装置工作严密性						
一般项目	1	集油槽、压油罐中心、高程、水平度垂直度	符合 GB/T 8564 的要求	合格标准偏差值的 70% 以下				
	2	油泵及电动机弹性联轴节的偏心和倾斜值/mm	≤0.08	≤0.05				
	3	油压装置压力整定值	符合 GB/T 8564 的要求					

检查意见：

　　主控项目共_____项，其中合格_____项，优良_____项，合格率_____%，优良率_____%。

　　一般项目共_____项，其中合格_____项，优良_____项，合格率_____%，优良率_____%。

检验人：（签字）	评定人：（签字）	监理工程师：（签字）
年　月　日	年　月　日	年　月　日

表6.22 调速器（机械柜和电气柜）安装
单元工程质量验收评定表（含质量检查表）填表要求

填表时必须遵守"填表基本规定"，并应符合下列要求：

1. 单元工程划分：调速器（含机械柜和电气柜）的安装宜划分为一个单元工程。
2. 单元工程量：填写本单元调速器（机械柜和电气柜）安装量（t）。
3. 各检验项目的检验方法及检验数量按表F-26的要求执行。

表F-26　　　　　　　　　　调速器（机械柜和电气柜）安装

检验项目	检验方法	检验数量
柜内管路严密性检查	油压试验	1次
电液转换器灵敏度	录制特性曲线	
齿盘测速装置	百分表和卡尺	2～4个点
机械、电气柜中心、高程、水平度、垂直度	钢卷尺、水准仪、钢板尺和方型水平仪	全部
各指示器及杠杆位置	游标卡尺	
导叶及轮叶接力器在中间位置时回复机构水平度或垂直度	方型水平仪	
电气回路绝缘检查	兆欧表	
稳压电源输出电压	电压表	
电气调节器死区、放大系数及线性度	录制关系曲线	1～2次

4. 单元工程施工质量验收评定应提交下列资料：

（1）安装单位应提供的资料包括：清扫检查记录，元部件的清洗、组装、调整及实测记录，并由责任人签认。

（2）监理单位对单元工程安装质量的平行检验资料；监理工程师签署质量复核意见的单元工程安装质量验收评定表及质量检查表。

5. 表中数值为允许偏差值。

表 6.22 调速器（机械柜和电气柜）安装单元工程质量验收评定表

单位工程名称		单元工程量	
分部工程名称		安装单位	
单元工程名称、部位		评定日期	

项次	项 目	主控项目/个		一般项目/个	
		合格数	优良数	合格数	优良数
1	单元工程安装质量				
	主要部件调试及操作试验效果				

安装单位自评意见	主要部件调试及操作试验符合要求，各项报验资料符合规定，检验项目全部合格，检验项目优良标准率为_____%，其中主控项目优良标准率为_____%。 单元工程安装质量等级评定为：_____。 （签字，加盖公章）　　　年　月　日
监理单位复核意见	主要部件调试及操作试验符合要求，各项报验资料符合规定，检验项目全部合格，检验项目优良标准率为_____%，其中主控项目优良标准率为_____%。 单元工程安装质量等级评定为：_____。 （签字，加盖公章）　　　年　月　日

表 6.22.1 调速器（机械柜和电气柜）安装单元工程质量检查表

编号：_____

分部工程名称				单元工程名称				
安装部位				安装内容				
安装单位				开/完工日期				

项次		检验项目	质量要求		实测值	合格数	优良数	质量等级
			合格	优良				
主控项目	1	柜内管路严密性检查	符合 GB/T 8564 的要求					
	2	电液转换器灵敏度	符合设计要求					
	3	齿盘测速装置	齿头摆度及其与测速装置探头间距符合设计要求					
一般项目	1	机械、电气柜中心、高程、水平度、垂直度	符合GB/T 8564 的要求	合格标准偏差值的70%以下				
	2	各指示器及杠杆位置/mm	≤1.0					
	3	导叶及轮叶接力器在中间位置时回复机构水平度或垂直度/mm/m	≤1.0					
	4	电气回路绝缘检查	符合 GB 50150 的要求					
	5	稳压电源输出电压	±1%设计值					
	6	电气调节器死区、放大系数及线性度	符合设计要求和 GB/T 8564 的要求					

检查意见：

　　主控项目共_____项，其中合格_____项，优良_____项，合格率_____％，优良率_____％。

　　一般项目共_____项，其中合格_____项，优良_____项，合格率_____％，优良率_____％。

检验人：（签字）	评定人：（签字）	监理工程师：（签字）
年　月　日	年　月　日	年　月　日

表6.23 调速系统静态调整试验单元工程
质量验收评定表（含质量检查表）填表要求

填表时必须遵守"填表基本规定"，并应符合下列要求：

1. 单元工程划分：调速系统静态调整试验宜划分为一个单元工程。

2. 单元工程量：填写本单元调速系统安装量（t）。

3. 各检验项目的检验方法及检验数量按表F-27的要求执行。

表F-27　　　　　　　调速系统静态调整试验

检验项目	检验方法	检验数量
导叶及桨叶紧急关闭时间	动作试验检查	2次
事故配压阀关闭导叶时间		
分段关闭时间		
模拟手动、自动开停机及紧急停机		1次
导叶及轮叶最低操作油压	无水情况下动作试验检查	
手动、自动及各种控制方式切换	动作试验检查	各1次
模拟调速系统的各种故障		
模拟电源故障		大、中、小三种开度各1次

4. 单元工程施工质量验收评定应提交下列资料：

（1）安装单位应提供的资料包括：设备全面检查调试记录，并由责任人签认。

（2）监理单位对单元工程安装质量的平行检验资料；监理工程师签署质量复核意见的单元工程安装质量验收评定表及质量检查表。

5. 表中数值为允许偏差值。

表 6.23   调速系统静态调整试验单元工程质量验收评定表

单位工程名称			单元工程量	
分部工程名称			安装单位	
单元工程名称、部位			评定日期	

项次	项　　目	主控项目/个		一般项目/个	
		合格数	优良数	合格数	优良数
1	单元工程安装质量				
	主要部件调试及操作试验效果				

安装单位自评意见	主要部件调试及操作试验符合要求，各项报验资料符合规定，检验项目全部合格，检验项目优良标准率为_____%，其中主控项目优良标准率为_____%。 单元工程安装质量等级评定为：_____。 　　　　　　　　　　　　　　　　　　　　　（签字，加盖公章）　　　年　月　日
监理单位复核意见	主要部件调试及操作试验符合要求，各项报验资料符合规定，检验项目全部合格，检验项目优良标准率为_____%，其中主控项目优良标准率为_____%。 单元工程安装质量等级评定为：_____。 　　　　　　　　　　　　　　　　　　　　　（签字，加盖公章）　　　年　月　日

表 6.23.1   **调速系统静态调整试验单元工程质量检查表**

编号：_____

分部工程名称		单元工程名称	
安装部位		安装内容	
安装单位		开/完工日期	

项次		检验项目	质量要求		实测值	合格数	优良数	质量等级
			合格	优良				
主控项目	1	导叶及桨叶紧急关闭时间	±5%设计值					
	2	事故配压阀关闭导叶时间						
	3	分段关闭时间						
	4	模拟手动、自动开停机及紧急停机	动作应正常，报警信号正确					
一般项目	1	导叶及轮叶最低操作油压	不大于 16% 额定油压					
	2	手动、自动及各种控制方式切换	符合 GB/T 8564 的要求					
	3	模拟调速系统的各种故障	保护装置应可靠动作，报警信号正确					
	4	模拟电源故障	导叶、轮叶接力器应保持在故障前的位置					

检查意见：

    主控项目共_____项，其中合格_____项，优良_____项，合格率_____%，优良率_____%。

    一般项目共_____项，其中合格_____项，优良_____项，合格率_____%，优良率_____%。

检验人：（签字）	评定人：（签字）	监理工程师：（签字）
年　月　日	年　月　日	年　月　日

表6.24 立式水轮发电机上、下机架安装

单元工程质量验收评定表（含质量检查表）填表要求

填表时必须遵守"填表基本规定"，并应符合下列要求：

1. 单元工程划分：发电机的上、下机架安装宜划分为一个单元工程。

2. 单元工程量：填写本单元机架安装量（t）。

3. 各检验项目的检验方法及检验数量按表F-28的要求执行。

表F-28 立式水轮发电机上、下机架安装

检验项目		检验方法	检验数量
机架现场焊缝		射线和超声波探伤	全部
机架中心		挂钢琴线用测杆	1~2个点
机架水平		水平梁加方型水平仪或水准仪加钢板尺	x，y 方向分别检测
机架高程		水准仪、钢板尺	1~2个点
推力轴承座水平度	支柱螺栓式	水平梁加方型水平仪	x，y 方向分别检测
	无支柱螺钉支撑的弹性油箱和多弹簧式		
各组合缝间隙		塞尺	全部
分瓣式推力轴承支座安装面平面度		钢板尺及塞尺	4~8个点
推力轴承座中心		挂钢琴线用测杆	2~4个点

4. 单元工程施工质量验收评定应提交下列资料：

（1）安装单位应提供的资料包括：清扫检验记录表，焊缝质量检验记录，安装、调整、测试记录等，并由责任人签认。

（2）监理单位对单元工程安装质量的平行检验资料；监理工程师签署质量复核意见的单元工程安装质量验收评定表及质量检查表。

5. 表中数值为允许偏差值。

表 6.24 **立式水轮发电机上、下机架安装**
单元工程质量验收评定表

单位工程名称			单元工程量	
分部工程名称			安装单位	
单元工程名称、部位			评定日期	

项次	项目	主控项目/个		一般项目/个	
		合格数	优良数	合格数	优良数
1	单元工程安装质量				

安装单位自评意见	各项报验资料符合规定,检验项目全部合格,检验项目优良标准率为_____%,其中主控项目优良标准率为_____%。 单元工程安装质量等级评定为:_____。 (签字,加盖公章)　　年　月　日
监理单位复核意见	各项报验资料符合规定,检验项目全部合格,检验项目优良标准率为_____%,其中主控项目优良标准率为_____%。 单元工程安装质量等级评定为:_____。 (签字,加盖公章)　　年　月　日

表 6.24.1　立式水轮发电机上、下机架安装单元工程质量检查表

编号：_____

分部工程名称				单元工程名称				
安装部位				安装内容				
安装单位				开/完工日期				

项次		检验项目	质量要求 合格	质量要求 优良	实测值	合格数	优良数	质量等级
主控项目	1	机架现场焊缝	按 GB/T 3323 和 GB 11345 对焊缝进行检查					
	2	机架中心/mm	≤1.0	≤0.8				
	3	机架水平/(mm/m)	≤0.10	<0.08				
	4	机架高程/mm	±1.5	±1.0				
	5	推力轴承座水平度/(mm/m) 支柱螺栓式	≤0.04	≤0.03				
		无支柱螺钉支撑的弹性油箱和多弹簧式	≤0.02	≤0.015				
一般项目	1	各组合缝间隙	符合 GB/T 8564 的要求					
	2	分瓣式推力轴承支座安装面平面度/mm	≤0.20	≤0.15				
	3	推力轴承座中心/mm	≤1.5	≤1.0				

检查意见：

　　主控项目共_____项，其中合格_____项，优良_____项，合格率_____%，优良率_____%。

　　一般项目共_____项，其中合格_____项，优良_____项，合格率_____%，优良率_____%。

检验人：（签字）	评定人：（签字）	监理工程师：（签字）
年　月　日	年　月　日	年　月　日

表6.25 立式水轮发电机定子安装
单元工程质量验收评定表（含质量检查表）填表要求

填表时必须遵守"填表基本规定"，并应符合下列要求：

1. 单元工程划分：每台发电机的定子安装宜划分为一个单元工程。

2. 单元工程量：填写本单元定子安装量（t）。

3. 各检验项目的检验方法及检验数量按表F-29的要求执行。

表F-29   立式水轮发电机定子安装

检验项目	检验方法	检验数量
分瓣组装定子铁芯合缝间隙	塞尺及钢板尺	全部
定子圆度（各半径与平均半径之差）	测圆架或测杆	不少于12个点
定位筋内圆半径与设计值偏差	测圆架	8~16个点
铁芯压紧度	钢尺测量	不少于8个点
定子线圈接头焊接	目测	
分瓣定子机座组合缝间隙	塞尺	全部
机座与基础板组合缝		
定位筋同一高度的弦长与平均值偏差	专用工具	
铁芯高度	钢卷尺	不少于8个点
铁芯波浪度	水准仪	
定子机座焊接	无损探伤	检查报告
线圈槽楔紧度		抽查10%
汇流母线焊接	目测	全部

4. 立式水轮发电机定子相关电气试验应符合GB/T 8564规定的要求。

5. 单元工程施工质量验收评定应提交下列资料：

（1）安装单位应提供的资料包括：清扫检验记录表，焊缝质量检验记录，安装、调整、测试记录等，并由责任人签认。

（2）监理单位对单元工程安装质量的平行检验资料；监理工程师签署质量复核意见的单元工程安装质量验收评定表及质量检查表。

6. 表中数值为允许偏差值。

表 6.25　　立式水轮发电机定子安装单元工程质量验收评定表

单位工程名称		单元工程量	
分部工程名称		安装单位	
单元工程名称、部位		评定日期	

项次	项　目	主控项目/个		一般项目/个	
		合格数	优良数	合格数	优良数
1	单元工程安装质量				
	主要部件调试及操作试验效果				

安装单位自评意见	主要部件调试及操作试验符合要求，各项报验资料符合规定，检验项目全部合格，检验项目优良标准率为_____%，其中主控项目优良标准率为_____%。 单元工程安装质量等级评定为：_____。 （签字，加盖公章）　　　年　月　日
监理单位复核意见	主要部件调试及操作试验符合要求，各项报验资料符合规定，检验项目全部合格，检验项目优良标准率为_____%，其中主控项目优良标准率为_____%。 单元工程安装质量等级评定为：_____。 （签字，加盖公章）　　　年　月　日

表 6.25.1　立式水轮发电机定子安装单元工程质量检查表

编号：_____

分部工程名称				单元工程名称				
安装部位				安装内容				
安装单位				开/完工日期				

项次		检验项目	质量要求		实测值	合格数	优良数	质量等级
			合格	优良				
主控项目	1	分瓣组装定子铁芯合缝间隙	无间隙，线槽底部径向错牙不大于 0.30mm					
	2	定子圆度（各半径与平均半径之差）	±4.0% 设计空气间隙	±3.5% 设计空气间隙				
	3	定位筋内圆半径与设计值偏差	不大于空气间隙为±2%，最大不超过±0.50mm	设计空气间隙 −1%～2%，最大不超过±0.40mm				
	4	铁芯压紧度	符合设计要求					
	5	定子绕组接头焊接	符合 GB/T 8564 的要求	返修率不大于 5%				
一般项目	1	分瓣定子机座组合缝间隙	用 0.05mm 塞尺，在螺钉及定位销周围不能通过	用 0.04mm 塞尺，在螺钉及定位销周围不能通过				
	2	机座与基础板组合缝	符合 GB/T 8564 的要求					
	3	定位筋同一高度的弦长与平均值偏差	不大于平均值±0.25，积累值不超过 0.40mm	不大于平均值±0.20，积累值不超过 0.35mm				
	4	铁芯高度	符合 GB/T 8564 的要求					
	5	铁芯波浪度						
	6	定子机座焊接	符合设计要求	返修率不大于 15%				
	7	线圈槽楔紧度	空隙长度不大于 1/3 槽楔长度	在合格基础上有 50% 空隙长度不大于 1/5 槽楔长度				
	8	汇流母线焊接	符合 GB/T 8564 的要求	无返修				

检查意见：

　　主控项目共_____项，其中合格_____项，优良_____项，合格率_____%，优良率_____%。

　　一般项目共_____项，其中合格_____项，优良_____项，合格率_____%，优良率_____%。

检验人：（签字） 　　　　　年　月　日	评定人：（签字） 　　　　　年　月　日	监理工程师：（签字） 　　　　　年　月　日

表6.26 立式水轮发电机转子安装
单元工程质量验收评定表（含质量检查表）填表要求

填表时必须遵守"填表基本规定"，并应符合下列要求：

1. 单元工程划分：每台发电机的转子安装宜划分为一个单元工程。

2. 单元工程量：填写本单元转子安装量（t）。

3. 各检验项目的检验方法及检验数量按表F-30、表F-31的要求执行。

表F-30　　　　立式水轮发电机转子安装（转子装配）

检验项目	检验方法	检验数量
转子整体偏心	由所测圆度计算	全部
磁轭圆度	测圆架	
转子圆度		
圆盘支架焊接	无损探伤	出具报告
磁轭压紧度		不少于8个点
各组合缝间隙	塞尺检	全部
轮臂下端各挂钩高程差	水准仪、钢板尺	
轮臂各键槽弦长	钢卷尺	
轮臂键槽径向和切向倾斜度	挂钢琴线，用千分尺	
制动闸板径向水平度	方型水平仪	4～8个点
制动闸板周向波浪度	水准仪、钢板尺	8～12个点
磁轭键安装		全部
磁轭压紧后周向高度差	钢卷尺	沿周向8～12个截面测量
磁轭在同一截面内外高度差		
磁极挂装中心高程	水准仪、钢板尺	8～12个点

表F-31　　　　立式水轮发电机转子安装（转动部件）

检验项目	检验方法	检验数量
镜板水平度	方型水平仪	4～6个点
热套推力头卡环轴向间隙	塞尺	4～8个点
螺栓连接推力头连接面间隙		
转子中心体与主轴联轴螺栓伸长值	百分表	全部
转子中心体与上端轴联轴螺栓伸长值		
定转子之间相对高差	水准仪、钢板尺	4～8个点

4. 立式水轮发电机转子相关电气实验应符合GB/T 8564规定的要求。

5. 单元工程施工质量验收评定应提交下列资料：

（1）安装单位应提供的资料包括：清扫检验记录表，焊缝质量检验记录，安装、调整、测试记录等，并由责任人签认。

（2）监理单位对单元工程安装质量的平行检验资料；监理工程师签署质量复核意见的单元工程安装质量验收评定表及质量检查表。

质量检查表中质量要求按转速划分，填表时，在相应转速栏中加"√"号标明；表中数值为允许偏差值。

表 6.26　　立式水轮发电机转子安装单元工程质量验收评定表

单位工程名称			单元工程量		
分部工程名称			安装单位		
单元工程名称、部位			评定日期		

项次	项　目	主控项目/个		一般项目/个	
		合格数	优良数	合格数	优良数
1	单元工程转子装配安装质量				
2	单元工程转动部件安装质量				
	主要部件调试及操作试验效果				

安装单位自评意见	主要部件调试及操作试验符合要求，各项报验资料符合规定，检验项目全部合格，检验项目优良标准率为_____%，其中主控项目优良标准率为_____%。 　　单元工程安装质量等级评定为：_____。 　　　　　　　　　　　　　　　　　　　　（签字，加盖公章）　　　年　月　日
监理单位复核意见	主要部件调试及操作试验符合要求，各项报验资料符合规定，检验项目全部合格，检验项目优良标准率为_____%，其中主控项目优良标准率为_____%。 　　单元工程安装质量等级评定为：_____。 　　　　　　　　　　　　　　　　　　　　（签字，加盖公章）　　　年　月　日

表 6.26.1－1 立式水轮发电机转子安装单元工程 转子装配质量检查表

编号：_____

分部工程名称								单元工程名称			
安装部位								安装内容			
安装单位								开/完工日期			

项次	检验项目	质量要求								实测值	合格数	优良数	质量等级
		合格				优良							
主控项目	1 转子整体偏心 /mm	转速 n/(r/min)											
		n<100	100≤n<200	200≤n<300	n≥300	n<100	100≤n<200	200≤n<300	n≥300				
		≤0.5	≤0.4	≤0.3	≤0.15	<0.5	<0.4	<0.3	<0.15				
		但不大于设计空气间隙的1.5%				但不大于设计空气间隙的1.1%							
	2 磁轭圆度（半径与设计半径之差）/mm	±3.5%设计空气间隙				±3.0%设计空气间隙							
	3 转子圆度（半径与设计半径之差）	±4.0%设计空气间隙											
	4 圆盘支架焊接	符合设计要求											
	5 磁轭压紧度												
一般项目	1 各组合缝间隙	符合 GB/T 8564 的要求											
	2 轮臂下端各挂钩高程差/mm	外直径小于8m	外直径不小于8m	外直径小于8m	外直径不小于8m								
		≤1.0	≤1.5	≤1.0	≤1.5								
	3 轮臂各键槽弦长	符合设计要求											

项次	检验项目	质量要求		实测值	合格数	优良数	质量等级
		合格	优良				
一般项目	4 轮臂键槽径向和切向倾斜度	≤0.25mm/m，最大不超过0.5mm	≤0.20mm/m，最大不超过0.4mm				
	5 制动闸板径向水平度(mm)	≤0.50	＜0.50				
	6 制动闸板周向波浪度/mm	整个圆周不大于2.0					
	7 磁轭键安装	符合设计要求					
	8 磁轭压紧后周向高度差	符合GB/T 8564的要求					
	9 磁轭在同一截面内外高度差/mm	≤5.0	≤4.0				
	10 磁极挂装中心高程	磁极铁芯长度/m					
		≤1.5m / 1.5～2.0m / ＞2.0m	≤1.5m / 1.5～2.0m / ＞2.0m				
		±1.0mm / ±1.5mm / ±2.0mm	±1.0mm / ±1.5mm / ±2.0mm				

检查意见：

　　主控项目共_____项，其中合格_____项，优良_____项，合格率_____%，优良率_____%。

　　一般项目共_____项，其中合格_____项，优良_____项，合格率_____%，优良率_____%。

检验人：(签字)	评定人：(签字)	监理工程师：(签字)
年　月　日	年　月　日	年　月　日

表 6.26.1－2　立式水轮发电机转子安装单元工程转动部件安装质量检查表

编号：_____

分部工程名称				单元工程名称			
安装部位				安装内容			
安装单位				开/完工日期			

项次		检验项目	质量要求		实测值	合格数	优良数	质量等级
			合格	优良				
主控项目	1	镜板水平度/(mm/m)	≤0.02	<0.02				
一般项目	1	热套推力头卡环轴向间隙	用0.02mm塞尺检查，塞不进					
	2	螺栓连接推力头连接面间隙	用0.03mm塞尺检查，塞不进					
	3	转子中心体与主轴联轴螺栓伸长值	设计值的±10%	设计值的±6%				
	4	转子中心体与上端轴联轴螺栓伸长值						
	5	定转子之间相对高差/mm	不超过定子铁芯有效长度的±0.15%，但最大不超过±4.0mm	不超过定子铁芯有效长度的±0.12%，但最大不超过±3.5mm				

检查意见：

　　主控项目共_____项，其中合格_____项，优良_____项，合格率_____%，优良率_____%。

　　一般项目共_____项，其中合格_____项，优良_____项，合格率_____%，优良率_____%。

检验人：（签字）	评定人：（签字）	监理工程师：（签字）
年　月　日	年　月　日	年　月　日

表6.27 立式水轮发电机制动器安装
单元工程质量验收评定表（含质量检查表）填表要求

填表时必须遵守"填表基本规定"，并应符合下列要求：

1. 单元工程划分：每台发电机的制动器安装宜划分为一个单元工程。

2. 单元工程量：填写本单元制动器安装量（t）。

3. 各检验项目的检验方法及检验数量按表F-32执行。

表F-32　　　　　　　　　立式水轮发电机制动器安装

检验项目	检验方法	检验数量
制动器顶面高程差	水准仪、钢尺	全部
制动器与制动闸板间隙差	钢尺、塞尺	每个制动器1次
制动器动作试验	通压缩空气试验	全部
制动器严密性试验	油压试验	
制动管路试验		1次

4. 单元工程施工质量验收评定应提交下列资料：

（1）安装单位应提供的资料包括：清扫检查记录、安装检验记录和调整试验记录。

（2）监理单位对单元工程安装质量的平行检验资料；监理工程师签署质量复核意见的单元工程安装质量验收评定表及质量检查表。

5. 表中数值为允许偏差值。

表 6.27　　立式水轮发电机制动器安装单元工程质量验收评定表

单位工程名称		单元工程量	
分部工程名称		安装单位	
单元工程名称、部位		评定日期	

项次	项　　目	主控项目/个		一般项目/个	
		合格数	优良数	合格数	优良数
1	单元工程安装质量				
	主要部件调试及操作试验效果				

安装单位自评意见	主要部件调试及操作试验符合要求，各项报验资料符合规定，检验项目全部合格，检验项目优良标准率为_____％，其中主控项目优良标准率为_____％。 　　单元工程安装质量等级评定为：_____。 （签字，加盖公章）　　　年　月　日
监理单位复核意见	主要部件调试及操作试验符合要求，各项报验资料符合规定，检验项目全部合格，检验项目优良标准率为_____％，其中主控项目优良标准率为_____％。 　　单元工程安装质量等级评定为：_____。 （签字，加盖公章）　　　年　月　日

表 6.27.1　立式水轮发电机制动器安装单元工程质量检查表

编号：_____

分部工程名称					单元工程名称				
安装部位					安装内容				
安装单位					开/完工日期				

项次		检验项目	质量要求		实测值	合格数	优良数	质量等级
			合格	优良				
主控项目	1	制动器顶面高程差/mm	±1.0mm					
	2	制动器与制动闸板间隙差	±20%设计间隙	±15%设计间隙				
一般项目	1	制动器动作试验	动作灵活，正确复位					
	2	制动器严密性试验	符合设计要求					
	3	制动管路试验	符合设计要求					

检查意见：

　　主控项目共_____项，其中合格_____项，优良_____项，合格率_____%，优良率_____%。

　　一般项目共_____项，其中合格_____项，优良_____项，合格率_____%，优良率_____%。

检验人：（签字）	评定人：（签字）	监理工程师：（签字）
年　月　日	年　月　日	年　月　日

表6.28 立式水轮发电机推力轴承和导轴承安装
单元工程质量验收评定表（含质量检查表）填表要求

填表时必须遵守"填表基本规定"，并应符合下列要求：

1. 单元工程划分：每台发电机的推力轴承和导轴承安装宜划分为一个单元工程。

2. 单元工程量填写本单元推力轴承和导轴安装量（t）。

3. 各检验项目的检验方法及检验数量按表F-33的要求执行。

表F-33   立式水轮发电机推力轴承和导轴承安装

检验项目	检验方法	检验数量
高压油顶起装置单向阀试验	反向加压在0.5倍、0.75倍、1.0倍、1.25倍工作压力下各停留10min	全部
推力瓦受力调整	百分表	
推力轴瓦研刮	瓦与镜板研磨	
导轴瓦研刮	着色法	
轴承油槽渗漏试验	用煤油检查4h	1次
油槽冷却器耐压试验	1.25倍工作压力水压试验30min	
无调节结构推力瓦块间高差	百分表	全部
轴承油质	油化验单	每批抽检
分块导轴瓦间隙调整	百分表	全部
挡油圈与机组同心度	塞尺或百分表，钢尺	4~8个点

4. 立式水轮发电机推力轴承的绝缘电阻应符合GB/T 8564规定的要求。

5. 单元工程施工质量验收评定应提交下列资料：

（1）安装单位应提供的资料包括：各项安装检验记录和试验记录。

（2）监理单位对单元工程安装质量的平行检验资料；监理工程师签署质量复核意见的单元。

6. 表中数值为允许偏差值。

表 6.28 **立式水轮发电机推力轴承和导轴承**
安装单元工程质量验收评定表

单位工程名称			单元工程量	
分部工程名称			安装单位	
单元工程名称、部位			评定日期	

项次	项 目	主控项目/个		一般项目/个	
		合格数	优良数	合格数	优良数
1	单元工程安装质量				
	主要部件调试及操作试验效果				

安装单位自评意见	主要部件调试及操作试验符合要求，各项报验资料符合规定，检验项目全部合格，检验项目优良标准率为_____%，其中主控项目优良标准率为_____%。 单元工程安装质量等级评定为：_____。 (签字，加盖公章)　　　年 月 日
监理单位复核意见	主要部件调试及操作试验符合要求，各项报验资料符合规定，检验项目全部合格，检验项目优良标准率为_____%，其中主控项目优良标准率为_____%。 单元工程安装质量等级评定为：_____。 (签字，加盖公章)　　　年 月 日

表 6.28.1 立式水轮发电机推力轴承和导轴承安装单元工程质量检查表

编号：_____

分部工程名称				单元工程名称				
安装部位				安装内容				
安装单位				开/完工日期				

项次		检验项目	质量要求		实测值	合格数	优良数	质量等级
			合格	优良				
主控项目	1	高压油顶起装置单向阀试验	无渗漏					
	2	推力瓦受力调整	符合设计要求	小于允许偏差值的90%				
一般项目	1	推力轴瓦研刮	符合 GB/T 8564 的要求					
	2	导轴瓦研刮						
	3	轴承油槽渗漏试验	无渗漏					
	4	油槽冷却器耐压试验	无异常					
	5	无调节结构推力瓦块间高差	符合设计要求	小于允许偏差值的80%				
	6	轴承油质	符合 GB 11120 的规定					
	7	分块导轴瓦间隙调整/mm	≤0.02	<0.02				
	8	挡油圈与机组同心度	中心偏差不大于1mm，同时满足挡油圈与轴头径向距离偏差不超过±10%平均间隙					

检查意见：

　　主控项目共_____项，其中合格_____项，优良_____项，合格率_____%，优良率_____%。

　　一般项目共_____项，其中合格_____项，优良_____项，合格率_____%，优良率_____%。

检验人：（签字）	评定人：（签字）	监理工程师：（签字）
年　月　日	年　月　日	年　月　日

表6.29   立式水轮发电机组轴线调整
单元工程质量验收评定表（含质量检查表）填表要求

填表时必须遵守"填表基本规定"，并应符合下列要求：

1. 单元工程划分：每台水轮发电机组的轴线调整宜划分为一个单元工程。

2. 单元工程量：填写本单元一台机组轴线调整。

3. 各检验项目的检验方法及数量按表F-34的要求执行。

表F-34   立式水轮发电机组轴线调整

检验项目		检验方法	检验数量
刚性盘车各部摆度	测量部位	百分表	4～8个点
	发电机轴上、下导及法兰		
	水轮机轴导轴承轴颈		
	发电机集电环		
弹性盘车轴向摆度	镜板边缘跳动		
多段轴轴线折弯		盘车记录分析计算或吊钢琴线	分段各1处
定子、转子之间空气间隙		塞尺	8～12个点

4. 单元工程施工质量验收评定应提交下列资料：

（1）安装单位应提供的资料包括：调整检查记录。

（2）监理单位对单元工程安装质量的平行检验资料；监理工程师签署质量复核意见的单元工程安装质量验收评定表及质量检查表。

5. 水轮机导轴承处的绝对摆度在任何情况下，不应超过以下值：转速在250r/min以下的机组为0.35mm；转速在250～600r/min以下的机组为0.25mm；转速在600r/min及以上的机组为0.20mm。

6. 质量检查表中质量要求按转速划分，填表时，在相应转速栏中加"√"号标明；表中数值为允许偏差值。

表 6. 29　　立式水轮发电机组轴线调整单元工程质量验收评定表

单位工程名称		单元工程量	
分部工程名称		安装单位	
单元工程名称、部位		评定日期	

项次	项　　目	主控项目/个		一般项目/个	
		合格数	优良数	合格数	优良数
1	单元工程安装质量				

安装单位自评意见	各项报验资料符合规定，检验项目全部合格，检验项目优良标准率为_____％，其中主控项目优良标准率为_____％。 单元工程安装质量等级评定为：_____。 （签字，加盖公章）　　　年　月　日
监理单位复核意见	各项报验资料符合规定，检验项目全部合格，检验项目优良标准率为_____％，其中主控项目优良标准率为_____％。 单元工程安装质量等级评定为：_____。 （签字，加盖公章）　　　年　月　日

表 6.29.1　　立式水轮发电机组轴线调整单元工程质量检查表

编号：_____

分部工程名称							单元工程名称				
安装部位							安装内容				
安装单位							开/完工日期				

项次		检验项目	质量要求						实测值	合格数	优良数	质量等级
			合格					优良				

<table>
<tr><th rowspan="2">主控项目</th><th rowspan="4">1</th><th rowspan="4">刚性盘车各部摆度</th><th colspan="5">转速 n/(r/min)</th><th rowspan="2">小于合格数据10%</th><th></th><th></th><th></th><th></th></tr>
<tr><th>测量部位</th><th>$n<150$</th><th>$150\leqslant n<300$</th><th>$300\leqslant n<500$</th><th>$500\leqslant n<750$</th><th>$n\geqslant 750$</th></tr>
<tr><td>发电机轴上、下导及法兰（相对摆度，mm/m）</td><td>0.03</td><td>0.03</td><td>0.02</td><td>0.02</td><td>0.02</td></tr>
<tr><td>水轮机轴导轴承轴颈（相对摆度，mm/m）</td><td>0.05</td><td>0.05</td><td>0.04</td><td>0.03</td><td>0.02</td></tr>
<tr><td></td><td>发电机集电环（绝对摆度，mm）</td><td>0.50</td><td>0.40</td><td>0.30</td><td>0.20</td><td>0.10</td><td></td><td></td><td></td><td></td></tr>
</table>

	2	弹性盘车轴向摆度	镜板直径			小于合格数据10%			
			镜板边缘跳动/mm	<2000	2000～3500	>3500			
				0.10	0.15	0.20			

一般项目	1	多段轴轴线折弯/(mm/m)	≤0.04	<0.03			
	2	定子、转子之间空气间隙	±8%平均间隙	±7%平均间隙			

检查意见：

　　主控项目共_____项，其中合格_____项，优良_____项，合格率_____%，优良率_____%。

　　一般项目共_____项，其中合格_____项，优良_____项，合格率_____%，优良率_____%。

检验人：（签字）	评定人：（签字）	监理工程师：（签字）
年　月　日	年　月　日	年　月　日

表6.30　卧式水轮发电机定子和转子安装
单元工程质量验收评定表（含质量检查表）填表要求

填表时必须遵守"填表基本规定"，并应符合下列要求：

1. 单元工程划分：每台卧式发电机的定子与转子安装宜划分为一个单元工程。

2. 单元工程量：填写本单元定子及转子安装量（t）。

3. 各检验项目的检验方法及检验数量按表F-35的要求执行。

表 F-35　　　　　　　　卧式水轮发电机定子和转子安装

检验项目		检验方法	检验数量
空气间隙		塞尺	
主轴连接后各部摆度	各轴颈处	百分表	4～8个点
	推力盘端面跳动		
	联轴法兰处		
	滑环整流子处		
定子与转子轴向中心		钢卷尺	
推力轴承轴向间隙		塞尺	2～4个点
密封环与转轴间隙			
风扇叶片与导风装置平均间隙			4～8个点
风扇叶片与导风装置轴向间隙		钢板尺	

4. 定子和转子相关电气试验应符合 GB/T 8564 规定的要求。

5. 单元工程施工质量验收评定应提交下列资料：

（1）安装单位应提供的资料包括：清扫检验记录、安装、调整、测试记录，并由责任人签认。

（2）监理单位对单元工程安装质量的平行检验资料；监理工程师签署质量复核意见的单元工程安装质量验收评定表及质量检查表。

6. 表中数值为允许偏差值。

表 6.30 卧式水轮发电机定子和转子安装单元工程质量验收评定表

单位工程名称		单元工程量	
分部工程名称		安装单位	
单元工程名称、部位		评定日期	

项次	项 目	主控项目/个		一般项目/个	
		合格数	优良数	合格数	优良数
1	单元工程安装质量				
	主要部件调试及操作试验效果				

安装单位自评意见	主要部件调试及操作试验符合要求，各项报验资料符合规定，检验项目全部合格，检验项目优良标准率为_____%，其中主控项目优良标准率为_____%。 单元工程安装质量等级评定为：_____。 <div align="right">（签字，加盖公章）　　年　月　日</div>
监理单位复核意见	主要部件调试及操作试验符合要求，各项报验资料符合规定，检验项目全部合格，检验项目优良标准率为_____%，其中主控项目优良标准率为_____%。 单元工程安装质量等级评定为：_____。 <div align="right">（签字，加盖公章）　　年　月　日</div>

表 6.30.1　卧式水轮发电机定子和转子安装单元工程质量检查表

编号：＿＿＿＿＿＿＿＿＿＿＿

分部工程名称				单元工程名称					
安装部位				安装内容					
安装单位				开/完工日期					

项次		检验项目		质量要求		实测值	合格数	优良数	质量等级
				合格	优良				
主控项目	1	空气间隙		±8% 平均间隙	±7% 平均间隙				
	2	主轴连接后各部摆度/mm	各轴颈处	0.03	0.02				
			推力盘端面跳动	0.02					
			联轴法兰处	0.10	0.08				
			滑环整流子处	0.20	0.15				
一般项目	1	定子与转子轴向中心		符合制造厂规定					
	2	推力轴承轴向间隙（主轴窜动量，mm）		0.3～0.6					
	3	密封环与转轴间隙		符合设计要求					
	4	风扇叶片与导风装置平均间隙		±20% 平均间隙	±15% 平均间隙				
	5	风扇叶片与导风装置轴向间隙/mm		符合设计要求，或不小于5.0					

检查意见：

　　主控项目共＿＿＿＿＿＿项，其中合格＿＿＿＿＿＿项，优良＿＿＿＿＿项，合格率＿＿＿＿＿%，优良率＿＿＿＿＿%。

　　一般项目共＿＿＿＿＿＿项，其中合格＿＿＿＿＿＿项，优良＿＿＿＿＿项，合格率＿＿＿＿＿%，优良率＿＿＿＿＿%。

检验人：（签字）　　　　　　　年　月　日	评定人：（签字）　　　　　　　年　月　日	监理工程师：（签字）　　　　　　年　月　日

表6.31 卧式水轮发电机轴承安装单元工程
质量验收评定表（含质量检查表）填表要求

填表时必须遵守"填表基本规定"，并应符合下列要求：

1. 单元工程划分：卧式发电机的轴承安装宜划分为一个单元工程。

2. 单元工程量：填写本单元轴承安装量（t）。

3. 各检验项目的检验方法及检验数量按表F-36的要求执行。

表F-36　　　　　　　　　卧式水轮发电机轴承安装

检验项目		检验方法	检验数量
轴瓦与轴颈间隙	顶部	压铅法或塞尺	4～6个点
	两侧		
推力轴瓦接触面积		轴瓦与轴颈研磨	1次
轴瓦与推力轴瓦接触点			
轴承座中心		挂钢琴线，用内径千分尺	1～2个点
轴瓦与轴承外壳配合	圆柱面配合	着色法	全部
	球面配合		
轴瓦与下部轴颈接触角		轴瓦与轴颈研磨	1次
轴承座油室渗漏试验		煤油试验4h	
轴承座横向水平度		方型水平仪	2～4个点
轴承座轴向水平度			
轴承座与基础板组合缝		塞尺	全部

4. 单元工程施工质量验收评定应提交下列资料：

（1）安装单位应提供的资料包括：调整、安装、测试记录。

（2）监理单位对单元工程安装质量的平行检验资料；监理工程师签署质量复核意见的单元工程安装质量验收评定表及质量检查表。

5. 对于轴瓦与轴承外壳配合项目，上瓦与轴承盖应无间隙，并有0.05mm紧量；表内是指下瓦与轴承座承力面的配合要求；有绝缘要求的轴承座对地绝缘应符合GB/T 8564规定的要求。

6. 表中数值为允许偏差值。

表 6.31   卧式水轮发电机轴承安装单元工程质量验收评定表

单位工程名称				单元工程量		
分部工程名称				安装单位		
单元工程名称、部位				评定日期		

项次	项 目	主控项目/个		一般项目/个	
		合格数	优良数	合格数	优良数
1	单元工程安装质量				
	主要部件调试及操作试验效果				

安装单位自评意见	主要部件调试及操作试验符合要求，各项报验资料符合规定，检验项目全部合格，检验项目优良标准率为_____%，其中主控项目优良标准率为_____%。 单元工程安装质量等级评定为：_____。 （签字，加盖公章） 年 月 日
监理单位复核意见	主要部件调试及操作试验符合要求，各项报验资料符合规定，检验项目全部合格，检验项目优良标准率为_____%，其中主控项目优良标准率为_____%。 单元工程安装质量等级评定为：_____。 （签字，加盖公章） 年 月 日

表 6.31.1　卧式水轮发电机轴承安装单元工程质量检查表

编号：_____

分部工程名称				单元工程名称				
安装部位				安装内容				
安装单位				开/完工日期				

项次		检验项目		质量要求		实测值	合格数	优良数	质量等级
				合格	优良				
主控项目	1	轴瓦与轴颈间隙	顶部	符合设计要求					
			两侧	顶部间隙的一半，两侧间隙差不应超过间隙值的10%					
	2	推力轴瓦接触面积		≥75%总面积	≥80%总面积				
	3	轴瓦与推力轴瓦接触点		1~3个点/cm²					
	4	轴承座中心/mm		0.10	0.08				
一般项目	1	轴瓦与轴承外壳配合	圆柱面配合	≥60%	≥70%				
			球面配合	≥75%	≥80%				
	2	轴瓦与下部轴颈接触角		符合设计要求但不超过60°					
	3	轴承座油室渗漏试验		无异常					
	4	轴承座横向水平度/(mm/m)		≤0.20	≤0.15				
	5	轴承座轴向水平度/(mm/m)		≤0.10	≤0.08				
	6	轴承座与基础板组合缝		符合GB/T 8564的要求					

检查意见：

　　主控项目共_____项，其中合格_____项，优良_____项，合格率_____%，优良率_____%。

　　一般项目共_____项，其中合格_____项，优良_____项，合格率_____%，优良率_____%。

检验人：（签字） 年　月　日	安装单位评定人：（签字） 年　月　日	监理工程师：（签字） 年　月　日

表6.32 灯泡式水轮发电机主要部件安装 单元工程质量验收评定表（含质量检查表）填表要求

填表时必须遵守"填表基本规定"，并应符合下列要求：

1. 单元工程划分：灯泡式发电机的主要部件安装宜划分为一个单元工程。

2. 单元工程量：填写主要部件安装量（t）。

3. 各检验项目的检验方法及检验数量按表F-37、表F-38的要求执行。

表F-37　　　　　灯泡式水轮发电机主要部件安装

检验项目		检验方法	检验数量
定子机座组合缝间隙		塞尺	全部
定子铁芯圆度		挂钢琴线用测杆	不少于12个测点
机壳、顶罩焊缝		超声波探伤仪	全部
轴承支架中心		挂钢琴线用钢板尺	1～2个点
定子铁芯组合缝间隙		塞尺	全部
定子下游侧管形座把合孔分布圆与定子铁芯同心度	无倾斜和偏心结构	挂钢琴线，用钢卷尺	4～8个点
	有倾斜和偏心结构		
机壳、顶罩各法兰圆度			
顶罩各组合缝间隙		塞尺	全部

表F-38　　　　　灯泡式水轮发电机转子安装（转动部件）

检验项目	检验方法	检验数量
镜板水平度	方型水平仪	4～6个点
热套推力头卡环轴向间隙	塞尺	4～8个点
螺栓连接推力头连接面间隙	塞尺	
转子中心体与主轴联轴螺栓伸长值	百分表	全部
转子中心体与上端轴联轴螺栓伸长值	百分表	
定转子之间相对高差	水准仪钢板尺	4～8个点

4. 单元工程施工质量验收评定应提交下列资料：

（1）安装单位应提供的资料包括：清扫检验记录，焊缝质量检验记录，安装、调整、测试记录等，并应由责任人签认。

（2）监理单位对单元工程安装质量的平行检验资料；监理工程师签署质量复核意见的单元工程安装质量验收评定表及质量检查表。

5. 转子组装质量验收评定按照立式水轮发电机转子安装质量要求执行见表6.26。

6. 表中数值为允许偏差值。

表 6.32　　**灯泡式水轮发电机主要部件安装**
单元工程质量验收评定表

单位工程名称		单元工程量	
分部工程名称		安装单位	
单元工程名称、部位		评定日期	

项次	项　　目	主控项目/个		一般项目/个	
		合格数	优良数	合格数	优良数
1	主要部件（不含转子）单元工程安装质量				
2					
	主要部件调试及操作试验效果				

安装单位自评意见	主要部件调试及操作试验符合要求，各项报验资料符合规定，检验项目全部合格，检验项目优良标准率为＿＿＿＿＿％，其中主控项目优良标准率为＿＿＿＿＿％。 单元工程安装质量等级评定为：＿＿＿＿＿。 （签字，加盖公章）　　　年　月　日
监理单位复核意见	主要部件调试及操作试验符合要求，各项报验资料符合规定，检验项目全部合格，检验项目优良标准率为＿＿＿＿＿％，其中主控项目优良标准率为＿＿＿＿＿％。 单元工程安装质量等级评定为：＿＿＿＿＿＿。 （签字，加盖公章）　　　年　月　日

表 6.32.1　灯泡式水轮发电机主要部件安装单元工程质量检查表

编号：_____

分部工程名称				单元工程名称				
安装部位				安装内容				
安装单位				开/完工日期				

项次		检验项目		质量要求		实测值	合格数	优良数	质量等级
				合格	优良				
主控项目	1	定子机座组合缝间隙		螺栓及定位销周围 0.05mm 塞尺不能通过					
	2	定子铁芯圆度		±4.0% 空气间隙	±3.5% 空气间隙				
	3	机壳、顶罩焊缝		符合 GB/T 11345 Ⅱ级焊缝要求					
	4	轴承支架中心/mm		≤0.05	≤0.04				
一般项目	1	定子铁芯组合缝间隙/mm		加垫后应无间隙，铁芯线槽底部径向错牙不大于 0.3					
	2	定子下游侧管形座把合孔分布圆与定子铁芯同心度/mm	无倾斜和偏心结构	中心偏差不大于 1					
			有倾斜和偏心结构	偏心及倾斜角符合图纸要求					
	3	机壳、顶罩各法兰圆度/mm		±0.1% 设计直径且最大不超过 5.0					
	4	顶罩各组合缝间隙		符合 GB/T 8564 要求					

检查意见：

　　主控项目共_____项，其中合格_____项，优良_____项，合格率_____%，优良率_____%。

　　一般项目共_____项，其中合格_____项，优良_____项，合格率_____%，优良率_____%。

检验人：（签字）	评定人：（签字）	监理工程师：（签字）
年　月　日	年　月　日	年　月　日

表 6.32.2 **灯泡式水轮发电机转子安装单元工程**
转动部件安装质量检查表

编号：_____

分部工程名称		单元工程名称	
安装部位		安装内容	
安装单位		开/完工日期	

项次		检验项目	质量要求		实测值	合格数	优良数	质量等级
			合格	优良				
主控项目	1	镜板水平度/(mm/m)	≤0.02	<0.02				
一般项目	1	热套推力头卡环轴向间隙	用 0.02mm 塞尺检查，塞不进					
	2	螺栓连接推力头连接面间隙	用 0.03mm 塞尺检查，塞不进					
	3	转子中心体与主轴联轴螺栓伸长值	设计值的 ±10%	设计值的 ±6%				
	4	转子中心体与上端轴联轴螺栓伸长值						
	5	定转子之间相对高差/mm	不超过定子铁芯有效长度的 ±0.15%，但最大不超过 ±4.0mm	不超过定子铁芯有效长度的 ±0.12%，但最大不超过 ±3.5mm				

检查意见：

主控项目共_____项，其中合格_____项，优良_____项，合格率_____%，优良率_____%。

一般项目共_____项，其中合格_____项，优良_____项，合格率_____%，优良率_____%。

检验人：（签字）	评定人：（签字）	监理工程师：（签字）
年 月 日	年 月 日	年 月 日

表6.33 灯泡式水轮发电机总体安装
单元工程质量验收评定表（含质量检查表）填表要求

填表时必须遵守"填表基本规定"，并应符合下列要求：

1. 单元工程划分：灯泡式发电机的总体安装宜划分为一个单元工程。

2. 单元工程量：填写本单元工程发电机安装量（t）。

3. 各检验项目的检验方法及检验数量按表 F-39 的要求执行。

表 F-39   灯泡式水轮发电机总体安装

检验项目		检验方法	检验数量
空气间隙		塞尺	6～8个点
正反向推力轴瓦总间隙			
主轴与转子连接后盘车检查各部摆度	各轴颈处	百分表	4～6个点
	镜板端面跳动		
	联轴法兰处		
	滑环处		
挡风板与转子径向、轴向间隙		钢板尺	
机组整体严密性试验			全部
组合轴承端面密封间隙		塞尺	
联轴螺栓预紧力		扭力扳手或百分表测伸长值	
定子、转子轴向磁力中心			

4. 单元工程施工质量验收评定应提交下列资料：

（1）安装单位应提供的资料包括：安装质量项目的安装调整记录和试验记录，并由责任人签认。

（2）监理单位对单元工程安装质量的平行检验资料；监理工程师签署质量复核意见的单元工程安装质量验收评定表及质量检查表。

5. 整体或现场组装的灯泡式水轮发电机，应按 GB/T 8564 的规定进行电气试验，并符合要求。

6. 表中数值为允许偏差值。

表 6.33　　灯泡式水轮发电机总体安装单元工程质量验收评定表

单位工程名称		单元工程量	
分部工程名称		安装单位	
单元工程名称、部位		评定日期	

项次	项　　目	主控项目/个		一般项目/个	
		合格数	优良数	合格数	优良数
1	单元工程安装质量				
	主要部件调试及操作试验效果				

安装单位自评意见	主要部件调试及操作试验符合要求，各项报验资料符合规定，检验项目全部合格，检验项目优良标准率为_____%，其中主控项目优良标准率为_____%。 单元工程安装质量等级评定为：_____。 （签字，加盖公章）　　年　月　日
监理单位复核意见	主要部件调试及操作试验符合要求，各项报验资料符合规定，检验项目全部合格，检验项目优良标准率为_____%，其中主控项目优良标准率为_____%。 单元工程安装质量等级评定为：_____。 （签字，加盖公章）　　年　月　日

表 6.33.1　**灯泡式水轮发电机总体安装单元工程质量检查表**

编号：_____

分部工程名称				单元工程名称			
安装部位				安装内容			
安装单位				开/完工日期			

项次		检验项目		质量要求		实测值	合格数	优良数	质量等级
				合格	优良				
主控项目	1	空气间隙		±8%平均间隙	±7%平均间隙				
	2	正反向推力轴瓦总间隙/mm		0.10	0.08				
	3	主轴与转子连接后盘车检查各部摆度/mm	各轴颈处	≤0.03	<0.03				
			镜板端面跳动	≤0.05	≤0.03				
			联轴法兰处	≤0.10	≤0.08				
			滑环处	≤0.20	≤0.15				
一般项目	1	挡风板与转子径向、轴向间隙		0~+20%设计值	0~+15%设计值				
	2	机组整体严密性试验		无渗漏现象					
	3	组合轴承端面密封间隙		符合设计要求					
	4	联轴螺栓预紧力		±10%设计值	±6%设计值				
	5	定子、转子轴向磁力中心		符合 GB/T 8564的规定					

检查意见：

　　主控项目共_____项，其中合格_____项，优良_____项，合格率_____%，优良率_____%。

　　一般项目共_____项，其中合格_____项，优良_____项，合格率_____%，优良率_____%。

检验人：（签字）	评定人：（签字）	监理工程师：（签字）
年　月　日	年　月　日	年　月　日

表6.34 励磁装置及系统安装
单元工程质量验收评定表（含质量检查表）填表要求

填表时必须遵守"填表基本规定"，并应符合下列要求：

1. 单元工程划分：励磁装置及系统安装包括励磁变压器、励磁调节器、功率柜、灭磁开关柜、电制动装置（如果有）以及励磁电缆等，宜划分为一个单元工程。

2. 单元工程量：填写本单元工程励磁装置安装量（t）。

3. 各检验项目的检验方法及检验数量按表F-40的要求执行。

表 F-40　　　　　　　　　　　　励磁装置及系统安装

检验项目	检验方法	检验数量
励磁变压器器身水平/垂直度	框型水平仪	交叉2~4个点
隔离绝缘	兆欧表	全部
盘柜接缝	钢板尺	
盘柜与屏闭电缆接地	检查	
位置、高程	钢卷尺	
电缆敷设	检查	

4. 励磁系统试验可按照《大中型水轮发电机静止整流励磁系统及装置试验规程》（DL/T 489）进行，其试验结果应满足 DL/T 489、《电气设备交接试验标准》（GB 50150）和《大中型水轮发电机静止整流励磁系统及装置技术条件》（DL/T 583）的要求。

5. 励磁系统试验标准，应符合 SL 636—2012 附录 B 的规定。

6. 单元工程施工质量验收评定应提交下列资料：

（1）安装单位应提供的资料包括：各项安装、调整、测试记录等，并应由责任人签认。

（2）监理单位对单元工程安装质量的平行检验资料；监理工程师签署质量复核意见的单元工程安装质量验收评定表及质量检查表。

7. 表中数值为允许偏差值。

表 6.34　　励磁装置及系统安装单元工程质量验收评定表

单位工程名称		单元工程量	
分部工程名称		安装单位	
单元工程名称、部位		评定日期	

项次	项　　目	主控项目/个		一般项目/个	
		合格数	优良数	合格数	优良数
1	单元工程安装质量				
	主要部件调试及操作试验效果				

安装单位自评意见	主要部件调试及操作试验符合要求，各项报验资料符合规定。检验项目全部合格。检验项目优良标准率为_____％，其中主控项目优良标准率为_____％。 单元工程安装质量等级评定为：_____。 　　　　　　　　　　　　　　　　　　　　（签字，加盖公章）　　　年　月　日
监理单位复核意见	主要部件调试及操作试验符合要求，各项报验资料符合规定。检验项目全部合格。检验项目优良标准率为_____％，其中主控项目优良标准率为_____％。 单元工程安装质量等级评定为：_____。 　　　　　　　　　　　　　　　　　　　　（签字，加盖公章）　　　年　月　日

表 6.34.1 励磁装置及系统安装单元工程质量检查表

编号：_____

分部工程名称					单元工程名称					
安装部位					安装内容					
安装单位					开/完工日期					

项次		检验项目	质量要求		实测值	合格数	优良数	质量等级
			合格	优良				
主控项目	1	励磁变压器器身水平/垂直度/(mm/m)	±2.0	±1.5				
	2	隔离绝缘	符合设计要求					
	3	盘柜接缝/mm	≤2.0	≤1.5				
	4	盘柜与屏闭电缆接地	符合设计要求					
一般项目	1	位置、高程/mm	±5	±3				
	2	电缆敷设	整齐美观，盘柜内不存在中间接头，编号正确清晰					

检查意见：

主控项目共_____项，其中合格_____项，优良_____项，合格率_____%，优良率_____%。

一般项目共_____项，其中合格_____项，优良_____项，合格率_____%，优良率_____%。

检验人：（签字）	评定人：（签字）	监理工程师：（签字）
年 月 日	年 月 日	年 月 日

表 6.34.2　　励磁系统试验质量检查表

编号：_____

分部工程名称				单元工程名称		
安装部位				安装内容		
安装单位				试验日期		
项次	检验项目		质量要求	检验结果		质量等级
1	励磁变压器试验					
2	磁场断路器及灭磁开关试验					
3	非线性电阻及过电压保护装置试验		符合 DL/T 489 的规定			
4	功率整流元件的测试					
5	自动励磁调节器试验					
6	启励试验	零起升压试验	升压过程中发电机机端电压上升过程平稳无波动			
		自动升压试验	达到额定电压时，电压超调量不大于额定电压的 10%，振荡次数不超过 3 次，调节时间不大于 5s			
		软启励试验	发电机机端电压上升过程平衡无超调			
7	升降压及逆变灭磁特性试验		升降压变化平稳；逆变时可靠灭磁，无逆变颠覆现象			
8	自动/手动及两套自动调节通道的切换试验		切换过程可靠，发电机电压和无功功率无明显的波动			
9	空载状态下 10% 阶跃响应试验		电压超调量不大于额定电压的 10%，振荡次数不超过 3 次，调节时间不大于 5s			
10	电压整定范围及变化速度测试		自动控制方式下的电压整定范围在 10%～110% 额定定压范围内，在手动或备用控制方式下电压整定范围应在 10%～110% 额定定压范围内，整定电压变化速度应满足每秒不大于额定电压的 1% 且不小于额定电压的 0.3%			
11	测录带自动励磁调节器的发电机电压—频率特性		在 47～52Hz 范围，频率值每变化 1%，机端电压的变化值不大于额定值的 ±0.25%			

项次	检验项目	质量要求	检验结果	质量等级
12	电压/频率限制试验	机组频率降至 47.5Hz 时，电压/频率限制功能应开始动作，随着机组频率降低，机端电压自动降低且转子电流无明显增大；当频率降至 45Hz 时，发电机逆变灭磁		
13	PT 断线模拟试验	励磁调节器从主用通道切至备用通道（或切至手动），机端电压或无功功率基本保持不变；PT 断线恢复后，断线信号应自动复归		
14	整流功率柜均流试验	均流系数不应低于 0.85		
15	发电机电压调差率的测定	机端电压调差率整定范围为 ±15%，级差不大于 1%，调差特性应有较好的线性度		
16	发电机无功负荷调整及甩负荷试验	调整无功均匀无跳变；甩额定无功，电压超调量不大于 15%额定值，振荡次数不超过 3 次，调节时间不大于 5s		
17	发电机在空载和额定工况下的灭磁试验	符合设计要求		
18	过励磁限制功能试验	无功功率应被箝定在限制曲线整定值上且无明显摆动		
19	欠励磁限制功能试验	无功功率应被箝定在限制曲线整定值上且无明显摆动		
20	励磁系统各部分温升试验	励磁系统各部位温升不超过 DL/T 583 中表 1 的规定		
21	励磁装置额定工况下 24h 运行	符合设计要求		

检查意见：

检验人：（签字）	评定人：（签字）	监理工程师：（签字）
年　月　日	年　月　日	年　月　日

表6.35 蝴蝶阀安装单元工程
质量验收评定表（含质量检查表）填表要求

填表时必须遵守"填表基本规定"，并应符合下列要求：

1. 单元工程划分：每台蝴蝶阀的安装宜划分为一个单元工程。

2. 单元工程量：填写本单元工程球阀安装量（t）。

3. 各检验项目的检验方法及检验数量按表 F-41 的要求执行。

表 F-41   蝴 蝶 阀 安 装

检验项目			检验方法	检验数量
阀体水平度及垂直度			方型水平仪	对侧各 1 处
活门关闭状态密封检查	实心橡胶密封、金属硬密封或橡胶密封		塞尺	周向 6～12 个点
	橡胶密封	未充气		
		充气后		
关闭严密性试验			上游充水压，保持 30min，测量漏水量，并折算至设计水头	1 次
活门全开位置			按制造厂规定	
阀体水流方向中心线			钢卷尺	1～2 个点
阀体上下游位置				
锁锭动作试验			现场用液压或手动操作	正反向各 1 处

4. 单元工程施工质量验收评定应提交下列资料：

（1）安装单位应提供的资料包括：蝴蝶阀安装、调整和试验等记录，并由责任人签认。

（2）监理单位对单元工程安装质量的平行检验资料；监理工程师签署质量复核意见的单元工程安装质量验收评定表及质量检查表。

5. 表中数值为允许偏差值。

表 6.35　　**蝴蝶阀安装单元工程质量验收评定表**

单位工程名称		单元工程量	
分部工程名称		安装单位	
单元工程名称、部位		评定日期	

项次	项　目	主控项目/个		一般项目/个	
		合格数	优良数	合格数	优良数
1	单元工程安装质量				
	主要部件调试及操作试验效果				

安装单位自评意见	主要部件调试及操作试验符合要求，各项报验资料符合规定，检验项目全部合格，检验项目优良标准率为_____%，其中主控项目优良标准率为_____%。 单元工程安装质量等级评定为：_____。 　　　　　　　　　　　　　　　　　　　　　　（签字，加盖公章）　　年　月　日
监理单位复核意见	主要部件调试及操作试验符合要求，各项报验资料符合规定，检验项目全部合格，检验项目优良标准率为_____%，其中主控项目优良标准率为_____%。 单元工程安装质量等级评定为：_____。 　　　　　　　　　　　　　　　　　　　　　　（签字，加盖公章）　　年　月　日

表 6.35.1 **蝴蝶阀安装单元工程质量检查表**

编号：_____

分部工程名称				单元工程名称				
安装部位				安装内容				
安装单位				开/完工日期				

项次		检验项目		质量要求		实测值	合格数	优良数	质量等级
				合格	优良				
主控项目	1	阀体水平度及垂直度/(mm/m)		直径大于4m 的，≤0.5mm/m；其他，≤1mm/m	直径大于4m 的，≤0.4mm/m；其他，≤0.8mm/m				
	2	活门关闭状态密封检查	实心橡胶密封、金属硬密封或橡胶密封	无间隙					
			橡胶密封 未充气	±20％设计值	±15％设计值				
			充气后	无间隙					
	3	关闭严密性试验		漏水量不超过设计允许值	漏水量不超过设计允许值的80％				
一般项目	1	活门全开位置		不超过±1°					
	2	阀体水流方向中心线/mm		≤3	≤2				
	3	阀体上下游位置/mm		≤10	≤8				
	4	锁锭动作试验		包括行程开关接点应动作灵活、位置正确					

检查意见：

主控项目共_____项，其中合格_____项，优良_____项，合格率_____％，优良率_____％。

一般项目共_____项，其中合格_____项，优良_____项，合格率_____％，优良率_____％。

检验人：（签字）	评定人：（签字）	监理工程师：（签字）
年 月 日	年 月 日	年 月 日

表6.36 球阀安装
单元工程质量验收评定表（含质量检查表）填表要求

填表时必须遵守"填表基本规定"，并应符合下列要求：

1. 单元工程划分：每台球阀的安装宜划分为一个单元工程。

2. 单元工程量：填写本单元工程球阀安装量（t）。

3. 各检验项目的检验方法及检验数量按表F-42的要求执行。

表F-42 球 阀 安 装

检验项目	检验方法	检验数量
阀体水平度及垂直度	方型水平仪	对侧各1处
关闭严密性试验	上游充水压，保持30min，测量漏水量并折算至设计水头	1次
阀体水流方向中心线	钢卷尺	1～2个点
阀体上下游位置		
工作密封和检修密封与止水面间隙	塞尺	周向4～8个点
密封环行程	钢板尺	周向4～6个点
活门转动检查		4～8个点

4. 单元工程施工质量验收评定应提交下列资料：

（1）安装单位应提供的资料包括：球阀安装、调整和试验等记录，并由责任人签认。

（2）监理单位对单元工程安装质量的平行检验资料；监理工程师签署质量复核意见的单元工程安装质量验收评定表及质量检查表。

5. 表中数值为允许偏差值。

表 6.36　　**球阀安装单元工程质量验收评定表**

单位工程名称		单元工程量	
分部工程名称		安装单位	
单元工程名称、部位		评定日期	

项次	项　目	主控项目/个		一般项目/个	
		合格数	优良数	合格数	优良数
1	单元工程安装质量				
	主要部件调试及操作试验效果				

安装单位自评意见	主要部件调试及操作试验符合要求，各项报验资料符合规定，检验项目全部合格，检验项目优良标准率为_____％，其中主控项目优良标准率为_____％。 单元工程安装质量等级评定为：_____。 <div align="right">（签字，加盖公章）　　　年　月　日</div>
监理单位复核意见	主要部件调试及操作试验符合要求，各项报验资料符合规定，检验项目全部合格，检验项目优良标准率为_____％，其中主控项目优良标准率为_____％。 单元工程安装质量等级评定为：_____。 <div align="right">（签字，加盖公章）　　　年　月　日</div>

表 6.36.1   球阀安装单元工程质量检查表

编号：_____

分部工程名称			单元工程名称				
安装部位			安装内容				
安装单位			开/完工日期				

项次		检验项目	质量要求		实测值	合格数	优良数	质量等级
			合格	优良				
主控项目	1	阀体水平度及垂直度/(mm/m)	直径大于4m 的，≤0.5mm/m；其他，≤1mm/m	直径大于4m 的，≤0.4mm/m；其他，≤0.8mm/m				
	2	关闭严密性试验	漏水量不超过设计允许值	漏水量不超过设计允许值的80%				
一般项目	1	阀体水流方向中心线/mm	≤3	≤2				
	2	阀体上下游位置/mm	≤10	≤8				
	3	工作密封和检修密封与止水面间隙	用 0.05mm 塞尺检查不能通过					
	4	密封环行程	符合设计要求					
	5	活门转动检查	转动灵活，与固定部件的间隙不小于 2					

检查意见：

主控项目共_____项，其中合格_____项，优良_____项，合格率_____%，优良率_____%。

一般项目共_____项，其中合格_____项，优良_____项，合格率_____%，优良率_____%。

检验人：（签字）	评定人：（签字）	监理工程师：（签字）
年 月 日	年 月 日	年 月 日

表6.37 筒形阀安装
单元工程质量验收评定表（含质量检查表）填表要求

填表时必须遵守"填表基本规定"，并应符合下列要求：

1. 单元工程划分：每个筒形阀的安装项目宜划分为一个单元工程。

2. 单元工程量：填写本单元工程筒形阀安装量（t）。

3. 各检验项目的检验方法及检验数量按表F-43的要求执行。

表 F-43　　　　　　　　　　　筒 形 阀 安 装

检验项目	检验方法	检验数量
接力器同步性	上下操作	各1次
密封压板平整度	钢板尺	每块压板
阀体圆度	圆周等分实测8断面以上，每个断面测上、下口，用测杆	2×8个点
阀体与导轨间隙	上、中、下三处塞尺检查，实测4个对称断面	3×4个点
阀体密封面严密度	塞尺和钢卷尺	8~12个点

4. 单元工程施工质量验收评定应提交下列资料：

（1）安装单位应提供的资料包括：各项检查、安装、调整和检验记录等，并应有责任人签认。

（2）监理单位对单元工程安装质量的平行检验资料；监理工程师签署质量复核意见的单元工程安装质量验收评定表及质量检查表。

5. 筒形阀装于座环与活动导叶之间，正式安装前，筒形阀应参与导水机构的预装，并作好配合标记。

6. 表中数值为允许偏差值。

表 6.37　　　筒形阀安装单元工程质量验收评定表

单位工程名称				单元工程量	
分部工程名称				安装单位	
单元工程名称、部位				评定日期	

项次	项　目	主控项目/个		一般项目/个	
		合格数	优良数	合格数	优良数
1	单元工程安装质量				
	主要部件调试及操作试验效果				

安装单位自评意见	主要部件调试及操作试验符合要求，各项报验资料符合规定，检验项目全部合格，检验项目优良标准率为＿＿＿＿％，其中主控项目优良标准率为＿＿＿＿＿％。 　单元工程安装质量等级评定为：＿＿＿＿＿＿。 　　　　　　　　　　　　　　　　　　　（签字，加盖公章）　　　年　月　日
监理单位复核意见	主要部件调试及操作试验符合要求，各项报验资料符合规定，检验项目全部合格，检验项目优良标准率为＿＿＿＿％，其中主控项目优良标准率为＿＿＿＿＿％。 　单元工程安装质量等级评定为：＿＿＿＿＿＿。 　　　　　　　　　　　　　　　　　　　（签字，加盖公章）　　　年　月　日

表 6.37.1   筒形阀安装单元工程质量检查表

编号：_____

分部工程名称				单元工程名称				
安装部位				安装内容				
安装单位				开/完工日期				

项次		检验项目	质量要求		实测值	合格数	优良数	质量等级
			合格	优良				
主控项目	1	接力器同步性	符合设计要求					
	2	密封压板平整度/mm	过流面处不超过±1.0	过流面处不超过±0.8				
一般项目	1	阀体圆度	平均直径的±0.10%	平均直径的±0.08%				
	2	阀体与导轨间隙	不超过设计间隙±10%	不超过设计间隙±8%				
	3	阀体密封面严密度	硬密封局部不大于1.0mm，总长不超过密封面的5%，软密封无间隙	硬密封局部不大于0.8mm，总长不超过密封面的3%，软密封无间隙				

检查意见：

　　主控项目共_____项，其中合格_____项，优良_____项，合格率_____%，优良率_____%。

　　一般项目共_____项，其中合格_____项，优良_____项，合格率_____%，优良率_____%。

检验人：（签字） 年　月　日	评定人：（签字） 年　月　日	监理工程师：（签字） 年　月　日

表6.38 伸缩节安装
单元工程质量验收评定表（含质量检查表）填表要求

填表时必须遵守"填表基本规定"，并应符合下列要求：

1. 单元工程划分：伸缩节的安装宜划分为一个单元工程。

2. 单元工程量：填写本单元工程伸缩节安装量（t）。

3. 各检验项目的检验方法及检验数量按表F-44的要求执行。

表F-44　　　　　　　　　　　伸 缩 节 安 装

检验项目	检验方法	检验数量
充水后漏水量	目测	1次
填料式伸缩节伸缩距离	钢卷尺	4～6个点
焊缝检查	检查原始记录，或抽检	全部

4. 单元工程施工质量验收评定应提交下列资料：

（1）安装单位应提供的资料包括：伸缩节安装、调整和检测记录等，并应由责任人签认。

（2）监理单位对单元工程安装质量的平行检验资料；监理工程师签署质量复核意见的单元工程安装质量验收评定表及质量检查表。

5. 表中数值为允许偏差值。

表 6.38　　**伸缩节安装单元工程质量验收评定表**

单位工程名称				单元工程量	
分部工程名称				安装单位	
单元工程名称、部位				评定日期	

项次	项　目	主控项目/个		一般项目/个	
		合格数	优良数	合格数	优良数
1	单元工程安装质量				
	主要部件调试及操作试验效果				

安装单位自评意见	主要部件调试及操作试验符合要求，各项报验资料符合规定，检验项目全部合格，检验项目优良标准率为_____%，其中主控项目优良标准率为_____%。 单元工程安装质量等级评定为：_____。 （签字，加盖公章）　　　年　月　日
监理单位复核意见	主要部件调试及操作试验符合要求，各项报验资料符合规定，检验项目全部合格，检验项目优良标准率为_____%，其中主控项目优良标准率为_____%。 单元工程安装质量等级评定为：_____。 （签字，加盖公章）　　　年　月　日

表 6.38.1   伸缩节安装单元工程质量检查表

编号：_____

分部工程名称				单元工程名称				
安装部位				安装内容				
安装单位				开/完工日期				

项次		检验项目	质量要求		检验结果	合格数	优良数	质量等级
			合格	优良				
主控项目	1	充水后漏水量	无滴漏					
一般项目	1	填料式伸缩节伸缩距离	符合设计要求					
	2	焊缝检查						

检查意见：

　　主控项目共_____项，其中合格_____项，优良_____项，合格率_____%，优良率_____%。

　　一般项目共_____项，其中合格_____项，优良_____项，合格率_____%，优良率_____%。

检验人：（签字）	评定人：（签字）	监理工程师：（签字）
年　月　日	年　月　日	年　月　日

表6.39 主阀附件和操作机构安装
单元工程质量验收评定表（含质量检查表）填表要求

填表时必须遵守"填表基本规定"，并应符合下列要求：

1. 单元工程划分：主阀的附件和操作机构的安装宜划分为一个单元工程，附件和操作机构包括与蝴蝶阀、球阀配套的油压装置、旁通阀、空气阀、手动阀、接力器以及筒形阀的接力器同步装置等。

2. 单元工程量：填写本单元工程主阀附件和操作机构安装量（t）。

3. 各检验项目的检验方法及检验数量按表F-45的要求执行。

表F-45　　　　　　　　　　主阀附件和操作机构安装

检验项目	检验方法	检验数量
阀门开、关时间	无水状态下用秒表计时	正反各1次
筒形阀操作检查	实测各接力器行程及油压	
操作阀门接力器的位置、水平、垂直度、高程	钢卷尺、方型水平仪或水准仪	全部
旁通阀、空气阀接力器严密性试验	水压或油压试验	
操作系统严密性试验	目测	

4. 单元工程施工质量验收评定应提交下列资料：

（1）安装单位应提供的资料包括：安装、调整和试验记录等，并应由责任人签认。

（2）监理单位对单元工程安装质量的平行检验资料；监理工程师签署质量复核意见的单元工程安装质量验收评定表及质量检查表。

5. 阀门用的油压装置，其安装质量可参照 SL 636—2012 第7章有关规定。

6. 表中数值为允许偏差值。

表 6.39　　主阀附件和操作机构安装单元工程质量验收评定表

单位工程名称			单元工程量		
分部工程名称			安装单位		
单元工程名称、部位			评定日期		
项次	项　目	主控项目/个		一般项目/个	
		合格数	优良数	合格数	优良数
1	单元工程安装质量				
	主要部件调试及操作试验效果				
安装单位自评意见	主要部件调试及操作试验符合要求，各项报验资料符合规定，检验项目全部合格，检验项目优良标准率为_____%，其中主控项目优良标准率为_____%。 单元工程安装质量等级评定为：_____。 （签字，加盖公章）　　　年　月　日				
监理单位复核意见	主要部件调试及操作试验符合要求，各项报验资料符合规定，检验项目全部合格，检验项目优良标准率为_____%，其中主控项目优良标准率为_____%。 单元工程安装质量等级评定为：_____。 （签字，加盖公章）　　　年　月　日				

表 6.39.1　主阀附件和操作机构安装单元工程质量检查表

编号：＿＿＿＿＿＿＿＿＿＿＿

分部工程名称				单元工程名称			
安装部位				安装内容			
安装单位				开/完工日期			

项次		检验项目	质量要求		检验结果	合格数	优良数	质量等级
			合格	优良				
主控项目	1	阀门开、关时间	符合设计要求					
		筒形阀操作检查	同步偏差符合要求					
一般项目	1	操作阀门接力器的位置、水平、垂直度、高程	符合GB/T 8564的规定	合格偏差值的80%				
	2	旁通阀、空气阀接力器严密性试验	符合GB/T 8564的要求					
	3	操作系统严密性试验	在1.25倍工作压力下30min无渗漏					

检查意见：

　　主控项目共＿＿＿＿项，其中合格＿＿＿＿项，优良＿＿＿＿项，合格率＿＿＿＿%，优良率＿＿＿＿%。

　　一般项目共＿＿＿＿项，其中合格＿＿＿＿项，优良＿＿＿＿项，合格率＿＿＿＿%，优良率＿＿＿＿%。

检验人：（签字）　　　　　年　月　日	评定人：（签字）　　　　　年　月　日	监理工程师：（签字）　　　　　年　月　日

表6.40 机组管路安装
单元工程质量验收评定表（含质量检查表）填表要求

填表时必须遵守"填表基本规定"，并应符合下列要求：

1. 单元工程划分：机组的管路焊接和安装宜划分为一个单元工程。

2. 单元工程量：填写本单元工程机组管路安装量（t）。

3. 各检验项目的检验方法及检验数量按表 F-46 的要求执行。

表 F-46
机 组 管 路 安 装

检验项目	检验方法	检验数量
工地加工管件强度耐压试验	1.5 倍额定工作压力水压试验，但不小于 0.4MPa，保持 10min。可检查记录	全部
管路严密性耐压试验	1.25 倍实际工作压力保持 30min	1 次
管路过缝处理	目测	全部
明管位置和高程		
明管水平偏差	钢尺	1/3～1/2
明管垂直偏差		
管路支架	目测	抽查 1/3
通流试验	通入相应介质检查	全部
油管路清洁度	查清洗记录，对怀疑处抽检	
管路焊口错牙	钢板尺	全部
焊缝检查	目测	

4. 单元工程施工质量验收评定应提交下列资料：

（1）安装单位应提供的资料包括：安装、检验记录和焊缝的检验记录等，并应由责任人签认。

（2）监理单位对单元工程安装质量的平行检验资料；监理工程师签署质量复核意见的单元工程安装质量验收评定表及质量检查表。

5. 油管路不应采用焊制弯头，钢制油管道内壁应按设计要求进行酸洗、中和及钝化处理或按《水轮发电机组安装技术规范》（GB/T 8564）附录 D 处理。

6. 无压排水、排油管路应按设计要求顺坡敷设。测压管路应尽量减少急弯，不应出现倒坡。

7. 表中数值为允许偏差值。

表 6.40 机组管路安装单元工程质量验收评定表

单位工程名称		单元工程量	
分部工程名称		安装单位	
单元工程名称、部位		评定日期	

项次	项　目	主控项目/个		一般项目/个	
		合格数	优良数	合格数	优良数
1	单元工程安装质量				
	主要部件调试及操作试验效果				

安装单位自评意见	主要部件调试及操作试验符合要求，各项报验资料符合规定，检验项目全部合格，检验项目优良标准率为_____%，其中主控项目优良标准率为_____%。 单元工程安装质量等级评定为：_____。 （签字，加盖公章）　　　年　月　日
监理单位复核意见	主要部件调试及操作试验符合要求，各项报验资料符合规定，检验项目全部合格，检验项目优良标准率为_____%，其中主控项目优良标准率为_____%。 单元工程安装质量等级评定为：_____。 （签字，加盖公章）　　　年　月　日

＿＿＿＿＿＿＿＿＿＿＿＿＿＿＿＿工程

表 6.40.1　机组管路安装单元工程质量检查表

编号：＿＿＿＿＿＿＿＿＿＿＿＿

分部工程名称					单元工程名称				
安装部位					安装内容				
安装单位					开/完工日期				

项次		检验项目	质量要求		实测值	合格数	优良数	质量等级
			合格	优良				
主控项目	1	工地加工管件强度耐压试验	无渗漏及裂纹等异常现象					
	2	管路严密性耐压试验	无渗漏现象					
一般项目	1	管路过缝处理	符合设计要求					
	2	明管位置和高程	≤10mm	≤8mm				
	3	明管水平偏差	不超过0.15％，且不超过20mm	不超过0.12％，且不超过15mm				
	4	明管垂直偏差	不超过0.2％，且不超过15mm	不超过0.15％，且不超过12mm				
	5	管路支架	牢固不晃动					
	6	通流试验	通畅，不堵塞					
	7	油管路清洁度	符合设计要求					
	8	管路焊口错牙	不超过壁厚20％且不大于2.0mm	不超过壁厚15％且不大于1.5mm				
	9	焊缝检查	表面无裂纹、夹渣、气孔，咬边深度小于0.5mm，长度不超过10％焊缝长	无裂纹、夹渣、气孔和咬边等缺陷				

检查意见：

　　主控项目共＿＿＿＿项，其中合格＿＿＿＿项，优良＿＿＿＿项，合格率＿＿＿＿％，优良率＿＿＿＿％。

　　一般项目共＿＿＿＿项，其中合格＿＿＿＿项，优良＿＿＿＿项，合格率＿＿＿＿％，优良率＿＿＿＿％。

检验人：（签字） 年　月　日	评定人：（签字） 年　月　日	监理工程师：（签字） 年　月　日

709

7 水力机械辅助设备系统安装工程

水力机械辅助设备系统安装工程填表说明

1. 本章表格适用于符合水轮发电机组的水力机械辅助设备系统安装工程单元工程施工质量验收评定：

（1）单机容量 15MW 及以上。

（2）冲击式水轮机，转轮名义直径 1.5m 及以上。

（3）反击式水轮机中的混流式水轮机，转轮名义直径 2.0m 及以上；轴流式、斜流式、贯流式水轮机，转轮名义直径 3.0m 及以上。

单机容量和水轮机转轮名义直径小于上述规定的，以及其他水利水电工程中的水力机械辅助设备系统也可参照执行。

2. 单元工程安装质量验收评定，应在单元工程检验项目的检验结果达到《水利水电工程单元工程施工质量验收评定标准——水力机械辅助设备系统安装工程》（SL 637—2012）的要求和具有完备的施工记录基础上进行。

3. 单位工程、分部工程名称：应按《项目划分表》确定的名称填写。单元工程名称、部位：填写《项目划分表》确定的本单元工程设备名称及部位。

4. 单元工程质量检查表表头上方的"编号"宜参照工程档案管理有关要求并由工程项目参建各方研究确定。设计值按设计文件及设备技术文件要求填写，并将设计值用括号"（ ）"标出。检测值填写实际测量值。

5. 单元工程安装质量检验项目分为主控项目和一般项目。安装质量标准中的优良、合格标准采用同一标准的，其质量标准的评定由监理单位（建设单位）会同安装单位商定。

6. 主控项目和一般项目中的合格数是指达到合格及以上质量标准的项目个数。

7. 单元工程安装质量检验项目质量标准分合格和优良两级：

（1）合格等级标准：

1）主控项目检测点应 100％符合合格标准。

2）一般项目检测点应 90％及以上符合合格标准，其余虽有微小偏差，但不影响使用。

（2）优良等级标准：在合格标准基础上，主控项目和一般项目的所有检测点应 90％及以上符合优良标准。

8. 单元工程安装质量评定分为合格和优良两个等级：

（1）合格等级标准：

1）各检验项目均达到合格等级及以上标准。

2）主要部件的调试及操作试验应符合 SL 637—2012 和相关专业标准的规定。

3）各项报验资料应符合 SL 637—2012 的要求。

（2）优良等级标准：在合格等级标准基础上，有 70％及以上的检验项目应达到优良标准，其中主控项目应全部达到优良标准。

9. 单元工程安装质量具备下列条件后验收评定：①单元工程所有施工项目已完成，并自检合格，施工现场具备验收的条件；②单元工程所有施工项目的有关质量缺陷已处理完毕或有监理单位批准的处理意见。

10. 单元工程安装质量按下列程序进行验收评定：①施工单位对已经完成的单元工程安装质量进行自检，并填写检验记录；②自检合格后，填写单元工程施工质量验收评定表，向监理单位申请复核；③监理单位收到申请后，应在一个工作日内进行复核，并核定单元工程质量等级；④重要隐蔽单元工程和关键部位单元工程施工质量的验收评定应由建设单位（或委托监理单位）主持，由建设、设计、监理、施工等单位的代表组成联合小组，共同验收评定，并在验收前通知工程质量监督机构。

11. 监理复核单元工程安装质量包括下列内容：①应逐项核查报验资料是否真实、齐全、完整；②对照有关图纸及有关技术文件，复核单元工程质量是否达到 SL 637—2012 的要求；③检查已完单元工程遗留问题的处理情况，核定本单元工程安装质量等级，复核合格后签署验收意见，履行相关手续；④对验收中发现的问题提出处理意见。

表7.1 空气压缩机（含附属设备）安装
单元工程质量验收评定表（含质量检查表）填表要求

填表时必须遵守"填表基本规定"，并应符合下列要求：

1. 单元工程划分：一台或数台同型号的空气压缩机安装宜划分为一个单元工程。

2. 单元工程量：填写本单元工程空气压缩机台数及主要技术数据。

3. 各检验项目的检验方法及检验数量按表 G-1、表 G-2 的要求执行。

表 G-1　　　　　　　空气压缩机（含附属设备）安装

检验项目		检验方法	检验数量
机座纵、横向水平度		水平仪	均布，不少于 4 个点
辅助设备安装位置	平面位置	钢板尺、钢卷尺	
	高程	水准仪或全站仪、钢板尺、钢卷尺	
皮带轮端面垂直度		水平仪、吊垂线、钢板尺、钢卷尺	
皮带轮端面同面性		百分表、塞尺	
空气压缩机内部清理		观察、检测	全部检查

表 G-2　　　　　　　空气压缩机附属设备安装

检查项目	检验方法	检验数量
管口方位、地脚螺栓和基础位置	钢板尺、钢卷尺、水平仪	全部检查
附属管道	观察、检测	
管道与空气压缩机之间的连接		

4. 单元工程施工质量验收评定应提交下列资料：

（1）安装单位应提供的资料包括：空气压缩机（含附属设备）安装、调试、检验、检测记录以及试运转检验记录。

（2）监理单位对单元工程安装质量的平行检验资料；监理工程师签署质量复核意见的单元工程安装质量验收评定表及质量检查表。

5. 表中数值为允许偏差值。

表 7.1　　空气压缩机安装单元工程质量验收评定表

单位工程名称		单元工程量	
分部工程名称		安装单位	
单元工程名称、部位		评定日期	

项次	项　目	主控项目/个		一般项目/个	
		合格数	优良数	合格数	优良数
1	空气压缩机单元工程安装质量				
2	空气压缩机附属设备单元工程安装质量				
各项试验和试运转效果					

安装单位自评意见	各项试验和单元工程试运转符合要求，各项报验资料符合规定，检验项目全部合格，检验项目优良标准率为＿＿＿＿％，其中主控项目优良标准率为＿＿＿＿％。 　　单元工程安装质量等级评定为：＿＿＿＿。 （签字，加盖公章）　　　年　月　日
监理单位复核意见	各项试验和单元工程试运转符合要求，各项报验资料符合规定，检验项目全部合格，检验项目优良标准率为＿＿＿＿％，其中主控项目优良标准率为＿＿＿＿％。 　　单元工程安装质量等级评定为：＿＿＿＿。 （签字，加盖公章）　　　年　月　日

_____工程

表 7.1.1　　空气压缩机安装单元工程质量检查表

编号：_____

分部工程名称				单元工程名称				
安装部位				安装内容				
安装单位				开/完工日期				

项次		检验项目	质量要求 合格	质量要求 优良	实测值	合格数	优良数	质量等级
主控项目	1	机座纵、横向水平度/(mm/m)	0.10	0.08				
	2	辅助设备安装位置　平面位置/mm	±10	±5				
	3	高程/mm	+20 −10	+10 −5				
一般项目	1	皮带轮端面垂直度/(mm/m)	0.50	0.30				
	2	皮带轮端面同面性/mm	0.50	0.20				
	3	空气压缩机内部清理	畅通、无异物					

检查意见：

　　主控项目共_____项，其中合格_____项，优良_____项，合格率_____%，优良率_____%。

　　一般项目共_____项，其中合格_____项，优良_____项，合格率_____%，优良率_____%。

检验人：（签字）　　　　　　年　月　日	评定人：（签字）　　　　　　年　月　日	监理工程师：（签字）　　　　　　年　月　日

717

表 7.1.2   空气压缩机附属设备安装单元工程质量检查表

编号：_____

分部工程名称				单元工程名称				
安装部位				安装内容				
安装单位				开/完工日期				

项次		检验项目	质量要求		实测值	合格数	优良数	质量等级
			合格	优良				
主控项目	1	管口方位、地脚螺栓和基础的位置	符合设计要求					
一般项目	1	附属管道	清洁、畅通					
	2	管道与空气压缩机之间的连接	符合设计要求					

检查意见：

主控项目共_____项，其中合格_____项，优良_____项，合格率_____%，优良率_____%。

一般项目共_____项，其中合格_____项，优良_____项，合格率_____%，优良率_____%。

| 检验人：（签字）

年 月 日 | 评定人：（签字）

年 月 日 | 监理工程师：（签字）

年 月 日 |

表 7.1.3　　空气压缩机安装单元工程试运转质量检查表

编号：_____

分部工程名称				单元工程名称	
安装部位				安装内容	
安装单位				试运转日期	

项次		检验项目	试运转要求	试运转情况	结果
空载试运转 （5min、30min 和 2h 以上）	1	每次启动运转前空气压缩机润滑情况	均正常		
	2	运转中油压、油温和各摩擦部位的温度	均符合设备技术文件的规定		
	3	运转中各运动部件声音检查	无异常声响		
	4	各紧固件检查	无松动		
带负荷试运转（按额定压力 25％连续运转 1h，额定压力 50％、75％各连续运转 2h，额定压力下连续运转不小于 3h）	1	运转中油压	≥0.1MPa		
	2	曲轴箱或机身内润滑油的温度	≤70℃		
	3	渗油	无		
	4	漏气	无		
	5	漏水	无		
	6	各级排气、排水温度	符合设备技术文件的规定		
	7	各级安全阀动作	压力正确，动作灵敏		
	8	自动控制装置	灵敏、可靠		
	9	振动值	符合设备技术文件的有关规定		

检查意见：

检验人：（签字） 年　月　日	评定人：（签字） 年　月　日	监理工程师：（签字） 年　月　日

表7.2 离心通风机安装
单元工程质量验收评定表（含质量检查表）填表要求

填表时必须遵守"填表基本规定"，并应符合下列要求：

1. 单元工程划分：一台或数台同型号的离心通风机安装宜划分为一个单元工程。

2. 单元工程量：填写本单元工程离心通风机台数及型号。

3. 各检验项目的检验方法及检验数量按表 G-3 的要求执行。

表 G-3　　　　　　　　　　　　离心通风机安装

检验项目		检验方法	检验数量
轴承孔对主轴轴线在平面内的对称度		塞尺、百分表	
机壳进风口或密封圈与叶轮进口圈的轴向插入深度			
辅助设备安装位置	平面位置	钢板尺、钢卷尺	
	高程	水准仪或全站仪、钢板尺、钢卷尺	
轴承箱纵、横向水平度		水平仪	
左、右分开式轴承箱中分面纵、横向水平度			
主轴轴颈水平度			均布，不少于 4 个点
轴承箱两侧密封径向间隙之差		塞尺、百分表	
滑动轴承轴瓦与轴颈安装			
机壳与转子同轴度		拉线、钢板尺、钢卷尺	
进风口与叶轮之间径向间隙		塞尺、百分表	
联轴器端面间隙			
联轴器径向位移			
轴线倾斜度			
风机内部清理		观察、检测	全部

4. 单元工程施工质量验收评定应提交下列资料：

（1）安装单位应提供的资料包括：离心通风机安装、调试、检验、检测记录以及试运转检验记录。

（2）监理单位对单元工程安装质量的平行检验资料；监理工程师签署质量复核意见的单元工程安装质量验收评定表及质量检查表。

5. 本验收表及检查表适用于现场组装的离心通风机安装质量标准，整体到货的离心通风机的安装质量标准应符合设备技术文件的有关规定。

6. 表中数值为允许偏差值。

表 7.2　　离心通风机安装单元工程质量验收评定表

单位工程名称				单元工程量	
分部工程名称				安装单位	
单元工程名称、部位				评定日期	

项次	项　目	主控项目/个		一般项目/个	
		合格数	优良数	合格数	优良数
1	单元工程安装质量				
	各项试验和试运转效果				

安装单位自评意见	各项试验和单元工程试运转符合要求，各项报验资料符合规定，检验项目全部合格，检验项目优良标准率为_____％，其中主控项目优良标准率为_____％。 单元工程安装质量等级评定为：_____。 　　　　　　　　　　　　　　　　　　　　　（签字，加盖公章）　　　年　月　日
监理单位复核意见	各项试验和单元工程试运转符合要求，各项报验资料符合规定，检验项目全部合格，检验项目优良标准率为_____％，其中主控项目优良标准率为_____％。 单元工程安装质量等级评定为：_____。 　　　　　　　　　　　　　　　　　　　　　（签字，加盖公章）　　　年　月　日

表 7.2.1　　离心通风机安装单元工程质量检查表

编号：_____

分部工程名称				单元工程名称				
安装部位				安装内容				
安装单位				开/完工日期				

项次		检验项目		质量要求		实测值	合格数	优良数	质量等级
				合格	优良				
主控项目	1	轴承孔对主轴轴线在平面内的对称度/mm		0.06					
	2	机壳进风口或密封圈与叶轮进口圈的轴向插入深度		符合设备技术文件的规定或 $D/100$（D为叶轮外径，mm）					
	3	辅助设备安装位置	平面位置/mm	±10	±5				
	4		高程/mm	+20 −10	+10 −5				
一般项目	1	轴承箱纵、横向水平度		符合设备技术文件的规定					
	2	左、右分开式轴承箱中分面纵、横向水平度/(mm/m)		纵向：0.04 横向：0.08					
	3	主轴轴颈水平度/(mm/m)		0.04					
	4	轴承箱两侧密封径向间隙之差/mm		0.06					
	5	滑动轴承轴瓦与轴颈安装		符合设备技术文件的规定					
	6	机壳与转子同轴度		2	1				
	7	进风口与叶轮之间径向间隙/mm		符合设备技术文件的规定或（1.5～3)D/1000（D为叶轮外径)					
	8	联轴器端面间隙		符合设备技术文件的规定					
	9	联轴器径向位移/mm		0.025					
	10	轴线倾斜度/(mm/m)		0.20	0.10				
	11	风机内部清理		畅通、无异物					

检查意见：

　　主控项目共_____项，其中合格_____项，优良_____项，合格率_____%，优良率_____%。

　　一般项目共_____项，其中合格_____项，优良_____项，合格率_____%，优良率_____%。

检验人：（签字）	评定人：（签字）	监理工程师：（签字）
年　月　日	年　月　日	年　月　日

表 7.2.2　　离心通风机安装单元工程试运转质量检查表

编号：_____

分部工程名称		单元工程名称	
安装部位		安装内容	
安装单位		试运转日期	

	项次	检验项目	试运转要求	试运转情况	结果
离心通风机试运转（不少于2h）	1	运行各部位检查	无异常现象和摩擦声响		
	2	轴承温升	滚动轴承不超过环境温度40℃，滑动轴承运行温度不超过65℃		
	3	轴承部位的振动速度有效值（均方根速度值）	≤6.3mm/s		
	4	具有滑动轴承的大型通风机轴承检查	轴承无异常		
	5	电动机电流	不超过额定值		
	6	安全、保护和电控装置及仪表	均灵敏、正确、可靠		

检查意见：

检验人：（签字）	评定人：（签字）	监理工程师：（签字）
年　月　日	年　月　日	年　月　日

表7.3 轴流通风机安装
单元工程质量验收评定表（含质量检查表）填表要求

填表时必须遵守"填表基本规定"，并应符合下列要求：

1. 单元工程划分：视工程量，将一台或数台同型号的轴流通风机安装宜划分为一个单元工程。

2. 单元工程量：填写本单元工程轴流通风机台数及型号。

3. 各检验项目的检验方法及检验数量按表 G-4 的要求执行。

表 G-4 轴流通风机安装

检验项目		检验方法	检验数量
垂直剖分机组主轴和进气室的同轴度		塞尺、百分表	均布，不少于 4 个点
左、右分开式轴承座两轴承孔与主轴颈的同轴度			
叶轮与主体风筒间隙或对应两侧间隙差			
辅助设备安装位置	平面位置	钢板尺、钢卷尺	
	高程	水准仪或全站仪、钢板尺、钢卷尺	
机座纵、横向水平度		水平仪	
水平剖分、垂直剖分机组纵、横向水平度			
立式机组水平度			
叶片安装角度		样板	
联轴器端面间隙		塞尺、百分表	
联轴器径向位移			
轴线倾斜度			
风机内部清理		观察、检测	全部检查

4. 单元工程施工质量验收评定应提交下列资料：

（1）安装单位应提供的资料包括：轴流通风机安装、调试、检验、检测记录以及试运转检验记录。

（2）监理单位对单元工程安装质量的平行检验资料；监理工程师签署质量复核意见的单元工程安装质量验收评定表及质量检查表。

5. 本验收表及检查表适用于现场组装的轴流通风机安装质量标准，整体到货的轴流通风机的安装质量标准应符合设备技术文件的有关规定。

6. 表中数值为允许偏差值。

表 7.3 **轴流通风机安装单元工程质量验收评定表**

单位工程名称		单元工程量	
分部工程名称		安装单位	
单元工程名称、部位		评定日期	

项次	项　目	主控项目/个		一般项目/个	
		合格数	优良数	合格数	优良数
1	单元工程安装质量				
	各项试验和试运转效果				

安装单位自评意见	各项试验和单元工程试运转符合要求，各项报验资料符合规定，检验项目全部合格，检验项目优良标准率为＿＿＿＿＿％，其中主控项目优良标准率为＿＿＿＿＿％。 单元工程安装质量等级评定为：＿＿＿＿＿。 （签字，加盖公章）　　年　月　日
监理单位复核意见	各项试验和单元工程试运转符合要求，各项报验资料符合规定，检验项目全部合格，检验项目优良标准率为＿＿＿＿＿％，其中主控项目优良标准率为＿＿＿＿＿％。 单元工程安装质量等级评定为：＿＿＿＿＿。 （签字，加盖公章）　　年　月　日

表 7.3.1　　轴流通风机安装单元工程质量检查表

编号：_____

分部工程名称				单元工程名称				
安装部位				安装内容				
安装单位				开/完工日期				

项次		检验项目	质量要求		实测值	合格数	优良数	质量等级
			合格	优良				
主控项目	1	垂直剖分机组主轴和进气室的同轴度	2	1				
	2	左、右分开式轴承座两轴承孔与主轴颈的同轴度	0.1	0.08				
	3	叶轮与主体风筒间隙或对应两侧间隙差/mm	符合设备技术文件的规定，或 $D \leqslant 600$ 时不大于 ± 0.5，$600 < D < 1200$ 时不大于 ± 1.0（D 为叶轮外径）					
	4	辅助设备安装位置	平面位置/mm	± 10	± 5			
	5		高程/mm	$+20$ -10	$+10$ -5			
一般项目	1	机座纵、横向水平度/(mm/m)	0.20	0.10				
	2	水平剖分、垂直剖分机组纵、横向水平度/(mm/m)	0.10	0.08				
	3	立式机组水平度/(mm/m)						
	4	叶片安装角度	符合设备技术文件的规定，允许偏差 $\pm 2°$					
	5	联轴器端面间隙	符合设备技术文件的规定					
	6	联轴器径向位移/mm	0.025					
	7	轴线倾斜度/(mm/m)	0.20	0.10				
	8	风机内部清理	畅通、无异物					

检查意见：

主控项目共_____项，其中合格_____项，优良_____项，合格率_____%，优良率_____%。

一般项目共_____项，其中合格_____项，优良_____项，合格率_____%，优良率_____%。

检验人：（签字）	评定人：（签字）	监理工程师：（签字）
年　月　日	年　月　日	年　月　日

表 7.3.2 **轴流通风机安装单元工程**
试运转质量检查表

编号：_____

分部工程名称				单元工程名称	
安装部位				安装内容	
安装单位				试运转日期	

项次		检验项目	试运转要求	试运转情况	结果
轴流通风机试运转（不少于6h）	1	运转各部位检查	无异常现象		
	2	电动机电流	不大于其额定值		
	3	风机运转状态	无停留于喘振工况内的现象		
	4	轴承温度	滚动轴承正常工作温度不大于 70℃；瞬时最高温度不大于 95℃，温升不超过 55℃；滑动轴承的正常工作温度不大于 75℃		
	5	风机轴承的振动速度	有效值不大于 6.3mm/s		
	6	停机后应检查管道的密封性和叶顶间隙	无异常现象		
	7	安全、保护和电控装置及仪表	均灵敏、正确、可靠		

检查意见：

检验人：（签字）	评定人：（签字）	监理工程师：（签字）
年 月 日	年 月 日	年 月 日

表7.4　离心泵安装
单元工程质量验收评定表（含质量检查表）填表要求

填表时必须遵守"填表基本规定"，并应符合下列要求：

1. 单元工程划分：一台或数台同型号的离心泵安装宜划分为一个单元工程。

2. 单元工程量：填写本单元工程离心泵台数。

3. 各检验项目的检验方法及检验数量按表 G-5 的要求执行。

表 G-5　　　　　　　　　离 心 泵 安 装

检验项目		检验方法	检验数量
叶轮和密封环间隙		压铅法、塞尺、百分表	均布，不少于 4 个点
联轴器径向位移		钢板尺、塞尺、百分表	
轴线倾斜度			
辅助设备安装位置	平面位置	钢板尺、钢卷尺	
	高程	水准仪或全站仪、钢板尺、钢卷尺	
机座纵、横向水平度		水平仪	
多级泵叶轮轴向间隙		钢板尺、塞尺、百分表	
联轴器端面间隙			
离心泵内部清理		观察、检测	全部检验

4. 单元工程施工质量验收评定应提交下列资料：

（1）安装单位应提供的资料包括：离心泵安装、调试、检验、检测记录以及试运转检验记录。

（2）监理单位对单元工程安装质量的平行检验资料；监理工程师签署质量复核意见的单元工程安装质量验收评定表及质量检查表。

5. 填料密封泄漏量允许值见表 G-6。

表 G-6　　　　　　填料密封泄漏量允许值

水泵设计流量/(m³/h)	≤50	50~100	100~300	300~1000	>1000
泄漏量/(mL/min)	15	20	30	40	60

6. 设计值按设计图填写，并将设计值用括号"（ ）"标出，检测值填写实际测量值。

7. 表中数值为允许偏差值。

表 7.4   离心泵安装单元工程质量验收评定表

单位工程名称		单元工程量	
分部工程名称		安装单位	
单元工程名称、部位		评定日期	

项次	项　目	主控项目/个		一般项目/个	
		合格数	优良数	合格数	优良数
1	单元工程安装质量				
	各项试验和试运转效果				

安装单位自评意见	各项试验和单元工程试运转符合要求，各项报验资料符合规定，检验项目全部合格，检验项目优良标准率为_____%，其中主控项目优良标准率为_____%。 单元工程安装质量等级评定为：_____。 （签字，加盖公章）　　　年　月　日
监理单位复核意见	各项试验和单元工程试运转符合要求，各项报验资料符合规定，检验项目全部合格，检验项目优良标准率为_____%，其中主控项目优良标准率为_____%。 单元工程安装质量等级评定为：_____。 （签字，加盖公章）　　　年　月　日

表 7.4.1 **离心泵安装单元工程质量检查表**

编号：＿＿＿＿＿＿＿＿＿＿

分部工程名称				单元工程名称		
安装部位				安装内容		
安装单位				开/完工日期		

项次		检验项目		质量要求		实测值	合格数	优良数	质量等级
				合格	优良				
主控项目	1	叶轮和密封环间隙		符合设备技术文件的规定					
	2	联轴器径向位移							
	3	轴线倾斜度/(mm/m)		0.20	0.10				
	4	辅助设备安装位置	平面位置/mm	±10	±5				
	5		高程/mm	+20 −10	+10 −5				
一般项目	1	机座纵、横向水平度/(mm/m)		0.10	0.08				
	2	多级泵叶轮轴向间隙		大于推力头轴向间隙					
	3	联轴器端面间隙		符合设备技术文件的规定					
	4	离心泵内部清理		畅通、无异物					

检查意见：

主控项目共＿＿＿＿项，其中合格＿＿＿＿项，优良＿＿＿＿项，合格率＿＿＿＿%，优良率＿＿＿＿%。

一般项目共＿＿＿＿项，其中合格＿＿＿＿项，优良＿＿＿＿项，合格率＿＿＿＿%，优良率＿＿＿＿%。

检验人：（签字）	评定人：（签字）	监理工程师：（签字）
年 月 日	年 月 日	年 月 日

表 7.4.2　　离心泵安装单元工程试运转质量检查表

编号：＿＿＿＿＿＿＿＿＿＿＿

分部工程名称			单元工程名称	
安装部位			安装内容	
安装单位			试运转日期	

项次		检验项目	试运转要求	试运转情况	结果
离心泵试运转（在额定负荷下试运转不小于2h）	1	各固定连接部位检查	无松动、渗漏现象		
	2	转子及各运动部件检查	运转正常，无异常声响和摩擦现象		
	3	附属系统检查	运转正常，管道连接牢固无渗漏		
	4	轴承温度	滑动轴承的温度不大于70℃，滚动轴承的温度不大于80℃		
	5	各润滑点的润滑油温度、密封液和冷却水的温度	均符合设备技术文件的规定		
	6	机械密封的泄漏量	≤5mL/h，填料密封的泄漏量不大于表G-6的规定，且温升正常		
	7	水泵压力、流量	符合设计规定		
	8	测量轴承体处振动值	在运转无空蚀的条件下测量；振动速度有效值的测量方法按GB/T 10889的有关规定执行		
	9	电动机电流	不超过额定值		
	10	安全、保护和电控装置及各部分仪表	均灵敏、正确、可靠		

检查意见：

检验人：（签字） 年 月 日	评定人：（签字） 年 月 日	监理工程师：（签字） 年 月 日

表7.5 水环式真空泵（含气水分离器）安装
单元工程质量验收评定表（含质量检查表）填表要求

填表时必须遵守"填表基本规定"，并应符合下列要求：

1. 单元工程划分：一台或数台同型号的水环式真空泵安装宜划分为一个单元工程。

2. 单元工程量：填写本单元工程水环式真空泵台数。

3. 各检验项目的检验方法及检验数量按表 G-7、表 G-8 的要求执行。

表 G-7 　　　　　　　　　　水环式真空泵安装

检验项目		检验方法	检验数量
联轴器径向位移		钢板尺、百分表、塞尺	均布，不少于 4 个点
轴线倾斜度			
辅助设备安装位置	平面位置	钢板尺、钢卷尺	
	高程	水准仪或全站仪、钢板尺、钢卷尺	
机座纵、横向水平度		水平仪	
联轴器端面间隙		钢板尺、塞尺、百分表	
真空泵内部清理		观察、检测	全部检查

表 G-8 　　　　　　　　　　气水分离器安装

检验项目		检验方法	检验数量
本体水平度		钢板尺、钢卷尺、水平仪	均布，不少于 4 个点
辅助设备安装位置	平面位置	钢板尺、钢卷尺	
	高程	水准仪或全站仪、钢板尺、钢卷尺	
本体中心			
进水孔与外部供水管连接管道		观察、检测	全部检查
气水分离器内部清理			

4. 单元工程施工质量验收评定应提交下列资料：

（1）安装单位应提供的资料包括：水环式真空泵安装、调试、检验、检测记录以及试运转检验记录。

（2）监理单位对单元工程安装质量的平行检验资料；监理工程师签署质量复核意见的单元工程安装质量验收评定表及质量检查表。

5. 表中数值为允许偏差值。

表 7.5   水环式真空泵安装单元工程质量验收评定表

单位工程名称			单元工程量		
分部工程名称			安装单位		
单元工程名称、部位			评定日期		

项次	项 目	主控项目/个		一般项目/个	
		合格数	优良数	合格数	优良数
1	水环式真空泵单元工程安装质量				
2	气水分离泵单元工程安装质量				
	各项试验和试运转效果				

安装单位自评意见	各项试验和单元工程试运转符合要求，各项报验资料符合规定，检验项目全部合格，检验项目优良标准率为_____%，其中主控项目优良标准率为_____%。 单元工程安装质量等级评定为：_____。 （签字，加盖公章） 年 月 日
监理单位复核意见	各项试验和单元工程试运转符合要求，各项报验资料符合规定，检验项目全部合格，检验项目优良标准率为_____%，其中主控项目优良标准率为_____%。 单元工程安装质量等级评定为：_____。 （签字，加盖公章） 年 月 日

表 7.5.1　　水环式真空泵安装单元工程质量检查表

编号：＿＿＿＿＿＿＿＿＿＿＿＿

分部工程名称				单元工程名称		
安装部位				安装内容		
安装单位				开/完工日期		

项次	检验项目		质量要求		实测值	合格数	优良数	质量等级
			合格	优良				
主控项目	1	联轴器径向位移	符合设备技术文件的规定					
	2	轴线倾斜度/(mm/m)	0.20	0.10				
	3	辅助设备安装位置	平面位置/mm	±10	±5				
	4		高程/mm	+20 −10	+10 −5				
一般项目	1	机座纵、横向水平度/(mm/m)	0.10	0.08				
	2	联轴器端面间隙	符合设备技术文件的规定					
	3	真空泵内部清理	畅通、无异物					

检查意见：

　　主控项目共＿＿＿＿＿项，其中合格＿＿＿＿＿项，优良＿＿＿＿＿项，合格率＿＿＿＿＿％，优良率＿＿＿＿＿％。

　　一般项目共＿＿＿＿＿项，其中合格＿＿＿＿＿项，优良＿＿＿＿＿项，合格率＿＿＿＿＿％，优良率＿＿＿＿＿％。

检验人：（签字）	评定人：（签字）	监理工程师：（签字）
年　月　日	年　月　日	年　月　日

表 7.5.2　气水分离器安装单元工程质量检查表

编号：_____

分部工程名称				单元工程名称				
安装部位				安装内容				
安装单位				开/完工日期				

项次		检验项目		质量要求		实测值	合格数	优良数	质量等级
				合格	优良				
主控项目	1	本体水平度/(mm/m)		1.0	0.5				
	2	辅助设备安装位置	平面位置/mm	±10	±5				
	3		高程/mm	+20 −10	+10 −5				
一般项目	1	本体中心/mm		±5	±3				
	2	进水孔与外部供水管连接管道		畅通、无异物					
	3	气水分离器内部清理							

检查意见：
　　主控项目共_____项，其中合格_____项，优良_____项，合格率_____%，优良率_____%。
　　一般项目共_____项，其中合格_____项，优良_____项，合格率_____%，优良率_____%。

检验人：(签字)	评定人：(签字)	监理工程师：(签字)
年　月　日	年　月　日	年　月　日

表7.5.3 水环式真空泵安装单元工程试运转质量检查表

编号：_____

分部工程名称		单元工程名称	
安装部位		安装内容	
安装单位		试运转日期	

项次		检验项目	试运转要求	试运转情况	结果
水环式真空泵试运转（在规定的转速下和工作范围内进行试运转，连续试运转时间不少于30min）	1	泵填料函处的冷却水管道	畅通		
	2	泵的供水	正常		
	3	水温和供水压力	符合设备技术文件的规定		
	4	轴承的温度	温升不高于30℃，其温度不高于75℃		
	5	各连接部件检查	严密，无泄漏现象		
	6	运转检查	无异常声响和异常振动		
	7	电动机电流	不超过额定值		

检查意见：

检验人：（签字）	评定人：（签字）	监理工程师：（签字）
年 月 日	年 月 日	年 月 日

表7.6　深井泵安装
单元工程质量验收评定表（含质量检查表）填表要求

填表时必须遵守"填表基本规定"，并应符合下列要求：

1. 单元工程划分：一台或数台同型号的深井泵安装宜划分为一个单元工程。
2. 单元工程量：填写本单元工程深井泵台数。
3. 各检验项目的检验方法及检验数量按表 G-9 的要求执行。

表 G-9　　　　　　　　　　　深井泵安装

检验项目		检验方法	检验数量
叶轮轴向窜动量		钢板尺、钢卷尺	
泵轴提升量		钢板尺、塞尺、百分表	
辅助设备安装位置	平面位置	钢板尺、钢卷尺	
	高程	水准仪或全站仪、钢板尺、钢卷尺	
各级叶轮与密封环间隙		游标卡尺	均布，不少于4个点
叶轮轴向间隙		钢板尺、钢卷尺	
叶轮与导流壳轴向间隙			
泵轴伸出长度		钢板尺，拧紧出水叶壳后检测	
泵轴与电动机轴线偏心		游标卡尺、钢板尺、塞尺、百分表	
泵轴与电动机轴线倾斜度		钢板尺、百分表、塞尺	
机座纵、横向水平度		水平仪	
扬水管连接		钢板尺、钢卷尺	全部检验

4. 单元工程施工质量验收评定应提交下列资料：

（1）安装单位应提供的资料包括：深井泵安装、调试、检验、检测记录以及试运转检验记录。

（2）监理单位对单元工程安装质量的平行检验资料；监理工程师签署质量复核意见的单元工程安装质量验收评定表及质量检查表。

5. 轴封泄漏量允许值见表 G-10。

表 G-10　　　　　　　　　　　轴封泄漏量允许值

水泵设计流量/(m³/h)	≤50			50～150			150～350			＞350	
泵座出口压力/MPa	≤0.5	0.5～1.0	＞1.0	≤0.5	0.5～1.0	＞1.0	≤0.5	0.5～1.0	＞1.0	≤0.5	＞0.5
泄漏量/(mL/min)	30	40	60	40	50	65	50	60	70	60	80

6. 表中数值为允许偏差值。

表 7.6   深井泵安装单元工程质量验收评定表

单位工程名称			
分部工程名称		单元工程量	
单元工程名称、部位		安装单位	
		评定日期	

项次	项　目	主控项目/个		一般项目/个	
		合格数	优良数	合格数	优良数
1	单元工程安装质量				
	各项试验和试运转效果				

安装单位自评意见	各项试验和单元工程试运转符合要求，各项报验资料符合规定，检验项目全部合格，检验项目优良标准率为_____%，其中主控项目优良标准率为_____%。 单元工程安装质量等级评定为：_____。 （签字，加盖公章）　　　年　月　日
监理单位复核意见	各项试验和单元工程试运转符合要求，各项报验资料符合规定，检验项目全部合格，检验项目优良标准率为_____%，其中主控项目优良标准率为_____%。 单元工程安装质量等级评定为：_____。 （签字，加盖公章）　　　年　月　日

表 7.6.1　　　**深井泵安装单元工程质量检查表**

编号：_____

分部工程名称				单元工程名称				
安装部位				安装内容				
安装单位				开/完工日期				

项次		检验项目		质量要求		实测值	合格数	优良数	质量等级
				合格	优良				
主控项目	1	叶轮轴向窜动量/mm		6～8					
	2	泵轴提升量		符合设备技术文件的规定					
	3	辅助设备安装位置	平面位置/mm	±10	±5				
	4		高程/mm	+20 −10	+10 −5				
一般项目	1	各级叶轮与密封环间隙		符合设备技术文件的规定					
	2	叶轮轴向间隙							
	3	叶轮与导流壳轴向间隙		符合设备技术文件的规定，锁紧装置应牢固					
	4	泵轴伸出长度/mm		≤2	≤1				
	5	泵轴与电动机轴线偏心/mm		0.15	0.1				
	6	泵轴与电动机轴线倾斜度/(mm/m)		0.50	0.20				
	7	机座纵、横向水平度/(mm/m)		0.10	0.08				
	8	扬水管连接		符合设备技术文件的规定					

检查意见：
　　主控项目共_____项，其中合格_____项，优良_____项，合格率_____％，优良率_____％。
　　一般项目共_____项，其中合格_____项，优良_____项，合格率_____％，优良率_____％。

检验人：（签字）	评定人：（签字）	监理工程师：（签字）
年　月　日	年　月　日	年　月　日

表 7.6.2　深井泵安装单元工程试运转质量检查表

编号：_____

分部工程名称			单元工程名称	
安装部位			安装内容	
安装单位			试运转日期	

	项次	检验项目	试运转要求	试运转情况	结果
深井泵试运转（在额定负荷下连续试运转不小于2h）	1	各固定连接部位检查	无松动及渗漏		
	2	转子及各运动部件检查	运转正常，无异常声响和摩擦现象		
	3	附属系统检查	运转正常，管道连接牢固无渗漏		
	4	轴承温度	滑动轴承的温度不大于70℃；滚动轴承的温度不大于80℃		
	5	各润滑点的润滑油温度、密封液和冷却水的温度	均应符合设备技术文件的规定		
	6	水泵压力、流量	应符合设计规定		
	7	轴封泄漏量	符合 G-10 的要求		
	8	轴承体处振动值测量	在运转无空蚀的条件下测量；振动速度有效值的测量方法可按 GB/T 10889 的有关规定执行		
	9	电动机电流	不超过额定值		
	10	安全、保护和电控装置及各部分仪表	均灵敏、正确、可靠		

检查意见：

检验人：（签字） 年 月 日	评定人：（签字） 年 月 日	监理工程师：（签字） 年 月 日

表7.7 潜水泵安装
单元工程质量验收评定表（含质量检查表）填表要求

填表时必须遵守"填表基本规定"，并应符合下列要求：

1. 单元工程划分：一台或数台同型号的潜水泵安装宜划分为一个单元工程。

2. 单元工程量：填写本单元工程潜水泵台数。

3. 各检验项目的检验方法及检验数量按表 G-11 的要求执行。

表 G-11 潜 水 泵 安 装

检验项目		检验方法	检验数量
潜水泵、电缆线安装前浸水试验		检测、试验	全部检查
潜水泵安装		检查、检测	
辅助设备安装位置	平面位置	钢板尺、钢卷尺	均布，不少于4个点
	高程	水准仪或全站仪、钢板尺、钢卷尺	

4. 单元工程施工质量验收评定应提交下列资料：

（1）安装单位应提供的资料包括：潜水泵安装、调试、检验、检测记录以及试运转检验记录。

（2）监理单位对单元工程安装质量的平行检验资料；监理工程师签署质量复核意见的单元工程安装质量验收评定表及质量检查表。

5. 表中数值为允许偏差值。

表 7.7 　**潜水泵安装单元工程质量验收评定表**

单位工程名称				单元工程量		
分部工程名称				安装单位		
单元工程名称、部位				评定日期		

项次	项　　目	主控项目/个		一般项目/个	
		合格数	优良数	合格数	优良数
1	单元工程安装质量				
	各项试验和试运转效果				

安装单位自评意见	各项试验和单元工程试运转符合要求，各项报验资料符合规定，检验项目全部合格，检验项目优良标准率为_____%，其中主控项目优良标准率为_____%。 单元工程安装质量等级评定为：_____。 （签字，加盖公章）　　年　月　日
监理单位复核意见	各项试验和单元工程试运转符合要求，各项报验资料符合规定，检验项目全部合格，检验项目优良标准率为_____%，其中主控项目优良标准率为_____%。 单元工程安装质量等级评定为：_____。 （签字，加盖公章）　　年　月　日

表 7.7.1　　**潜水泵安装单元工程质量检查表**

编号：_____

分部工程名称		单元工程名称	
安装部位		安装内容	
安装单位		开/完工日期	

项次		检验项目	质量要求		实测值	合格数	优良数	质量等级
			合格	优良				
主控项目	1	潜水泵、电缆线安装前浸水试验	符合设备技术文件的规定					
	2	潜水泵安装	符合设计要求和设备技术文件的规定					
	3	辅助设备安装位置	平面位置/mm	± 10	± 5			
	4		高程/mm	$+20$ -10	$+10$ -5			

检查意见：
　　主控项目共_____项，其中合格_____项，优良_____项，合格率_____％，优良率_____％。

检验人：（签字）	评定人：（签字）	监理工程师：（签字）
年　月　日	年　月　日	年　月　日

表 7.7.2　潜水泵安装单元工程试运转质量检查表

编号：_____

分部工程名称		单元工程名称	
安装部位		安装内容	
安装单位		试运转日期	

项次		检验项目	试运转要求	试运转情况	结果
潜水泵试运转（在额定负荷下试运转不小于2h）	1	各固定连接部位检查	无松动及渗漏		
	2	运转情况	运转正常，无异常声响和摩擦现象		
	3	管道连接检查	应牢固无渗漏		
	4	水泵压力、流量	符合设计要求		
	5	安全、保护和电控装置及仪表	均灵敏、正确、可靠		
	6	电动机电流	不超过额定值		

检查意见：

检验人：（签字）	评定人：（签字）	监理工程师：（签字）
年 月 日	年 月 日	年 月 日

表7.8 齿轮油泵安装
单元工程质量验收评定表（含质量检查表）填表要求

填表时必须遵守"填表基本规定"，并应符合下列要求：

1. 单元工程划分：一台或数台同型号的齿轮油泵安装宜划分为一个单元工程。

2. 单元工程量：填写本单元工程齿轮油泵台数。

3. 各检验项目的检验方法及检验数量按表 G-12 的要求执行。

表 G-12

齿 轮 油 泵 安 装

检验项目		检验方法	检验数量
齿轮与泵体径向间隙		塞尺、百分表	
联轴器径向位移		钢板尺、百分表、塞尺	
轴线倾斜度			
辅助设备安装位置	平面位置	钢板尺、钢卷尺	均布，不少于4个点
	高程	水准仪或全站仪、钢板尺、钢卷尺	
机座纵、横向水平度		水平仪	
齿轮与泵体轴向间隙		压铅法	
联轴器端面间隙		钢板尺、塞尺、百分表	
轴中心			
油泵内部清理		观察、检测	全部检查

4. 单元工程施工质量验收评定应提交下列资料：

（1）安装单位应提供的资料包括：齿轮油泵安装、调试、检验、检测记录以及试运转检验记录。

（2）监理单位对单元工程安装质量的平行检验资料；监理工程师签署质量复核意见的单元工程安装质量验收评定表及质量检查表。

5. 表中数值为允许偏差值。

表 7.8 齿轮油泵安装单元工程质量验收评定表

单位工程名称			单元工程量	
分部工程名称			安装单位	
单元工程名称、部位			评定日期	

项次	项　　目	主控项目/个		一般项目/个	
		合格数	优良数	合格数	优良数
1	单元工程安装质量				
	各项试验和试运转效果				

安装单位自评意见	各项试验和单元工程试运转符合要求，各项报验资料符合规定，检验项目全部合格，检验项目优良标准率为_____％，其中主控项目优良标准率为_____％。　单元工程安装质量等级评定为：_____。（签字，加盖公章）　　　年　月　日
监理单位复核意见	各项试验和单元工程试运转符合要求，各项报验资料符合规定，检验项目全部合格，检验项目优良标准率为_____％，其中主控项目优良标准率为_____％。　单元工程安装质量等级评定为：_____。（签字，加盖公章）　　　年　月　日

表 7.8.1 **齿轮油泵安装单元工程质量检查表**

编号：_____

分部工程名称					单元工程名称				
安装部位					安装内容				
安装单位					开/完工日期				

项次		检验项目		质量要求		检测值	合格数	优良数	质量等级
				合格	优良				
主控项目	1	齿轮与泵体径向间隙/mm		0.13~0.16					
	2	联轴器径向位移		符合设备技术文件的规定					
	3	轴线倾斜度		符合设备技术文件的规定					
	4	辅助设备安装位置	平面位置/mm	±10	±5				
	5		高程/mm	+20 -10	+10 -5				
一般项目	1	机座纵、横向水平度/(mm/m)		0.20	0.10				
	2	齿轮与泵体轴向间隙/mm		0.02~0.03					
	3	联轴器端面间隙		符合设备技术文件的规定					
	4	轴中心/mm		0.1	0.08				
	5	油泵内部清理		畅通、无异物					

检查意见：

　　主控项目共_____项，其中合格_____项，优良_____项，合格率_____%，优良率_____%。

　　一般项目共_____项，其中合格_____项，优良_____项，合格率_____%，优良率_____%。

检验人：（签字）	评定人：（签字）	监理工程师：（签字）
年 月 日	年 月 日	年 月 日

表 7.8.2　齿轮油泵安装单元工程试运转质量检查表

编号：_____

分部工程名称				单元工程名称		
安装部位				安装内容		
安装单位				试运转日期		

项次		检验项目	试运转要求	试运转情况		结果
油泵试运转（在空载情况下运转1h和在额定负荷的25%、50%、75%、100%各运转30min）	1	运转情况	无异常声响和异常振动，各结合面无松动、无渗漏			
	2	油泵外壳振动	≤0.05mm			
	3	轴承温升	不高于35℃或不应比油温高20℃			
	4	齿轮油泵的压力波动	不超过设计值的±1.5%			
	5	油泵输油量	不小于铭牌标示流量			
	6	机械密封的泄漏量	符合设备技术文件的规定			
	7	螺杆油泵停止检查	不反转			
	8	安全阀检查	工作灵敏、可靠			
	9	油泵电动机电流	不超过额定值			

检查意见：

检验人：（签字）	评定人：（签字）	监理工程师：（签字）
年　月　日	年　月　日	年　月　日

表7.9 螺杆油泵安装
单元工程质量验收评定表（含质量检查表）填表要求

填表时必须遵守"填表基本规定"，并应符合下列要求：

1. 单元工程划分：一台或数台同型号的螺杆油泵安装宜划分为一个单元工程。

2. 单元工程量：填写本单元工程螺杆油泵台数。

3. 各检验表中项目的检验方法及检验数量按表 G-13 的要求执行。

表 G-13　　　　　　　　　螺 杆 油 泵 安 装

检验项目		检验方法	检验数量
螺杆与衬套间隙		塞尺、百分表	均布，不少于 4 个点
联轴器径向位移		钢板尺、塞尺、百分表	
轴中心			
辅助设备安装位置	平面位置	钢板尺、钢卷尺	
	高程	水准仪或全站仪、钢板尺、钢卷尺	
机座纵、横向水平度		水平仪	
螺杆接触面		着色法	
螺杆端部与止推轴承间隙		压铅法	
轴线倾斜度		钢板尺、塞尺、百分表	
联轴器端面间隙			
油泵内部清理		观察、检测	全部检查

4. 单元工程施工质量验收评定应提交下列资料：

（1）安装单位应提供的资料包括：螺杆油泵安装、调试、检验、检测记录以及试运转检验记录。

（2）监理单位对单元工程安装质量的平行检验资料；监理工程师签署质量复核意见的单元工程安装质量验收评定表及质量检查表。

5. 表中数值为允许偏差值。

表 7.9　　**螺杆油泵安装单元工程质量验收评定表**

单位工程名称			单元工程量		
分部工程名称			安装单位		
单元工程名称、部位			评定日期		

项次	项　目	主控项目/个		一般项目/个	
		合格数	优良数	合格数	优良数
1	单元工程安装质量				
	各项试验和试运转效果				

安装单位自评意见	各项试验和单元工程试运转符合要求，各项报验资料符合规定，检验项目全部合格，检验项目优良标准率为_____%，其中主控项目优良标准率为_____%。 　　单元工程安装质量等级评定为：_____。 　　　　　　　　　　　　　　　　　　　　　　　（签字，加盖公章）　　　年　月　日
监理单位复核意见	各项试验和单元工程试运转符合要求，各项报验资料符合规定，检验项目全部合格，检验项目优良标准率为_____%，其中主控项目优良标准率为_____%。 　　单元工程安装质量等级评定为：_____。 　　　　　　　　　　　　　　　　　　　　　　　（签字，加盖公章）　　　年　月　日

表 7.9.1 　**螺杆油泵安装单元工程质量检查表**

编号：_____

分部工程名称					单元工程名称				
安装部位					安装内容				
安装单位					开/完工日期				

项次		检验项目	质量要求		实测值	合格数	优良数	质量等级
			合格	优良				
主控项目	1	螺杆与衬套间隙	符合设备技术文件的规定					
	2	联轴器径向位移						
	3	轴中心/mm	0.05	0.03				
	4	辅助设备安装位置	平面位置/mm	±10	±5				
	5		高程/mm	+20 −10	+10 −5				
一般项目	1	机座纵、横向水平度/(mm/m)	0.05	0.03				
	2	螺杆接触面	符合设备技术文件的规定					
	3	螺杆端部与止推轴承间隙						
	4	轴线倾斜度						
	5	联轴器端面间隙						
	6	油泵内部清理	畅通、无异物					

检查意见：

　　主控项目共_____项，其中合格_____项，优良_____项，合格率_____%，优良率_____%。

　　一般项目共_____项，其中合格_____项，优良_____项，合格率_____%，优良率_____%。

检验人：（签字） 　　　　　年　月　日	评定人：（签字） 　　　　　年　月　日	监理工程师：（签字） 　　　　　年　月　日

表 7.9.2　　螺杆油泵安装单元工程试运转质量检查表

编号：_____

分部工程名称			单元工程名称	
安装部位			安装内容	
安装单位			试运转日期	

项次		检验项目	试运转要求	试运转情况	结果
油泵试运转（在空载情况下运转1h和在额定负荷的25%、50%、75%、100%各运转30min）	1	运转情况	无异常声响和异常振动，各结合面无松动、无渗漏		
	2	油泵外壳振动值	≤0.05mm		
	3	轴承温升	不应高于35℃或不应比油温高20℃		
	4	齿轮油泵的压力波动	不超过设计值的±1.5%		
	5	油泵输油量	不小于铭牌标示流量		
	6	机械密封的泄漏量	符合设备技术文件的规定		
	7	螺杆油泵停止检查	不反转		
	8	安全阀检查	工作灵敏、可靠		
	9	油泵电动机电流	不超过额定值		

检查意见：

检验人：（签字） 年　月　日	评定人：（签字） 年　月　日	监理工程师：（签字） 年　月　日

表7.10 滤水器安装
单元工程质量验收评定表（含质量检查表）填表要求

填表时必须遵守"填表基本规定"，并应符合下列要求：

1. 单元工程划分：一台或数台同型号的滤水器安装宜划分为一个单元工程。

2. 单元工程量：填写本单元工程滤水器台数。

3. 各检验项目的检验方法及检验数量按表G-14的要求执行。

表 G-14　　　　　　　　　滤 水 器 安 装

检验项目		检验方法	检验数量
本体水平度		钢板尺、钢卷尺、水平仪	均布，不少于4个点
辅助设备安装位置	平面位置	钢板尺、钢卷尺	
	高程	水准仪或全站仪、钢板尺、钢卷尺	
本体中心		水准仪或全站仪、钢板尺	
滤水器内部清理		观察、检测	全部检查

4. 单元工程施工质量验收评定应提交下列资料：

（1）安装单位应提供的资料包括：滤水器安装、调试、检验、检测记录以及试运转检验记录。

（2）监理单位对单元工程安装质量的平行检验资料；监理工程师签署质量复核意见的单元工程安装质量验收评定表及质量检查表。

5. 表中数值为允许偏差值。

表 7.10　　滤水器安装单元工程质量验收评定表

单位工程名称		单元工程量	
分部工程名称		安装单位	
单元工程名称、部位		评定日期	

项次	项　　目	主控项目/个		一般项目/个	
		合格数	优良数	合格数	优良数
1	单元工程安装质量				
	各项试验和试运转效果				

安装单位自评意见	各项试验和单元工程试运转符合要求，各项报验资料符合规定，检验项目全部合格，检验项目优良标准率为_____％，其中主控项目优良标准率为_____％。 单元工程安装质量等级评定为：_____。 （签字，加盖公章）　　　年　月　日
监理单位复核意见	各项试验和单元工程试运转符合要求，各项报验资料符合规定，检验项目全部合格，检验项目优良标准率为_____％，其中主控项目优良标准率为_____％。 单元工程安装质量等级评定为：_____。 （签字，加盖公章）　　　年　月　日

表 7.10.1 **滤水器安装单元工程质量检查表**

编号：_____

分部工程名称				单元工程名称					
安装部位				安装内容					
安装单位				开/完工日期					

项次		检验项目		质量要求		实测值	合格数	优良数	质量等级
				合格	优良				
主控项目	1	本体水平度/（mm/m）		1	0.5				
	2	辅助设备安装位置	平面位置/mm	±10	±5				
	3		高程/mm	＋20 －10	＋10 －5				
一般项目	1	本体中心/mm		±5	±3				
	2	滤水器内部清理		畅通、无异物					

检查意见：

　　主控项目共_____项，其中合格_____项，优良_____项，合格率_____%，优良率_____%。

　　一般项目共_____项，其中合格_____项，优良_____项，合格率_____%，优良率_____%。

检验人：（签字）	评定人：（签字）	监理工程师：（签字）
年　月　日	年　月　日	年　月　日

表 7.10.2　滤水器安装单元工程试运转质量检查表

编号：_____

分部工程名称				单元工程名称	
安装部位				安装内容	
安装单位				试运转日期	

项次		检验项目	试运转要求	试运转情况	结果
滤水器试运转（在额定负荷下，手动、自动启动清污系统，分别连续运转1h）	1	滤水器各转动部件检查	未出现卡阻、拒动现象，电气控制箱上的各信号工作正常，阀门开关位置正确		
	2	运转情况	无异常声响和异常振动，各连接部分无松动、无渗漏		
	3	滤水器压力、压差、流量	应符合设计规定		
	4	电动机电流	不超过额定值		
	5	安全、保护和电控装置及仪表	均灵敏、正确、可靠		

检查意见：

检验人：（签字） 年　月　日	评定人：（签字） 年　月　日	监理工程师：（签字） 年　月　日

表7.11 水力监测仪表（非电量监测）装置安装
单元工程质量验收评定表（含质量检查表）填表要求

填表时必须遵守"填表基本规定"，并应符合下列要求：

1. 单元工程划分：每台机组或公用的水力监测仪表、非电量监测装置安装宜划分为一个单元工程。

2. 单元工程量：填写本单元工程水力监测仪表、非电量监测装置安装量（套）。

3. 各检验项目的检验方法及检验数量按表 G-15 的要求执行。

表 G-15　　　　　　　　　　水力监测仪表（非电量监测）装置安装

检验项目		检验方法	检验数量
仪表、装置接口严密性		观察、检测	全部
电气装置接口		试验、观察、检测	
辅助设备安装位置	平面位置	钢板尺、钢卷尺	均布，不少于4个点
	高程	水准仪或全站仪、钢板尺、钢卷尺	
仪表、装置设计位置		钢板尺、钢卷尺	
仪表盘、装置盘设计位置			
仪表盘、装置盘垂直度		吊线垂、钢板尺、钢卷尺	
仪表盘、装置盘水平度		水平尺	
仪表盘、装置盘高程		水准仪或全站仪、钢板尺	
取压管位置		钢板尺、钢卷尺	

4. 单元工程施工质量验收评定应提交下列资料：

（1）安装单位应提供的资料包括：水力监测仪表、非电量装置产品质量检查记录，以及校验、安装、调试、试验、检测记录。

（2）监理单位对单元工程安装质量的平行检验资料；监理工程师签署质量复核意见的单元工程安装质量验收评定表及质量检查表。

5. 水力监测仪表、非电量监测装置安装前，应按有关规定进行校验，校验合格后方可安装。

6. 水位计、流量监测装置安装除应执行表7.11.1外，尚应符合设计要求和设备技术文件的规定。

7. 非电量监测装置系统检验应符合下列要求：

（1）非电量监测装置系统在投运前，进行系统检验并作出记录，确认合格后方可使用。

（2）非电量监测装置系统检验项目主要包括：电气性能测试、静态性能测试、稳定性检查、动态性能测试和影响量试验。具体检验项目应根据被检产品的技术规范、实际使用要求及测试条件加以确定。

（3）非电量监测装置检验的一般规定、检验方法及质量要求、检验结果确认，按照 DL/T 862 的有关规定执行。

8. 表中数值为允许偏差值。

表 7.11　　水力监测仪表（非电量监测）装置安装
单元工程质量验收评定表

单位工程名称			单元工程量		
分部工程名称			安装单位		
单元工程名称、部位			评定日期		
项次	项　目	主控项目/个		一般项目/个	
		合格数	优良数	合格数	优良数
1	单元工程安装质量				
	各项试验和试运转效果				

| 安装单位自评意见 | 各项试验和单元工程试运转符合要求，各项报验资料符合规定，检验项目全部合格，检验项目优良标准率为_____％，其中主控项目优良标准率为_____％。

单元工程安装质量等级评定为：_____。

<div align="right">（签字，加盖公章）　　　年　月　日</div> |
| 监理单位复核意见 | 各项试验和单元工程试运转符合要求，各项报验资料符合规定，检验项目全部合格，检验项目优良标准率为_____％，其中主控项目优良标准率为_____％。

单元工程安装质量等级评定为：_____。

<div align="right">（签字，加盖公章）　　　年　月　日</div> |

注：本表适用于"水力监测仪表"或"非电量监测"装置安装的质量评定在使用时根据装置类别选用相应的装置名称。

表 7.11.1　水力监测仪表、非电量监测装置安装
单元工程质量检查表

编号：_____

分部工程名称				单元工程名称					
安装部位				安装内容					
安装单位				开/完工日期					

项次		检验项目		质量要求		实测值	合格数	优良数	质量等级
				合格	优良				
主控项目	1	仪表、装置接口严密性		无渗漏					
	2	电气装置接口		接线正确、可靠					
	3	辅助设备安装位置	平面位置/mm	±10	±5				
	4		高程/mm	+20 -10	+10 -5				
一般项目	1	仪表、装置设计位置/mm		±10	±5				
	2	仪表盘、装置盘设计位置/mm		±20	±10				
	3	仪表盘、装置盘垂直度/(mm/m)		3	2				
	4	仪表盘、装置盘水平度/(mm/m)		3	2				
	5	仪表盘、装置盘高程/mm		±5	±3				
	6	取压管位置/mm		±10	±5				

检查意见：

　　主控项目共_____项，其中合格_____项，优良_____项，合格率_____%，优良率_____%。

　　一般项目共_____项，其中合格_____项，优良_____项，合格率_____%，优良率_____%。

检验人：（签字）　　　　　年　月　日	评定人：（签字）　　　　　年　月　日	监理工程师：（签字）　　　　　年　月　日

表7.12 自动化元件（装置）安装
单元工程质量验收评定表（含质量检查表）填表要求

填表时必须遵守"填表基本规定"，并应符合下列要求：

1. 单元工程划分：每台机组或公用的自动化元件（装置）安装宜划分为一个单元工程。

2. 单元工程量：填写本单元工程自动化元件（装置）安装量（套）。

3. 各检验项目的检验方法及检验数量按表G-16的要求执行。

表 G-16   自动化元件（装置）安装

检验项目	检验方法	检验数量
元件（装置）接口严密性	观察、检测	全部
元件（装置）设计位置	钢板尺、钢卷尺	均布，不少于4个点
元件（装置）高程	水准仪或全站仪、钢板尺	

4. 单元工程施工质量验收评定应提交下列资料：

（1）安装单位应提供的资料包括：自动化元件（装置）产品质量检查记录，以及校验、安装、调试、试验、检测记录。

（2）监理单位对单元工程安装质量的平行检验资料；监理工程师签署质量复核意见的单元工程安装质量验收评定表及质量检查表。

5. 自动化元件（装置）应按照《水轮发电机组自动化元件（装置）及其系统基本技术条件》（GB/T 11805）的有关规定，在安装前认真检查产品质量并记录。外表应无明显损伤，接线接口标志和校准状态标识应完整、清晰、正确，接插件应接触可靠，介质通道应畅通、无异物及污垢，接口螺纹完好。

6. 自动化元件（装置）安装前，安装、调试人员应经过培训，并应熟悉有关技术规范与资料，以保证安装、调试质量。

7. 自动化元件（装置）系统检验应符合下列要求：

（1）自动化元件（装置）在投运前，进行系统检验并作出记录，确认合格后方可使用。

（2）自动化元件（装置）系统试验的一般规定、试验内容、试验项目、质量标准、试验方法等，可按照《水电厂自动化元件（装置）及其系统运行维护与检修试验规程》（DL/T 619）的有关规定执行。

8. 表中数值为允许偏差值。

表 7.12 自动化元件（装置）安装单元工程质量验收评定表

单位工程名称			单元工程量		
分部工程名称			安装单位		
单元工程名称、部位			评定日期		
项次	项　目	主控项目/个		一般项目/个	
		合格数	优良数	合格数	优良数
1	单元工程安装质量				
	各项试验和试运转效果				
安装单位自评意见	各项试验和单元工程试运转符合要求，各项报验资料符合规定，检验项目全部合格，检验项目优良标准率为_____％，其中主控项目优良标准率为_____％。 单元工程安装质量等级评定为：_____。 （签字，加盖公章）　　年　月　日				
监理单位复核意见	各项试验和单元工程试运转符合要求，各项报验资料符合规定，检验项目全部合格，检验项目优良标准率为_____％，其中主控项目优良标准率为_____％。 单元工程安装质量等级评定为：_____。 （签字，加盖公章）　　年　月　日				

表 7.12.1 自动化元件（装置）安装单元工程质量检查表

编号：_____

分部工程名称				单元工程名称					
安装部位				安装内容					
安装单位				开/完工日期					

项次		检验项目	质量要求		实测值	合格数	优良数	质量等级
			合格	优良				
主控项目	1	元件（装置）接口严密性	无渗漏					
一般项目	1	元件（装置）设计位置/mm	±10	±5				
	2	元件（装置）高程/mm	±5	±3				

检查意见：

    主控项目共_____项，其中合格_____项，优良_____项，合格率_____%，优良率_____%。

    一般项目共_____项，其中合格_____项，优良_____项，合格率_____%，优良率_____%。

检验人：（签字）	评定人：（签字）	监理工程师：（签字）
年　月　日	年　月　日	年　月　日

表7.13 水力机械系统管道制作及安装
单元工程质量验收评定表（含质量检查表）填表要求

填表时必须遵守"填表基本规定"，并应符合下列要求：

1. 单元工程划分：同介质的管道宜划分为一个单元工程。如单元工程范围过大，可按同介质管道的工作压力等级划分为若干个单元工程。

2. 单元工程量：填写本单元工程水力机械系统管道安装量（t）。

3. 各检验项目的检验方法及检验数量有下列内容：

（1）管件制作按表G-17的要求执行。

表 G-17　　　　　　　　　管 件 制 作 及 安 装

检验项目	检验方法	检验数量
管截面最大与最小管径差	外卡钳、钢板尺、钢卷尺	均布，不少于4个点
环形管半径	样板、钢板尺、钢卷尺	
弯曲角度		
折皱不平度	外卡钳、钢板尺、钢卷尺	
环形管平面度	拉线、钢板尺、钢卷尺	
Ω形伸缩节尺寸	样板、钢板尺、钢卷尺	
Ω形伸缩节平直度	拉线、钢板尺、钢卷尺	
三通主管与支管垂直度	角尺、钢板尺、钢卷尺	
锥形管长度	钢板尺、钢卷尺	
锥形管两端直径及圆度		
同心锥形管偏心率		
卷制焊管端面倾斜	角尺、钢板尺、钢卷尺	
卷制焊管周长	钢板尺、钢卷尺	
焊接弯头的曲率半径		

（2）管道、管件焊接按表G-18的要求执行。

表 G-18　　　　　　　　　管 道、管 件 焊 接

检验项目	检验方法	检验数量
焊缝质量检查	按规定方法	全部检查
管子、管件的坡口型式、尺寸	角尺、钢板尺、钢卷尺	
管子、管件组对时		
法兰盘与管子中心线		

（3）管道埋设按表G-19的要求执行。

表G-19　　　　　　　　　管 道 埋 设 安 装

检验项目	检验方法	检验数量
管道出口位置	钢板尺、钢卷尺	全部检查
管道过缝处理	观察、检测	
管道内部清扫及除锈		
与设备连接的预埋管出口位置	钢板尺、钢卷尺	
管口伸出混凝土面的长度		
管子与墙面的距离	吊垂线、钢板尺、钢卷尺、	
管口封堵	观察、检测	
排水、排油管道的坡度	钢板尺、钢卷尺	

（4）明管安装按表G-20的要求执行。

表G-20　　　　　　　　　明 管 安 装

检验项目	检验方法	检验数量
明管平面位置（每10m内）	拉线、钢板尺、钢卷尺	每10m检查1处；不足10m检查1处
管道内部清扫及除锈	观察、检测	全部检查
明管高程	水准仪或全站仪、钢板尺	均布，不少于4个点
立管垂直度	吊垂线、钢板尺、钢卷尺	
排管平面度	水准仪或全站仪、钢板尺	
排管间距	钢板尺、钢卷尺	
排水、排油管道坡度		全部检查
水平管弯曲度		均布，不少于4个点

（5）通风管道制作、安装按表G-21的要求执行。

表G-21　　　　　　　　　通 风 管 道 制 作、安 装

检验项目	检验方法	检验数量
管道内部清扫及检查	观察、检测	全部检查
风管直径或边长	钢板尺、钢卷尺	均布，不少于4个点
风管法兰直径或边长		
风管与法兰垂直度	角尺、钢板尺、钢卷尺	
横管水平度	水准仪或全站仪、钢板尺	
立管垂直度	吊垂线、钢板尺、钢卷尺	

（6）阀门、容器、管件及管道系统试验按表 G-22 的要求执行。

表 G-22　　　　　　　　　　阀门、容器、管件及管道系统试验

试验项目	试验性质	试验压力/MPa	试压时间	检验数量
1.0MPa 及以上阀门	严密性	1.25P	10min	全部
自制有压容器及管件	强度	1.5P 并大于 0.4	10min	
自制有压容器及管件	严密性	1.25P 并大于 0.4	30min	
		1P	12h	
无压容器	渗漏	满水静置	24h	
系统管道	强度	1.5P 并大于 0.4	10min	
系统管道	严密性	1.25P 并大于 0.4	30min	
通风系统漏风量测试	符合 GB 50243 的有关要求			
系统清洗、检查	符合设计要求和现行有关标准规定			

注：P 为额定工作压力。

4. 单元工程施工质量验收评定应提交下列资料：

（1）安装单位应提供的资料包括：阀门、容器、管道及管件质量检查记录，以及校验、安装、调试、试验、检测记录。

（2）监理单位对单元工程安装质量的平行检验资料；监理工程师签署质量复核意见的单元工程安装质量验收评定表及质量检查表。

5. 管子、管件、管道附件及阀门在使用前，应按设计要求核对其规格、材质及技术参数，并对其外观进行检查，其表面要求为：无裂纹、缩孔、夹渣、粘砂、漏焊、重皮等缺陷；表面应光滑，不应有尖锐划痕；凹陷深度不应超过 1.5mm，凹陷最大尺寸不应大于管子周长的 5%，且不大于 40mm。

6. 管子弯制、防腐、防结露应符合设计要求及有关规定。

7. 阀门与伸缩节安装应符合设计要求、制造厂家技术文件以及国家、行业现行有关标准的规定。

8. 预埋压力管道在混凝土浇筑前，应按 SL 637—2012 第 3.1.6 条的规定作耐压试验。无压管道按 0.4MPa 压力进行耐压试验。试验合格后方可浇筑混凝土。

9. 消防供水管道安装除应执行 SL 637 的规定外，尚应符合国家、行业现行有关标准的规定。塑料管道安装、埋设应符合设计要求和国家、行业现行有关标准的规定。

10. 法兰盘与管子中心线垂直偏斜值见表 G-23。

表 G-23　　　　　　　　　法兰盘与管子中心线垂直偏斜值　　　　　　　　单位：mm

管子公称直径	<100	100～250	250～400	>400
法兰盘外沿最大偏斜	±1.5	±2	±2.5	±3

11. 表中数值为允许偏差值。

表 7.13　　水力机械系统管道制作及安装单元工程质量验收评定表

单位工程名称		单元工程量	
分部工程名称		安装单位	
单元工程名称、部位		评定日期	

项次	项　　目	主控项目/个		一般项目/个	
		合格数	优良数	合格数	优良数
1	管件制作及安装质量				
2	管道埋设安装质量				
3	管道、管件焊接安装质量				
4	明管安装质量				
5	通风管道制作及安装质量				
6	阀门、容器、管件及管道系统试验安装质量				
各项试验和试运转效果					
安装单位自评意见	各项试验和单元工程试运转符合要求，各项报验资料符合规定，检验项目全部合格，检验项目优良标准率为_____%，其中主控项目优良标准率为_____%。 单元工程安装质量等级评定为：_____。 （签字，加盖公章）　　　年　月　日				
监理单位复核意见	各项试验和单元工程试运转符合要求，各项报验资料符合规定，检验项目全部合格，检验项目优良标准率为_____%，其中主控项目优良标准率为_____%。 单元工程安装质量等级评定为：_____。 （签字，加盖公章）　　　年　月　日				

表 7.13.1　　　**管道制作及安装质量检查表**

编号：_____

分部工程名称					单元工程名称				
安装部位					安装内容				
安装单位					开/完工日期				

项次		检验项目	质量要求		实测值	合格数	优良数	质量等级
			合格	优良				
主控项目	1	管截面最大与最小管径差	$\leqslant 8\%$	$\leqslant 6\%$				
	2	环形管半径	$\leqslant \pm 2\%R$	$< \pm 2\%R$				
一般项目	1	弯曲角度/mm	± 3mm/m 且全长不大于 10	± 2mm/m 且全长不大于 8				
	2	折皱不平度	$\leqslant 3\%D$	$\leqslant 2.5\%D$				
	3	环形管平面度/mm	$\leqslant \pm 20$	$\leqslant \pm 15$				
	4	Ω 形伸缩节尺寸/mm	± 10	± 5				
	5	Ω 形伸缩节平直度/mm	3mm/m 且全长不超过 10	2mm/m 且全长不超过 8				
	6	三通主管与支管垂直度	$\leqslant 2\%H$	$\leqslant 1.5\%H$				
	7	锥形管长度/mm	$\geqslant 3(D_1-D_2)$	$\geqslant 2(D_1-D_2)$				
	8	锥形管两端直径及圆度/mm	不大于 $\pm 1\%D$ 且不大于 ± 2					
	9	同心锥形管偏心率/mm	不大于 $1\%D_1$ 且不大于 ± 2	小于 $1\%D_1$ 且不大于 ± 1.5				
	10	卷制焊管端面倾斜/mm	$\leqslant D/1000$					
	11	卷制焊管周长/mm	$\leqslant \pm L/1000$					
	12	焊接弯头的曲率半径/mm	$\geqslant 1.5D$					

检查意见：

　　主控项目共_____项，其中合格_____项，优良_____项，合格率_____%，优良率_____%。

　　一般项目共_____项，其中合格_____项，优良_____项，合格率_____%，优良率_____%。

检验人：（签字）　　　　　年 月 日	评定人：（签字）　　　　　年 月 日	监理工程师：（签字）　　　　　年 月 日

　　注：1. R 为环管曲率半径；D 为管子、弯头、锥形管公称直径；H 为三通支管高度；D_1 为管子大头直径；

　　　　　D_2 为管子小头直径；L 为焊管设计周长。

　　　　2. 90°弯头的分节数不宜少于 4。

表 7.13.2　　管道、管件焊接质量检查表

编号：_____

分部工程名称					单元工程名称				
安装部位					安装内容				
安装单位					开/完工日期				

项次		检验项目	质量要求		实测值	合格数	优良数	质量等级
			合格	优良				
主控项目	1	焊缝质量检查	符合 GB/T 8564 的有关规定					
一般项目	1	管子、管件的坡口型式、尺寸	壁厚不大于 4mm 的选用 I 型坡口，对口间隙为 1～2mm；壁厚大于 4mm 的选用 70°V 形坡口，对口间隙及钝边均为 0～2mm					
	2	管子、管件组对时	内壁应作到平齐，内壁错边量不应超过壁厚的 20%，且不大于 2mm。坡口表面上不应有裂缝、夹层等缺陷					
	3	法兰盘与管子中心线	垂直，偏斜值不大于表 G-22 的规定					

检查意见：

主控项目共_____项，其中合格_____项，优良_____项，合格率_____%，优良率_____%。

一般项目共_____项，其中合格_____项，优良_____项，合格率_____%，优良率_____%。

检验人：（签字）	评定人：（签字）	监理工程师：（签字）
年　月　日	年　月　日	年　月　日

_____工程

表 7.13.3　　　　**管道埋设质量检查表**

编号：_____

分部工程名称				单元工程名称				
安装部位				安装内容				
安装单位				开/完工日期				

项次		检验项目	质量要求		实测值	合格数	优良数	质量等级
			合格	优良				
主控项目	1	管道出口位置/mm	±10	±5				
	2	管道过缝处理	符合设计要求					
	3	管道内部清扫及除锈	符合设计要求和现行有关标准规定					
一般项目	1	与设备连接的预埋管出口位置/mm	±10	±5				
	2	管口伸出混凝土面的长度/mm	≥300					
	3	管子与墙面的距离	符合设计要求					
	4	管口封堵	可靠					
	5	排水、排油管道的坡度	与流向一致，并符合设计要求					

检查意见：

　　主控项目共_____项，其中合格_____项，优良_____项，合格率_____%，优良率_____%。

　　一般项目共_____项，其中合格_____项，优良_____项，合格率_____%，优良率_____%。

检验人：（签字）	评定人：（签字）	监理工程师：（签字）
年　月　日	年　月　日	年　月　日

表 7.13.4　　**明管安装质量检查表**

编号：_____

分部工程名称					单元工程名称				
安装部位					安装内容				
安装单位					开/完工日期				

项次		检验项目	质量要求		实测值	合格数	优良数	质量等级
			合格	优良				
主控项目	1	明管平面位置/mm（每10m内）	±10且全长不大于20	±5且全长不大于15				
	2	管道内部清扫及除锈	符合设计要求和现行有关标准规定					
一般项目	1	明管高程/mm	±5	±4				
	2	立管垂直度/mm	2mm/m且全长不大于15	1.5mm/m且全长不大于10				
	3	排管平面度/mm	≤5	≤3				
	4	排管间距/mm	0～+5	0～+3				
	5	排水、排油管道坡度	与流向一致，并符合设计要求					
	6	水平管弯曲度/mm	不大于1.5mm/m且全长不大于20	不大于1.0mm/m且全长不大于15				

检查意见：

主控项目共_____项，其中合格_____项，优良_____项，合格率_____%，优良率_____%。

一般项目共_____项，其中合格_____项，优良_____项，合格率_____%，优良率_____%。

检验人：（签字）	评定人：（签字）	监理工程师：（签字）
年　月　日	年　月　日	年　月　日

770

表 7.13.5　　**通风管道制作、安装质量检查表**

编号：_____

分部工程名称				单元工程名称				
安装部位				安装内容				
安装单位				开/完工日期				

项次		检验项目	质量要求		实测值	合格数	优良数	质量等级
			合格	优良				
主控项目	1	管道内部清扫及检查	符合设计要求和现行有关标准规定					
一般项目	1	风管直径或边长	符合设计要求					
	2	风管法兰直径或边长						
	3	风管与法兰垂直度						
	4	横管水平度/mm	3mm/m且全长不大于20	2mm/m且全长不大于10				
	5	立管垂直度/mm	2mm/m且全长不大于20	2mm/m且全长不大于15				

检查意见：

　　主控项目共_____项，其中合格_____项，优良_____项，合格率_____%，优良率_____%。

　　一般项目共_____项，其中合格_____项，优良_____项，合格率_____%，优良率_____%。

检验人：（签字）	评定人：（签字）	监理工程师：（签字）
年　月　日	年　月　日	年　月　日

表 7.13.6　　阀门、容器、管件及管道系统试验标准质量检查表

编号：_____

分部工程名称				单元工程名称				
安装部位				安装内容				
安装单位				开/完工日期				

项次		检验项目	质量要求		实测值	合格数	优良数	质量等级
			合格	优良				
主控项目	1	1.0MPa 及以上阀门	无渗漏					
	2	自制有压容器及管件	无渗漏等异常现象					
	3	自制有压容器及管件	无渗漏且压降小于5％					
	4	无压容器	无渗漏					
	5	系统管道	无渗漏等异常现象					
	6	系统管道	无渗漏					
	7	通风系统漏风量测试	符合 GB 50243 的有关要求					
	8	系统清洗、检查	符合设计要求和现行有关标准规定					

检查意见：
　　主控项目共_____项，其中合格_____项，优良_____项，合格率_____％，优良率_____％。

检验人：（签字）　　　　　　年　月　日	评定人：（签字）　　　　　　年　月　日	监理工程师：（签字）　　　　　　年　月　日

表7.14 箱、罐及其他容器安装
单元工程质量验收评定表（含质量检查表）
填表要求

填表时必须遵守"填表基本规定"，并应符合下列要求：

1. 单元工程划分：一台或数台同型号箱、罐及其他容器安装宜划分为一个单元工程。

2. 单元工程量：填写本单元工程安装箱、罐及其他容器台数（容积）。

3. 各检验项目的检验方法及检验数量按表G-24的要求执行。

表G-24　　　　　　　　　　箱、罐及其他容器安装

检验项目		检验方法	检验数量
安全、监测、保护装置		试验、检测	全部
辅助设备安装位置	平面位置	钢板尺、钢卷尺	均布，不少于4个点
	高程	水准仪或全站仪、钢板尺、钢卷尺	
卧式容器水平度		水平仪或U形水平管	
立式容器垂直度		吊垂线、钢板尺、钢卷尺	
高程		水准仪或全站仪、钢板尺	
中心线位置			

4. 单元工程施工质量验收评定应提交下列资料：

（1）安装单位应提供的资料包括：箱、罐及其他容器产品质量检查记录，以及校验、安装、检测记录。

（2）监理单位对单元工程安装质量的平行检验资料；监理工程师签署质量复核意见的单元工程安装质量验收评定表及质量检查表。

5. 油罐到货验收时应重点检查油罐出厂前按设备技术文件要求所做的渗漏试验，并核验合格证书。

6. 贮气罐到货验收应按国家有关规定和行业标准执行。

7. 施工单位制作的钢制压力容器的制造、检验、验收及质量评定应按GB 150的有关规定执行。

8. 表中数值为允许偏差值。

表 7.14　箱、罐及其他容器安装单元工程质量验收评定表

单位工程名称			单元工程量		
分部工程名称			安装单位		
单元工程名称、部位			评定日期		

项次	项　目	主控项目/个		一般项目/个	
		合格数	优良数	合格数	优良数
1	单元工程安装质量				
	各项试验和试运转效果				

安装单位自评意见	各项试验和单元工程试运转符合要求，各项报验资料符合规定，检验项目全部合格，检验项目优良标准率为_____%，其中主控项目优良标准率为_____%。 单元工程安装质量等级评定为：_____。 　　　　　　　　　　　　　　　　　　　（签字，加盖公章）　　　年　月　日
监理单位复核意见	各项试验和单元工程试运转符合要求，各项报验资料符合规定，检验项目全部合格，检验项目优良标准率为_____%，其中主控项目优良标准率为_____%。 单元工程安装质量等级评定为：_____。 　　　　　　　　　　　　　　　　　　　（签字，加盖公章）　　　年　月　日

表 7.14.1 箱、罐及其他容器安装单元工程质量检查表

编号：_____

分部工程名称					单元工程名称				
安装部位					安装内容				
安装单位					开/完工日期				

项次		检验项目		质量要求		实测值	合格数	优良数	质量等级
				合格	优良				
主控项目	1	安全、监测、保护装置		整定准确、灵敏、可靠，符合设备技术文件的规定					
	2	辅助设备安装位置	平面位置/mm	±10	±5				
	3		高程/mm	+20 −10	+10 −5				
一般项目	1	卧式容器水平度/mm		≤L/1000（L 为容器长度）	≤10				
	2	立式容器垂直度/mm		≤H/1000，且不超过10（H 为容器高度）	≤5				
	3	高程/mm		±10	±5				
	4	中心线位置/mm		±10	±5				

检查意见：

　　主控项目共_____项，其中合格_____项，优良_____项，合格率_____%，优良率_____%。

　　一般项目共_____项，其中合格_____项，优良_____项，合格率_____%，优良率_____%。

检验人：（签字）　　　　　　　　　年　月　日	评定人：（签字）　　　　　　　年　月　日	监理工程师：（签字）　　　　　　年　月　日

8 发电电气设备安装工程

发电电气设备安装工程填表说明

1. 本章表格适用于大、中型水电站发电电气设备安装工程单元工程质量验收评定：

（1）额定电压为 26kV 及以下电压等级的发电电气一次设备安装工程。

（2）发电电气、升压变电电气二次设备安装工程。

（3）水电站通信系统安装工程。

小型水电站同类设备安装工程的质量验收评定可参照执行。

2. 单元工程安装质量验收评定，应在单元工程检验项目的检验结果达到《水利水电工程单元工程施工质量验收评定标准——发电电气设备安装工程》（SL 638—2013）的要求和具有完备的施工记录基础上进行。

3. 单位工程、分部工程名称按《项目划分表》确定的名称填写。单元工程名称、部位填写《项目划分表》确定的本单元工程设备名称及部位。

4. 单元工程质量检查表表头上方的"编号"宜参照工程档案管理有关要求，并由工程项目参建各方研究确定。设计值应按设计文件及设备、技术文件要求填写，并将设计值用括号"（）"标出。检验结果填写实际测量及检验结果。

5. 施工单位申请验收评定时，应提交的资料包括：单元工程的安装记录和设备到货验收资料；制造厂提供的产品说明书、试验记录、合格证件及安装图纸等文件；备品、备件、专用工具及测量仪器清单；设计变更及修改等资料；安装调整试验和动作试验记录；单元工程试运行的检验记录资料；重要隐蔽单元工程隐蔽前的影像资料；由施工单位质量检验员填写的单元工程质量验收评定表、单元工程（部分）质量检查表。

6. 监理单位应形成的资料包括：监理单位对单元工程质量的平行检验资料；监理工程师签署质量复核意见的单元工程质量验收评定表及单元工程（部分）质量检查表。

7. 发电电气设备安装工程单元工程质量评定分为合格和优良两个等级：

（1）合格等级标准：

1）主控项目应全部符合 SL 638—2013 的质量要求。

2）单元工程所含各质量检验部分中的一般项目质量与 SL 638—2013 有微小出入，但不影响安全运行和设计效益，且不超过该单元工程一般项目的 30%。

（2）优良等级标准：

1）主控项目和一般项目均应全部符合 SL 638—2013 的质量要求。

2）电气试验及操作试验中未出现故障。

8. 对重要隐蔽单元工程和关键部位单元工程的安装质量验收评定应有设计、建设等单位的代表填写意见并签字，具体要求应满足《水利水电工程施工质量检验与评定规程》（SL 176）的规定。

9. 质量评定表中所列的检验项目，并未包括设备安装过程中规范规定的全部检查检验项目，安装单位在安装检验过程中不仅要对评定表各项目进行检验，而且按相应的施工及验收规范对所有检查检验项目进行认真的检查检验，做好记录，作为填写评定表的依据，也是向运行单位移交的重要施工资料。

10. 单元工程安装质量验收评定应具备下列条件：①单元工程所有安装项目已完成，施工现场具备验收条件；②单元工程所有安装项目的有关质量缺陷已处理完毕；③所用设备、材料均符合国家和相关行业的有关技术标准要求；④安装的电气设备均具有产品质量合格文件；⑤单元工程验收时提供的技术资料均符合验收规范规定；⑥具备质量检验所需的检测手段。

11. 单元工程安装质量验收评定应按下列程序进行：①施工单位对已经完成的单元工程安装质量进行自检；②施工单位自检合格后，应向监理单位申请复核；③监理单位收到申请后，应在1个工作日内进行复核，并评定单元工程质量等级；④重要隐蔽单元工程和关键部位单元工程安装质量的验收评定应由建设单位（或委托监理单位）主持，应由建设、设计、监理、施工等单位的代表联合组成质量验收评定小组，共同验收评定，并应在验收前通知工程质量监督机构。

表8.1 六氟化硫（SF_6）断路器安装
单元工程质量验收评定表（含各部分质量检查表）
填表要求

填表时必须遵守"填表基本规定"，并应符合下列要求：

1. 本表适用于额定电压为 26kV 及以下六氟化硫（SF_6）断路器安装工程质量验收评定。发电机出口断路器（GCB）安装工程质量验收评定本表中未涉及的检验项目可参照《电气装置安装工程 高压电气施工及验收规范》（GB 50147）相关章节执行。

2. 单元工程划分：一组六氟化硫（SF_6）断路器安装工程宜为一个单元工程。

3. 单元工程量：填写本单元工程六氟化硫（SF_6）断路器型号规格及安装组数。

4. 六氟化硫（SF_6）断路器安装工程质量检验内容应包括外观、安装、六氟化硫（SF_6）气体的管理及充注、电气试验及操作试验等部分。

5. 各检验项目的检验方法按表 H-1 的要求执行。

表 H-1　　　　　　　　　　　六氟化硫（SF_6）断路器安装

检验项目		检验方法
外观	外观	观察检查
	操作机构	
	密封材料	
	密度继电器、压力表	检查
	均压电容、合闸电阻	
安装	各部件密封	观察检查
	螺栓紧固	扳动检查
	设备载流部分及引下线连接	观察检查、扳动检查
	接地	观察检查、导通检查
	二次回路	试验检查
	基础及支架	测量检查
	吊装	观察检查
	吸附剂	
气体的管理及充注	充气设备及管路	观察检查、试验检查
	充气前断路器内部真空度	真空表测量
	充气后六氟化硫（SF_6）气体含水量及整体密封试验	微水仪测量、检漏仪测量
	六氟化硫（SF_6）气体压力检查	压力表检查
	六氟化硫（SF_6）气体监督管理	试验检查
电气试验及操作试验	绝缘电阻	兆欧表测量
	导电回路电阻	回路电阻测试仪测量
	分、合闸线圈绝缘电阻及直流电阻	兆欧表测量、仪表测量
	操动机构试验	操作检查
	分、合闸时间，分、合闸速度，触头的分、合闸同期性及配合时间	开关特性测试仪测量
	密度继电器、压力表和压力动作阀	试验检查
	交流耐压试验	交流耐压试验设备试验

表 8.1 六氟化硫（SF₆）断路器安装单元工程质量验收评定表

单位工程名称			单元工程量	
分部工程名称			安装单位	
单元工程名称、部位			评定日期	
项目			检 验 结 果	
外观	主控项目			
	一般项目			
安装	主控项目			
	一般项目			
气体的管理及充注	主控项目			
	一般项目			
电气试验及操作试验	主控项目			
安装单位自评意见	安装质量检验主控项目____项，全部符合 SL 638—2013 质量要求；一般项目_____项，与 SL 638—2013 有微小出入的_____项，所占比率为_____%。质量要求操作试验或试运行符合 SL 638—2013 的要求，操作试验或试运行_____出现故障。 单元工程安装质量等级评定为：_____。 （签字，加盖公章）　　　　年　月　日			
监理单位复核意见	安装质量检验主控项目____项，全部符合 SL 638—2013 质量要求；一般项目_____项，与 SL 638—2013 有微小出入的_____项，所占比率为_____%。质量要求操作试验或试运行符合 SL 638—2013 的要求，操作试验或试运行_____出现故障。 单元工程安装质量等级评定为：_____。 （签字，加盖公章）　　　　年　月　日			

表 8.1.1　　六氟化硫（SF₆）断路器外观质量检查表

编号：_____

分部工程名称				单元工程名称	
安装内容					
安装单位				开/完工日期	

<table>
<tr><th colspan="2">项次</th><th>检验项目</th><th>质量要求</th><th>检 验 结 果</th><th>检验人
（签字）</th></tr>
<tr><td rowspan="2">主
控
项
目</td><td>1</td><td>外观</td><td>（1）零部件及配件齐全、无锈蚀和损伤、变形；
（2）瓷套表面光滑无裂纹、缺损，铸件无砂眼；
（3）绝缘部件无变形、受潮、裂纹和剥落，绝缘良好，绝缘拉杆端部连接部件牢固可靠</td><td></td><td></td></tr>
<tr><td>2</td><td>操作机构</td><td>零件齐全，轴承光滑无卡涩，铸件无裂纹，焊接良好</td><td></td><td></td></tr>
<tr><td rowspan="3">一
般
项
目</td><td>1</td><td>密封材料</td><td>组装用的螺栓、密封垫、密封脂、清洁剂和润滑脂等符合产品技术文件要求</td><td></td><td></td></tr>
<tr><td>2</td><td>密度继电器、压力表</td><td>有产品合格证明和校验报告</td><td></td><td></td></tr>
<tr><td>3</td><td>均压电容、合闸电阻</td><td>技术数值符合产品技术文件要求</td><td></td><td></td></tr>
</table>

检查意见：

　　主控项目共_____项，其中符合 SL 638—2013 质量要求_____项。

　　一般项目共_____项，其中符合 SL 638—2013 质量要求_____项，与 SL 638—2013 有微小出入_____项。

安装单位 评定人	（签字） 年　月　日	监理工程师	（签字） 年　月　日

表 8.1.2   六氟化硫（SF₆）断路器安装质量检查表

编号：_____

分部工程名称				单元工程名称	
安装内容					
安装单位				开/完工日期	

项次		检验项目	质量要求	检 验 结 果	检验人（签字）
主控项目	1	各部件密封	密封槽面清洁，无划伤痕迹		
	2	螺栓紧固	力矩值符合产品技术文件要求		
	3	设备载流部分及引下线连接	（1）设备接线端子的接触表面平整、清洁、无氧化膜，并涂以薄层电力复合脂，镀银部分应无挫磨；（2）设备载流部分的可挠连接无折损、表面凹陷及锈蚀；（3）连接螺栓齐全、紧固，紧固力矩应符合 GB 50149 的规定		
	4	接地	符合设计文件和产品技术文件要求，且无锈蚀、损伤，连接牢靠		
	5	二次回路	信号和控制回路应符合 GB 50171 的规定		
一般项目	1	基础及支架	（1）基础中心距离及高度允许误差为±10mm；（2）预留孔或预埋件中心线允许误差为±10mm；（3）预埋螺栓中心线允许误差为±2mm；（4）支架或底架与基础的垫片不宜超过 3 片，其总厚度不大于 10mm		
	2	吊装	无碰撞和擦伤		
	3	吸附剂	现场检查产品包装符合产品技术文件要求，必要时进行干燥处理		

检查意见：

　　主控项目共_____项，其中符合 SL 638—2013 质量要求_____项。

　　一般项目共_____项，其中符合 SL 638—2013 质量要求_____项，与 SL 638—2013 有微小出入_____项。

安装单位评定人	（签字） 年　月　日	监理工程师	（签字） 年　月　日

表 8.1.3   六氟化硫（SF₆）气体的管理及充注质量检查表

编号：＿＿＿＿＿＿＿＿＿＿＿＿

分部工程名称				单元工程名称		
安装内容						
安装单位				开/完工日期		

项次		检验项目	质量要求	检 验 结 果	检验人（签字）
主控项目	1	充气设备及管路	洁净，无水分、油污，管路连接部分无渗漏		
	2	充气前断路器内部真空度	符合产品技术文件要求		
	3	充气后六氟化硫（SF₆）气体含水量及整体密封试验	（1）与灭弧室相通的气室六氟化硫（SF₆）气体含水量，应小于150μL/L；（2）不与灭弧室相通的气室六氟化硫（SF₆）气体含水量，应小于250μL/L；（3）每个气室年泄漏率不大于1%		
	4	六氟化硫（SF₆）气体压力检查	各气室六氟化硫（SF₆）气体压力符合产品技术文件要求		
一般项目	1	六氟化硫（SF₆）气体监督管理	应符合GB 50147的规定		

检查意见：

主控项目共＿＿＿＿＿项，其中符合SL 638—2013质量要求＿＿＿＿＿项。

一般项目共＿＿＿＿项，其中符合SL 638—2013质量要求＿＿＿＿项，与SL 638—2013有微小出入＿＿＿＿项。

安装单位评定人	（签字） 年 月 日	监理工程师	（签字） 年 月 日

表 8.1.4　　六氟化硫（SF₆）断路器电气试验及操作试验质量检查表

编号：_____

分部工程名称			单元工程名称	
安装内容				
安装单位			开/完工日期	

项次		检验项目	质量要求	检验结果	检验人（签字）
主控项目	1	绝缘电阻	符合产品技术文件要求		
	2	导电回路电阻	符合产品技术文件要求		
	3	分、合闸线圈绝缘电阻及直流电阻	符合产品技术文件要求		
	4	操动机构试验	（1）位置指示器动作正确可靠，分、合位置指示与断路器实际分、合状态一致；（2）断路器及其操作机构的联动正常，无卡阻现象，辅助开关动作正确可靠		
	5	分、合闸时间，分、合闸速度，触头的分、合闸同期性及配合时间	应符合 GB 50150 的规定及产品技术文件要求		
	6	密度继电器、压力表和压力动作阀	压力显示正常，动作值符合产品技术文件要求		
	7	交流耐压试验	应符合 GB 50150 的规定，试验中耐受规定的试验电压而无破坏性放电现象		

检查意见：

　　主控项目共_____项，其中符合 SL 638—2013 质量要求_____项。

安装单位评定人	（签字）　　　　　　　　　　年　月　日	监理工程师	（签字）　　　　　　　　　　年　月　日

表8.2 真空断路器安装
单元工程质量验收评定表（含各部分质量检查表）
填表要求

填表时必须遵守"填表基本规定"，并应符合下列要求：

1. 本表适用于额定电压为3～35kV的户内式真空断路器安装工程质量验收评定。
2. 单元工程划分：一组真空断路器安装工程宜为一个单元工程。
3. 单元工程量：填写本单元工程真空断路器型号规格和安装组数。
4. 真空断路器安装工程质量检验内容应包括外观、安装、电气试验及操作试验等部分。
5. 各检验项目的检验方法按表H-2的要求执行。

表 H-2   真 空 断 路 器 安 装

检验项目		检验方法
外观	导电部分	观察检查
	绝缘部件	
	外观	
	断路器支架	
安装	导电部分	扳动检查
	弹簧操作机构	观察检查、操作检查
	接地	观察检查、导通检查
	二次回路	试验检查
	基础或支架	测量检查
	本体安装	观察检查
电气试验及操作试验	绝缘电阻	兆欧表测量
	导电回路电阻	回路电阻测试仪测量
	分、合闸线圈及合闸接触器线圈的绝缘电阻和直流电阻	兆欧表测量、直流电阻测试仪测量
	操动机构试验	操作检查
	主触头分、合闸的时间，分、合闸的同期性，合闸时触头的弹跳时间	开关特性测试仪测量
	交流耐压试验	交流耐压试验设备试验
	并联电阻、电容	测量检查

6. 高压开关柜中的配电真空断路器可与高压开关柜一并进行质量验收评定。

表 8.2 **真空断路器安装单元工程质量验收评定表**

单位工程名称			单元工程量	
分部工程名称			安装单位	
单元工程名称、部位			评定日期	
项目		检 验 结 果		
外观	主控项目			
	一般项目			
安装	主控项目			
	一般项目			
电气试验及操作试验	主控项目			
安装单位自评意见	安装质量检验主控项目____项，全部符合 SL 638—2013 质量要求；一般项目_____项，与 SL 638—2013 有微小出入的_____项，所占比率为_____%。质量要求操作试验或试运行符合 SL 638—2013 的要求，操作试验或试运行_____出现故障。 单元工程安装质量等级评定为：_____。 （签字，加盖公章）　　　年　月　日			
监理单位复核意见	安装质量检验主控项目____项，全部符合 SL 638—2013 质量要求；一般项目_____项，与 SL 638—2013 有微小出入的_____项，所占比率为_____%。质量要求操作试验或试运行符合 SL 638—2013 的要求，操作试验或试运行_____出现故障。 单元工程安装质量等级评定为：_____。 （签字，加盖公章）　　　年　月　日			

表 8.2.1　　真空断路器外观质量检查表

编号：_____

分部工程名称				单元工程名称		
安装内容						
安装单位				开/完工日期		

项次		检验项目	质量要求	检 验 结 果	检验人（签字）
主控项目	1	导电部分	（1）设备接线端子的接触表面平整、清洁、无氧化膜，镀银层完好； （2）设备载流部分的可挠连接无折损、表面凹陷及锈蚀； （3）真空断路器本体两端与外部连接的触头洁净光滑、镀银层完好，触头弹簧齐全、无损伤		
	2	绝缘部件	无变形、受潮		
一般项目	1	外观	（1）绝缘隔板齐全、完好； （2）灭弧室、瓷套与铁件间应黏合牢固、无裂纹及破损； （3）相色标志清晰、正确		
	2	断路器支架	焊接良好，外部防腐层完整		

检查意见：

　　主控项目共_____项，其中符合 SL 638—2013 质量要求_____项。

　　一般项目共_____项，其中符合 SL 638—2013 质量要求_____项，与 SL 638—2013 有微小出入_____项。

安装单位评定人	（签字） 　　年　月　日	监理工程师	（签字） 　　年　月　日

表 8.2.2   **真空断路器安装质量检查表**

编号：_____

分部工程名称				单元工程名称	
安装内容					
安装单位				开/完工日期	

项次		检验项目	质量要求	检 验 结 果	检验人（签字）
主控项目	1	导电部分	设备导电部分连接可靠，接线端子搭接面和螺栓紧固力矩符合 GB 50149 的规定		
	2	弹簧操作机构	（1）分、合闸闭锁装置动作灵活，复位准确，扣合可靠； （2）机构分、合位置指示与设备实际分、合状态一致； （3）三相联动连杆的拐臂应在同一水平面上，拐臂角度应一致		
	3	接地	接地牢固，导通良好		
	4	二次回路	信号和控制回路符合 GB 50171 的规定		
一般项目	1	基础或支架	（1）中心距离及高度允许误差为±10mm； （2）预留孔或预埋件中心线允许误差为±10mm； （3）预埋螺栓中心线允许误差±2mm		
	2	本体安装	安装垂直、固定牢固、相间支持瓷件在同一水平面上		

检查意见：

    主控项目共_____项，其中符合 SL 638—2013 质量要求_____项。

    一般项目共_____项，其中符合 SL 638—2013 质量要求_____项，与 SL 638—2013 有微小出入_____项。

安装单位评定人	（签字） 年 月 日	监理工程师	（签字） 年 月 日

表 8.2.3　　真空断路器电气试验及操作试验质量检查表

编号：_____

分部工程名称				单元工程名称	
安装内容					
安装单位				开/完工日期	
项次	检验项目	质量要求	检 验 结 果		检验人（签字）
主控项目	1 绝缘电阻	整体及绝缘拉杆绝缘电阻值应符合 GB 50150 的规定及产品技术文件要求			
	2 导电回路电阻	符合产品技术文件要求			
	3 分、合闸线圈及合闸接触器线圈的绝缘电阻和直流电阻	符合产品技术文件要求			
	4 操动机构试验	（1）位置指示器动作应正确可靠，分、合位置指示与设备实际分、合状态一致；（2）断路器及其操作机构的联动正常，无卡阻现象，辅助开关动作正确可靠			
	5 主触头分、合闸的时间，分、合闸的同期性，合闸时触头的弹跳时间	应符合 GB 50150 的规定			
	6 交流耐压试验	应符合 GB 50150 的规定			
	7 并联电阻、电容	符合产品技术文件要求			

检查意见：
　　主控项目共_____项，其中符合 SL 638—2013 质量要求_____项。

安装单位评定人	（签字） 　　　　年　月　日	监理工程师	（签字） 　　　　年　月　日

表8.3 隔离开关安装
单元工程质量验收评定表（含各部分质量检查表）
填表要求

填表时必须遵守"填表基本规定"，并应符合下列要求：

1. 本表适用于额定电压为 3～35kV 的户内式隔离开关（包括接地开关）安装工程质量验收评定。

2. 单元工程划分：一组隔离开关安装工程宜为一个单元工程。

3. 单元工程量：填写本单元工程隔离开关型号规格及安装组数。

4. 隔离开关安装工程质量检验内容应包括外观、安装、电气试验及操作试验等部分。

5. 各检验项目的检验方法按表 H-3 的要求执行。

表 H-3   隔 离 开 关 安 装

检验项目		检验方法
外观	瓷件	观察检查
	导电部分	
	开关本体	
	操动机构	观察检查、扳动检查
安装	导电部分	观察检查、扳动检查
	支柱绝缘子	测量检查
	传动装置	观察检查、扳动检查、测量检查
	操动机构	观察检查、扳动检查
	接地	观察检查、导通检查
	二次回路	试验检查
	基础或支架	测量检查
	本体安装	观察检查
电气试验及操作试验	绝缘电阻	兆欧表测量
	导电回路电阻	回路电阻测试仪测量
	交流耐压试验	交流耐压试验设备试验
	三相同期性	试验仪器测量
	操动机构线圈的最低动作电压值	试验仪器测量
	操动机构试验	操作检查、试验仪器测量

表 8.3　　隔离开关安装单元工程质量验收评定表

单位工程名称			单元工程量	
分部工程名称			安装单位	
单元工程名称、部位			评定日期	
项目		检 验 结 果		
外观	主控项目			
	一般项目			
安装	主控项目			
	一般项目			
电气试验及操作试验	主控项目			
安装单位自评意见		安装质量检验主控项目＿＿项，全部符合 SL 638—2013 质量要求；一般项目＿＿＿项，与 SL 638—2013 有微小出入的＿＿＿项，所占比率为＿＿＿％。质量要求操作试验或试运行符合 SL 638—2013 的要求，操作试验或试运行＿＿＿＿出现故障。 单元工程安装质量等级评定为：＿＿＿＿＿＿＿。 　　　　　　　　　　　（签字，加盖公章）　　　年　月　日		
监理单位复核意见		安装质量检验主控项目＿＿项，全部符合 SL 638—2013 质量要求；一般项目＿＿＿项，与 SL 638—2013 有微小出入的＿＿＿项，所占比率为＿＿＿％。质量要求操作试验或试运行符合 SL 638—2013 的要求，操作试验或试运行＿＿＿＿出现故障。 单元工程安装质量等级评定为：＿＿＿＿＿＿＿。 　　　　　　　　　　　（签字，加盖公章）　　　年　月　日		

表 8.3.1　隔离开关外观质量检查表

编号：_____

分部工程名称				单元工程名称	
安装内容					
安装单位				开/完工日期	

项次		检验项目	质量要求	检 验 结 果	检验人（签字）
主控项目	1	瓷件	（1）瓷件无裂纹、破损，瓷铁胶合处黏合牢固；（2）法兰结合面平整、无外伤或铸造砂眼		
	2	导电部分	可挠软连接无折损，接线端子（或触头）镀层完好		
一般项目	1	开关本体	无变形和锈蚀，涂层完整，相色正确		
	2	操动机构	操动机构部件齐全，固定连接件连接紧固，转动部分涂有润滑脂		

检查意见：

　　主控项目共_____项，其中符合 SL 638—2013 质量要求_____项。

　　一般项目共_____项，其中符合 SL 638—2013 质量要求_____项，与 SL 638—2013 有微小出入_____项。

安装单位评定人	（签字）　　　　　　年　月　日	监理工程师	（签字）　　　　　　年　月　日

表 8.3.2 **隔离开关安装质量检查表**

编号：_____

分部工程名称					单元工程名称		
安装内容							
安装单位					开/完工日期		

项次		检验项目	质量要求	检 验 结 果	检验人（签字）
主控项目	1	导电部分	（1）触头表面平整、清洁，载流部分表面无严重凹陷及锈蚀，载流部分的可挠连接无折损； （2）触头间接触紧密，两侧的接触压力均匀，并符合产品文件技术要求。当采用插入连接时，导体插入深度符合产品技术文件要求； （3）设备连接端子涂以薄层电力复合脂。连接螺栓齐全、紧固，紧固力矩应符合 GB 50149 的规定		
	2	支柱绝缘子	（1）支柱绝缘子与底座平面（V 型隔离开关除外）垂直、连接牢固，同相各支柱绝缘子的中心线在同一垂直平面内； （2）同相各绝缘子支柱的中心线在同一垂直平面内		
	3	传动装置	（1）拉杆与带电部分的距离应符合 GB 50149 的规定； （2）传动部件安装位置正确，固定牢靠；传动齿轮齿合准确； （3）定位螺钉调整、固定符合产品技术文件要求； （4）所有传动摩擦部位，应涂以适合当地气候的润滑脂		
	4	操动机构	（1）安装牢固，各固定部件螺栓紧固，开口销必须分开； （2）机构动作平稳，无卡阻、冲击； （3）限位装置准确可靠；辅助开关动作与隔离开关动作一致、接触准确可靠； （4）分、合闸位置指示正确		
	5	接地	接地牢固，导通良好		
	6	二次回路	机构箱内信号和控制回路应符合 GB 50171 的规定		
一般项目	1	基础或支架	（1）中心距离及高度允许误差为±10mm； （2）预留孔或预埋件中心线允许误差为±10mm； （3）预埋螺栓中心线允许误差为±2mm		
	2	本体安装	（1）安装垂直、固定牢固、相间支持瓷件在同一水平面上； （2）相间距离允许误差为±10mm，相间连杆在同一水平线上		

检查意见：

　　主控项目共_____项，其中符合 SL 638—2013 质量要求_____项。

　　一般项目共_____项，其中符合 SL 638—2013 质量要求_____项，与 SL 638—2013 有微小出入_____项。

安装单位评定人	（签字） 　　　　　年　月　日	监理工程师	（签字） 　　　　　年　月　日

表 8.3.3　　隔离开关电气试验及操作试验质量检查表

编号：_____

分部工程名称				单元工程名称	
安装内容					
安装单位				开/完工日期	

项次		检验项目	质量要求	检验结果	检验人（签字）
主控项目	1	绝缘电阻	应符合 GB 50150 的规定及产品技术文件要求		
	2	导电回路电阻	符合产品技术文件要求		
	3	交流耐压试验	应符合 GB 50150 的规定		
	4	三相同期性	符合产品技术文件要求		
	5	操动机构线圈的最低动作电压值	符合产品技术文件要求		
	6	操动机构试验	（1）电动机及二次控制线圈和电磁闭锁装置在其额定电压的 80%～110% 范围内时，隔离开关主闸刀或接地闸刀分、合闸动作可靠； （2）机械或电气闭锁装置准确可靠		

检查意见：

　　主控项目共_____项，其中符合 SL 638—2013 质量要求_____项。

安装单位评定人	（签字） 年　月　日	监理工程师	（签字） 年　月　日

表8.4 负荷开关及高压熔断器安装
单元工程质量验收评定表（含各部分质量检查表）
填表要求

填表时必须遵守"填表基本规定"，并应符合下列要求：

1. 本章适用于额定电压为3～26kV的负荷开关及高压熔断器安装工程质量验收评定。

2. 单元工程划分：一组负荷开关或一组高压熔断器安装工程宜为一个单元工程。

3. 单元工程量：填写本单元工程负荷开关或高压熔断器型号规格及安装组数。

4. 负荷开关及高压熔断器安装工程质量检验内容应包括外观、安装、电气试验及操作试验等部分。

5. 各检验项目的检验方法按表H-4的要求执行。

表 H-4 负荷开关及高压熔断器安装

检验项目		检验方法
外观	负荷开关	观察检查、扳动检查
	高压熔断器	观察检查
安装	导电部分	观察检查、扳动检查
	支柱绝缘子	测量检查
	传动装置	观察检查、扳动检查、测量检查
	操动机构	观察检查、扳动检查
	接地	观察检查、导通检查
	二次回路	试验检查
	基础或支架	测量检查
	本体安装	观察检查
	熔丝	
电气试验及操作试验	绝缘电阻	兆欧表测量
	导电回路电阻	回路电阻测试仪测量
	交流耐压试验	交流耐压试验设备试验
	三相同期性	仪器测量
	操动机构线圈最低动作电压	
	操动机构试验	操作检查、试验仪器测量
	高压熔断器熔丝直流电阻	仪表测量

表 8.4　负荷开关及高压熔断器安装单元工程质量验收评定表

单位工程名称			单元工程量	
分部工程名称			安装单位	
单元工程名称、部位			评定日期	
项目		检 验 结 果		
外观	一般项目			
安装	主控项目			
	一般项目			
电气试验及操作试验	主控项目			
安装单位自评意见	安装质量检验主控项目____项，全部符合 SL 638—2013 质量要求；一般项目_____项，与 SL 638—2013 有微小出入的_____项，所占比率为_____%。质量要求操作试验或试运行符合 SL 638—2013 的要求，操作试验或试运行_____出现故障。 单元工程安装质量等级评定为：_____。 （签字，加盖公章）　　　年　月　日			
监理单位复核意见	安装质量检验主控项目____项，全部符合 SL 638—2013 质量要求；一般项目_____项，与 SL 638—2013 有微小出入的_____项，所占比率为_____%。质量要求操作试验或试运行符合 SL 638—2013 的要求，操作试验或试运行_____出现故障。 单元工程安装质量等级评定为：_____。 （签字，加盖公章）　　　年　月　日			

表 8.4.1　　负荷开关及高压熔断器外观质量检查表

编号：_____

分部工程名称		单元工程名称	
安装内容			
安装单位		开/完工日期	

项次	检验项目	质量要求	检 验 结 果	检验人（签字）
一般项目	1　负荷开关	（1）部件齐全、完整； （2）灭弧筒内产生气体的有机绝缘物应完整无裂纹；绝缘子表面清洁，无裂纹、破损、焊接残留斑点等缺陷，瓷瓶与金属法兰胶装部位牢固密实； （3）支柱绝缘子无裂纹、损伤，无修补； （4）操动机构零部件齐全，所有固定连接部分应紧固，转动部分涂有润滑脂； （5）带油负荷开关外露部分及油箱清理干净，油位正常，油质合格，无渗漏		
	2　高压熔断器	（1）零部件齐全、无锈蚀，熔管无裂纹、破损； （2）熔丝的规格符合设计文件要求，且无弯折、压扁或损伤		

检查意见：
　　一般项目共_____项，其中符合 SL 638—2013 质量要求_____项，与 SL 638—2013 有微小出入_____项。

安装单位评定人	（签字） 　　　　年　月　日	监理工程师	（签字） 　　　　年　月　日

表 8.4.2　负荷开关及高压熔断器安装质量检查表

编号：_____

分部工程名称				单元工程名称		
安装内容						
安装单位				开/完工日期		

项次		检验项目	质量要求	检 验 结 果		检验人（签字）
主控项目	1	导电部分	（1）负荷开关触头表面平整、清洁，载流部分表面无严重凹陷及锈蚀，载流部分的可挠连接无折损； （2）负荷开关合闸主固定触头与主刀接触紧密，两侧的接触压力均匀，分闸时三相灭弧刀片应同时跳离固定灭弧触头。当采用插入连接时，导体插入深度符合产品技术文件要求； （3）设备连接端子涂以薄层电力复合脂。连接螺栓齐全、紧固，紧固力矩应符合 GB 50149 的规定			
	2	支柱绝缘子	（1）支柱绝缘子与底座平面垂直、连接牢固，同一绝缘子柱的各绝缘子中心线应在同一垂直线上； （2）同相各绝缘子支柱的中心线在同一垂直平面内			
	3	传动装置	（1）拉杆与带电部分的距离应符合 GB 50149 的规定； （2）传动部件安装位置正确，固定牢靠；传动齿轮啮合准确； （3）定位螺钉调整、固定符合产品技术文件要求； （4）所有传动摩擦部位，应涂以适合当地气候的润滑脂			
	4	操动机构	（1）安装牢固，各固定部件螺栓紧固，开口销必须分开； （2）机构动作平稳，无卡阻、冲击； （3）分、合闸位置指示正确			
	5	接地	接地牢固，导通良好			
	6	二次回路	信号和控制回路应符合 GB 50171 的规定			
一般项目	1	基础或支架	（1）中心距离及高度允许误差为 ±10mm； （2）预留孔或预埋件中心线允许误差为 ±10mm； （3）预埋螺栓中心线允许误差为 ±2mm			
	2	本体安装	（1）安装垂直、固定牢固、相间支持瓷件在同一水平面上； （2）相间距离允许误差为 ±10mm，相间连杆在同一水平线上			
	3	熔丝	熔丝的规格符合设计文件要求，且无弯曲、压扁或损伤			

检查意见：

　　主控项目共_____项，其中符合 SL 638—2013 质量要求_____项。

　　一般项目共_____项，其中符合 SL 638—2013 质量要求_____项，与 SL 638—2013 有微小出入_____项。

安装单位评定人	（签字） 　　　　年　月　日	监理工程师	（签字） 　　　　年　月　日

表 8.4.3 负荷开关及高压熔断器电气试验及操作试验质量检查表

编号：_____

分部工程名称			单元工程名称		
安装内容					
安装单位			开/完工日期		

项次		检验项目	质量要求	检 验 结 果	检验人（签字）
主控项目	1	绝缘电阻	应符合 GB 50150 的规定及产品技术文件要求		
	2	导电回路电阻	应符合 GB 50150 的规定及产品技术文件要求		
	3	交流耐压试验	应符合 GB 50150 的规定		
	4	三相同期性	负荷开关三相触头接触的同期性和分闸状态时触头间净距及拉开角度符合产品技术文件要求		
	5	操动机构线圈最低动作电压	符合产品技术文件要求		
	6	操动机构试验	（1）电动机及二次控制线圈和电磁闭锁装置在其额定电压的 80%～110% 范围内时，隔离开关主闸刀或接地闸刀分、合闸动作可靠；（2）机械或电气闭锁装置准确可靠		
	7	高压熔断器熔丝直流电阻	高压限流熔丝管熔丝的直流电阻值与同型产品相比无明显差别		

检查意见：

　　主控项目共_____项，其中符合 SL 638—2013 质量要求_____项。

安装单位评定人	（签字） 年　月　日	监理工程师	（签字） 年　月　日

表8.5 互感器安装
单元工程质量验收评定表(含各部分质量检查表)
填表要求

填表时必须遵守"填表基本规定",并应符合下列要求:

1. 本表适用于干式电压(电流)互感器安装工程质量验收评定。
2. 单元工程划分:一组电压(电流)互感器安装工程宜为一个单元工程。
3. 单元工程量:填写本单元工程电压(电流)互感器型号规格及安装组数。
4. 互感器安装工程质量检验内容应包括外观、安装、电气试验等部分。
5. 各检验项目的检验方法按表 H-5 的要求执行。

表 H-5   互 感 器 安 装

检验项目		检验方法
外观	铭牌标志	观察检查
	外观	
	铁芯	
	二次接线板引线端子及绝缘	
	绝缘夹件及支持物	
	螺栓	观察检查、扳动检查
安装	本体安装	观察检查
	接地	观察检查、导通检查
	连接螺栓	观察检查、扳动检查
电气试验	绕组绝缘电阻	兆欧表测量
	铁芯夹紧螺栓绝缘电阻	
	接线组别和极性	测量检查
	变比检查	
	交流耐压试验	交流耐压试验设备试验
	绕组直流电阻	直流电阻测试仪测量
	励磁特性	测量检查
	误差	

表 8.5   **互感器安装单元工程质量验收评定表**

单位工程名称			单元工程量	
分部工程名称			安装单位	
单元工程名称、部位			评定日期	
项目		检 验 结 果		
外观	一般项目			
安装	主控项目			
	一般项目			
电气试验	主控项目			
安装单位自评意见	安装质量检验主控项目____项，全部符合 SL 638—2013 质量要求；一般项目_____项，与 SL 638—2013 有微小出入的_____项，所占比率为_____%。质量要求操作试验或试运行符合 SL 638—2013 的要求，操作试验或试运行_____出现故障。 单元工程安装质量等级评定为：_____。 （签字，加盖公章） 年 月 日			
监理单位复核意见	安装质量检验主控项目____项，全部符合 SL 638—2013 质量要求；一般项目_____项，与 SL 638—2013 有微小出入的_____项，所占比率为_____%。质量要求操作试验或试运行符合 SL 638—2013 的要求，操作试验或试运行_____出现故障。 单元工程安装质量等级评定为：_____。 （签字，加盖公章） 年 月 日			

表 8.5.1　　　　　**互感器外观质量检查表**

编号：＿＿＿＿＿＿＿＿＿＿

分部工程名称				单元工程名称		
安装内容						
安装单位				开/完工日期		

项次		检验项目	质量要求	检 验 结 果	检验人（签字）
一般项目	1	铭牌标志	完整、清晰		
	2	外观	完整、附件齐全、无锈蚀及机械损伤		
	3	铁芯	无变形且清洁紧密、无锈蚀		
	4	二次接线板引线端子及绝缘	连接牢固，绝缘完好		
	5	绝缘夹件及支持物	牢固，无损伤，无分层开裂		
	6	螺栓	无松动，附件完整		

检查意见：

　　一般项目共＿＿＿＿＿项，其中符合 SL 638—2013 质量要求＿＿＿＿＿项，与 SL 638—2013 有微小出入＿＿＿＿项。

安装单位评定人	（签字） 年　月　日	监理工程师	（签字） 年　月　日

表 8.5.2　　　　　互感器安装质量检查表

编号：_____

分部工程名称				单元工程名称	
安装内容					
安装单位				开/完工日期	

项次		检验项目	质量要求	检　验　结　果	检验人（签字）
主控项目	1	本体安装	（1）支架安装面应水平； （2）并列安装时排列整齐，同一组互感器极性方向一致； （3）母线式电流互感器等电位线与一次导体接触紧密、可靠； （4）零序电流互感器的安装，不应使构架或其他导磁体与互感器铁芯直接接触，不构成闭合磁回路		
	2	接地	（1）电压互感器铁芯接地可靠；电压互感器的一次绕组中性点接地符合设计文件要求； （2）电流互感器备用二次绕组端子先短路后接地		
一般项目	1	连接螺栓	齐全、紧固		

检查意见：

　　主控项目共_____项，其中符合 SL 638—2013 质量要求_____项。

　　一般项目共_____项，其中符合 SL 638—2013 质量要求_____项，与 SL 638—2013 有微小出入_____项。

安装单位评定人	（签字） 年　月　日	监理工程师	（签字） 年　月　日

表 8.5.3   **互感器电气试验质量检查表**

编号：_____

分部工程名称			单元工程名称	
安装内容				
安装单位			开/完工日期	

项次		检验项目	质量要求	检 验 结 果	检验人（签字）
主控项目	1	绕组绝缘电阻	应符合 GB 50150 的规定或产品技术文件要求		
	2	铁芯夹紧螺栓绝缘电阻	应符合 GB 50150 的规定或产品技术文件要求		
	3	接线组别和极性	符合设计文件要求，与铭牌和标志相符		
	4	变比检查	符合设计文件要求及产品技术文件要求		
	5	交流耐压试验	应符合 GB 50150 的规定		
	6	绕组直流电阻	（1）电压互感器绕组直流电阻测量值与换算到同一温度下的出厂值比较，一次绕组相差不宜大于 10%，二次绕组相差不宜大于 15%； （2）同型号、同规格、同批次电流互感器一次、二次绕组的直流电阻测量值与其平均值的差异不宜大于 10%		
	7	励磁特性	（1）当继电保护对电流互感器的励磁特性有要求时，应进行励磁特性曲线试验，试验结果符合产品技术文件要求； （2）电压互感器励磁曲线测量应符合 GB 50150 的规定		
	8	误差	应符合 GB 50150 的规定或产品技术文件要求		

检查意见：

    主控项目共_____项，其中符合 SL 638—2013 质量要求_____项。

安装单位评定人	（签字） 年 月 日	监理工程师	（签字） 年 月 日

表8.6 电抗器与消弧线圈安装
单元工程质量验收评定表（含各部分质量检查表）
填表要求

填表时必须遵守"填表基本规定"，并应符合下列要求：

1. 本表适用于额定电压为 26kV 及以下干式电抗器与消弧线圈安装工程质量验收评定。
2. 单元工程划分：同一电压等级、同一设备单元的干式电抗器与消弧线圈安装工程宜为一个单元工程。
3. 单元工程量：填写本单元工程干式电抗器与消弧线圈型号规格及安装组数。
4. 电抗器与消弧线圈安装工程质量检验内容应包括外观、安装、电气试验等部分。
5. 各检验项目的检验方法按表 H-6 的要求执行。

表 H-6   电抗器与消弧线圈安装

检验项目		检验方法
电抗器与消弧线圈外观	电抗器支柱及线圈	观察检查
	电抗器外观	扳动检查、观察检查
	消弧线圈外观	观察检查
电抗器安装	本体及附件安装	观察检查
	二次回路	试验检查
	保护网	观察检查
消弧线圈安装	铁芯	
	绕组	
	引出线	观察检查、扳动检查
	外壳及本体接地	观察检查
	二次回路	传动检查
	相色标志	观察检查
	开启门接地	
电抗器电气试验	绕组连同套管的绝缘电阻、吸收比或极化指数	兆欧表测量
	绕组连同套管的直流电阻	直流电阻测试仪测量
	绕组连同套管的交流耐压试验	交流耐压试验设备试验
	干式电抗器额定电压下冲击合闸试验	试验检查
消弧线圈电气试验	绕组连同套管的绝缘电阻、吸收比或极化指数	兆欧表测量
	绕组连同套管的直流电阻	直流电阻测试仪测量
	与铁芯绝缘的各紧固件的绝缘电阻	兆欧表测量
	绕组连同套管的交流耐压试验	交流耐压试验设备试验

表 8.6　　电抗器与消弧线圈安装单元工程质量验收评定表

单位工程名称			单元工程量	
分部工程名称			安装单位	
单元工程名称、部位			评定日期	
项目			检 验 结 果	
电抗器与消弧线圈外观	主控项目			
	一般项目			
电抗器安装	主控项目			
	一般项目			
消弧线圈安装	主控项目			
	一般项目			
电抗器电气试验	主控项目			
消弧线圈电气试验	主控项目			
安装单位自评意见	安装质量检验主控项目____项，全部符合 SL 638—2013 质量要求；一般项目_____项，与 SL 638—2013 有微小出入的_____项，所占比率为_____%。质量要求操作试验或试运行符合 SL 638—2013 的要求，操作试验或试运行_____出现故障。 单元工程安装质量等级评定为：_____。 　　　　　　　　　　　　　　　　（签字，加盖公章）　　　年　月　日			
监理单位复核意见	安装质量检验主控项目____项，全部符合 SL 638—2013 质量要求；一般项目_____项，与 SL 638—2013 有微小出入的_____项，所占比率为_____%。质量要求操作试验或试运行符合 SL 638—2013 的要求，操作试验或试运行_____出现故障。 单元工程安装质量等级评定为：_____。 　　　　　　　　　　　　　　　　（签字，加盖公章）　　　年　月　日			

表 8.6.1　　电抗器与消弧线圈外观质量检查表

编号：_____

分部工程名称				单元工程名称	
安装内容					
安装单位				开/完工日期	

项次		检验项目	质量要求	检 验 结 果	检验人（签字）
主控项目	1	电抗器支柱及线圈	（1）支柱及线圈绝缘无损伤和裂纹； （2）线圈无变形		
一般项目	1	电抗器外观	（1）各部位螺栓连接紧固； （2）支柱绝缘子及其附件齐全，支柱绝缘子瓷铁浇装连接牢固； （3）磁性材料各部件固定牢固； （4）线圈外部的绝缘漆完好；各部油漆完整		
	2	消弧线圈外观	（1）铭牌及接线图标志齐全清晰； （2）附件齐全完好，绝缘子外观光滑，无裂纹		

检查意见：

　　主控项目共_____项，其中符合 SL 638—2013 质量要求_____项。

　　一般项目共_____项，其中符合 SL 638—2013 质量要求_____项，与 SL 638—2013 有微小出入_____项。

安装单位评定人	（签字） 年　月　日	监理工程师	（签字） 年　月　日

表 8.6.2　　　　**电抗器安装质量检查表**

编号：_____

分部工程名称			单元工程名称	
安装内容				
安装单位			开/完工日期	

项次		检验项目	质量要求	检 验 结 果	检验人（签字）
主控项目	1	本体及附件安装	（1）各部位无变形损伤，且固定牢固、螺栓紧固； （2）铁芯一点接地； （3）三相垂直排列绕组绕向中间相与上下两相相反且三相中心线一致。两相重叠，一相并列，绕组绕向两相相反，另一相与上面相同。三相水平排列，绕组绕向相同。底层的所有支柱绝缘子接地良好，其余的支柱绝缘子不接地； （4）附近安装的二次电缆和二次设备间采取防电磁干扰的措施，二次电缆的接地线不构成闭合回路		
	2	二次回路	信号和控制回路应符合 GB 50171 的规定		
一般项目	1	保护网	（1）采用金属围栏时，金属围栏有明显断开点，并不通过接地线构成闭合回路； （2）保护网网门开启灵活且只能向外侧开启，门锁齐全；且网眼牢固，均匀一致		

检查意见：

　　主控项目共_____项，其中符合 SL 638—2013 质量要求_____项。

　　一般项目共_____项，其中符合 SL 638—2013 质量要求_____项，与 SL 638—2013 有微小出入_____项。

安装单位评定人	（签字） 　　　　年　月　日	监理工程师	（签字） 　　　　年　月　日

表 8.6.3　　　　**消弧线圈安装质量检查表**

编号：_____

分部工程名称				单元工程名称	
安装内容					
安装单位				开/完工日期	

项次		检验项目	质量要求	检 验 结 果	检验人（签字）
主控项目	1	铁芯	紧固件无松动，有且只有一点接地		
	2	绕组	接线牢固正确，表面无放电痕迹及裂纹		
	3	引出线	绝缘层无损伤、裂纹，裸露导体无毛刺尖角，防松件齐全、完好，引线支架固定牢固，无损伤		
	4	外壳及本体接地	应符合 GB 50169 的规定或产品技术文件要求		
	5	二次回路	信号和控制回路应符合GB 50171 的规定		
一般项目	1	相色标志	相色标志齐全、正确		
	2	开启门接地	应符合 GB 50169 的规定或产品技术文件要求		

检查意见：

　　主控项目共_____项，其中符合 SL 638—2013 质量要求_____项。

　　一般项目共_____项，其中符合 SL 638—2013 质量要求_____项，与 SL 638—2013 有微小出入_____项。

安装单位评定人	（签字）　　　　　　年　月　日	监理工程师	（签字）　　　　　　年　月　日

表 8.6.4 　　　　　　　**电抗器电气试验质量检查表**

编号：_____

分部工程名称			单元工程名称	
安装内容				
安装单位			开/完工日期	

项次		检验项目	质量要求	检 验 结 果	检验人（签字）
主控项目	1	绕组连同套管的绝缘电阻、吸收比或极化指数	应符合 GB 50150 的规定		
	2	绕组连同套管的直流电阻	（1）测量应在各分接头的所有位置上进行，实测值与出厂值的变化规律一致；（2）三相绕组直流电阻值相互间差值不大于三相平均值的 2%；（3）与同温下产品出厂值比较相应变化不大于 2%		
	3	绕组连同套管的交流耐压试验	应符合 GB 50150 的规定		
	4	干式电抗器额定电压下冲击合闸试验	进行 5 次，每次间隔为 5min，无异常现象		

检查意见：
　　主控项目共_____项，其中符合 SL 638—2013 质量要求_____项。

安装单位评定人	（签字） 　　　　年　月　日	监理工程师	（签字） 　　　　年　月　日

表 8.6.5   **消弧线圈电气试验质量检查表**

编号：_____

分部工程名称				单元工程名称	
安装内容					
安装单位				开/完工日期	

项次		检验项目	质量要求	检验结果	检验人（签字）
主控项目	1	绕组连同套管的绝缘电阻、吸收比或极化指数	应符合 GB 50150 的规定		
	2	绕组连同套管的直流电阻	(1) 测量应在各分接头的所有位置上进行，实测值与出厂值的变化规律一致；(2) 与同温下产品出厂值比较相应变化不大于2%		
	3	与铁芯绝缘的各紧固件的绝缘电阻	应符合 GB 50150 的规定或产品技术条件文件要求		
	4	绕组连同套管的交流耐压试验	应符合 GB 50150 的规定		

检查意见：

    主控项目共_____项，其中符合 SL 638—2013 质量要求_____项。

安装单位评定人	（签字） 年　月　日	监理工程师	（签字） 年　月　日

表8.7 避雷器安装单元工程
质量验收评定表（含各部分质量检查表）填表要求

填表时必须遵守"填表基本规定"，并应符合下列要求：

1. 本表适用于额定电压为 26kV 及以下发电、配电及厂用电系统中的金属氧化物避雷器安装工程质量验收评定。

2. 单元工程划分：同一电压等级的金属氧化物避雷器安装工程宜为一个单元工程。

3. 单元工程量：填写本单元工程同一电压等级的金属氧化物避雷器型号规格及安装组数。

4. 金属氧化物避雷器安装工程质量检验内容应包括外观、安装、电气试验等部分。

5. 各检验项目的检验方法按表 H-7 的要求执行。

表 H-7
避雷器安装

检验项目		检验方法
外观	外观	观察检查
	安全装置	
安装	本体安装	观察检查、测量检查
	接地	观察检查、扳动检查
	连接	
	放电计数器	观察检查
	相色标志	
电气试验	绝缘电阻	兆欧表测量
	直流参考电压和 0.75 倍直流参考电压下的泄漏电流	仪器测量
	工频参考电压和持续电流	
	工频放电电压	
	放电计数器	雷击计数器测试器试验

表 8.7   **避雷器安装单元工程质量验收评定表**

单位工程名称			单元工程量	
分部工程名称			安装单位	
单元工程名称、部位			评定日期	
项目		检 验 结 果		
外观	主控项目			
安装	主控项目			
	一般项目			
电气试验	主控项目			
安装单位自评意见	安装质量检验主控项目____项，全部符合 SL 638—2013 质量要求；一般项目_____项，与 SL 638—2013 有微小出入的_____项，所占比率为_____%。质量要求操作试验或试运行符合 SL 638—2013 的要求，操作试验或试运行_____出现故障。 单元工程安装质量等级评定为：_____。 （签字，加盖公章）　　年　月　日			
监理单位复核意见	安装质量检验主控项目____项，全部符合 SL 638—2013 质量要求；一般项目_____项，与 SL 638—2013 有微小出入的_____项，所占比率为_____%。质量要求操作试验或试运行符合 SL 638—2013 的要求，操作试验或试运行_____出现故障。 单元工程安装质量等级评定为：_____。 （签字，加盖公章）　　年　月　日			

_____工程

表 8.7.1　　　金属氧化物避雷器外观质量检查表

编号：_____

分部工程名称				单元工程名称	
安装内容					
安装单位				开/完工日期	

项次	检验项目	质量要求	检验结果	检验人（签字）
主控项目	1　外观	（1）密封完好，设备型号符合设计文件要求； （2）瓷质或硅橡胶外套外观光洁、完整、无裂纹； （3）金属法兰结合面平整，无外伤或铸造砂眼； （4）底座绝缘良好		
	2　安全装置	完整、无损		

检查意见：

　　主控项目共_____项，其中符合 SL 638—2013 质量要求_____项。

安装单位评定人	（签字） 年　月　日	监理工程师	（签字） 年　月　日

表 8.7.2   金属氧化物避雷器安装质量检查表

编号：_____

分部工程名称			单元工程名称		
安装内容					
安装单位			开/完工日期		

项次		检验项目	质量要求	检 验 结 果	检验人（签字）
主控项目	1	本体安装	（1）垂直度符合产品技术文件要求，绝缘底座安装应水平； （2）并列安装的避雷器三相中心在同一直线上，相间中心距离允许偏差为 10mm		
	2	接地	符合设计文件要求，接地引下线连接固定牢靠		
一般项目	1	连接	（1）连接螺栓齐全、紧固； （2）各连接处的金属接触表面平整、无氧化膜，并涂以薄层电力复合脂； （3）引线的连接不应使设备端子受到超过允许的承受应力		
	2	放电计数器	调至同一值		
	3	相色标志	清晰、正确		

检查意见：

　　主控项目共_____项，其中符合 SL 638—2013 质量要求_____项。

　　一般项目共_____项，其中符合 SL 638—2013 质量要求_____项，与 SL 638—2013 有微小出入_____项。

安装单位评定人	（签字） 年　月　日	监理工程师	（签字） 年　月　日

表 8.7.3 **金属氧化物避雷器电气试验质量检查表**

编号：_____

分部工程名称			单元工程名称	
安装内容				
安装单位			开/完工日期	

项次		检验项目	质量要求	检 验 结 果	检验人（签字）
主控项目	1	绝缘电阻	（1）电压等级 1kV 以上用 2500V 兆欧表，绝缘电阻值不低于 1000MΩ； （2）电压等级 1kV 及以下用 500V 兆欧表测量，绝缘电阻值不低于 2MΩ； （3）基座绝缘电阻值不低于 5MΩ		
	2	直流参考电压和 0.75 倍直流参考电压下的泄漏电流	0.75 倍直流参考电压下的泄漏电流值不大于 $50\mu A$，或符合产品技术条件要求		
	3	工频参考电压和持续电流	应符合 GB 50150 的规定		
	4	工频放电电压	应符合 GB 50150 的规定		
	5	放电计数器	动作可靠		

检查意见：

主控项目共_____项，其中符合 SL 638—2013 质量要求_____项。

安装单位评定人	（盖章） 年 月 日	监理工程师	（签字） 年 月 日

表8.8 高压开关柜安装
单元工程质量验收评定表（含各部分质量检查表）
填表要求

填表时必须遵守"填表基本规定"，并应符合下列要求：

1. 本表适用于发、配电装置中固定式和手车式高压开关柜安装工程质量验收评定。

2. 单元工程划分：同一电压等级的高压开关柜安装工程宜为一个单元工程。

3. 单元工程量：填写本单元工程同一电压等级下的高压开关柜及主要设置的型号规格及安装数量。

4. 高压开关柜安装工程质量检验内容应包括外观、安装、电气试验及操作试验等部分。

5. 各检验项目的检验方法按表H-8的要求执行。

表H-8　　　　　　　　　　　高压开关柜安装

检验项目		检验方法
外观	柜内元件	观察检查、扳动检查
	外观	观察检查
安装	高压开关柜安装	观察检查、操作检查
	闭锁装置	操作检查、检查报告
	接地	观察检查
	二次回路及元件	操作检查、试验检查
	基础安装	观察检查、测量检查
	柜体安装	测量检查
电气试验及操作试验	高压开关柜内断路器	与SL 638—2013标准中同类电气设备方法相同
	负荷开关	
	熔断器	
	隔离开关	
	接地开关	
	避雷器	

6. 基础型钢安装允许偏差值见表H-9（SL 638—2013表11.2.2-2）。

表H-9　　　　　　　　　　基础型钢安装允许偏差值

项　目	允　许　偏　差	
	mm/m	mm/全长
不直度	<1	<5
水平度	<1	<5
位置偏差及不平行度	—	<5

7. 开关柜安装允许偏差值见表H-10（SL 638—2013表11.2.2-3）。

表H-10　　　　　　　　　　开关柜安装允许偏差值

项　目		允许偏差
垂直度		<1.5mm/m
水平偏差	相邻两柜顶部	<2mm
	成列柜顶部	<2mm
柜间偏差	相邻两柜边	<1mm
	成列柜面	<5mm
柜间接缝		<2mm

表 8.8　高压开关柜安装单元工程质量验收评定表

单位工程名称			单元工程量	
分部工程名称			安装单位	
单元工程名称、部位			评定日期	
项目			检 验 结 果	
外观	主控项目			
	一般项目			
安装	主控项目			
	一般项目			
电气试验及操作试验	高压开关柜内断路器	主控项目		
	负荷开关			
	熔断器			
	隔离开关			
	接地开关			
	避雷器			
安装单位自评意见	安装质量检验主控项目____项，全部符合 SL 638—2013 质量要求；一般项目____项，与 SL 638—2013 有微小出入的_____项，所占比率为_____%。质量要求操作试验或试运行符合 SL 638—2013 的要求，操作试验或试运行_____出现故障。 　　单元工程安装质量等级评定为：_____。 　　　　　　　　　　　　　（签字，加盖公章）　　　年　月　日			
监理单位复核意见	安装质量检验主控项目____项，全部符合 SL 638—2013 质量要求；一般项目____项，与 SL 638—2013 有微小出入的_____项，所占比率为_____%。质量要求操作试验或试运行符合 SL 638—2013 的要求，操作试验或试运行_____出现故障。 　　单元工程安装质量等级评定为：_____。 　　　　　　　　　　　　　（签字，加盖公章）　　　年　月　日			

表8.8.1　　　　高压开关柜外观质量检查表

编号：_____

分部工程名称				单元工程名称		
安装内容						
安装单位				开/完工日期		

项次	检验项目	质量要求	检 验 结 果	检验人（签字）
主控项目	1　柜内元件	（1）开关柜内断路器、负荷开关、熔断器、隔离开关、接地开关、避雷器等元件应符合 SL 638—2013 标准中同类电气设备质量标准； （2）柜内设备与各构件间连接牢固		
一般项目	1　外观	（1）开关柜间隔排列顺序符合设计文件要求； （2）开关柜无变形及受损，防腐完好		

检查意见：

　　主控项目共_____项，其中符合 SL 638—2013 质量要求_____项。

　　一般项目共_____项，其中符合 SL 638—2013 质量要求_____项，与 SL 638—2013 有微小出入_____项。

安装单位评定人	（签字） 年　月　日	监理工程师	（签字） 年　月　日

表 8.8.2   **高压开关柜安装质量检查表**

编号：_____

分部工程名称				单元工程名称	
安装内容					
安装单位				开/完工日期	

项次		检验项目	质量要求	检 验 结 果	检验人（签字）
主控项目	1	高压开关柜安装	（1）固定式高压开关柜紧固件完好、齐全，固定牢固； （2）手车推拉灵活、轻便，无卡阻、碰撞；具有相同额定值和结构的组件，具有互换性； （3）安全隔离板开启灵活，并应随手车的进出而相应动作； （4）手车推入工作位置后，动触头顶部与静触头底部的间隙，应符合产品技术文件要求		
	2	闭锁装置	（1）机械闭锁、电气闭锁动作正确、可靠； （2）开关柜"五防"功能符合产品技术文件要求		
	3	接地	（1）成列开关柜的接地母线，应有两处明显的与接地网可靠连接点； （2）金属柜门与接地的金属构架连接符合产品技术文件要求		
	4	二次回路及元件	（1）手车或抽屉的二次回路连接插件（插头与插座）应接触良好，并应有锁紧措施； （2）仪表、继电器等二次元件的防振措施应可靠； （3）信号和控制回路应符合 GB 50171 的规定		
一般项目	1	基础安装	（1）型钢顶部标高符合产品技术文件要求，没有要求时宜高出抹平地面 10mm； （2）基础型钢允许偏差应符合表 H-9 的规定		
	2	柜体安装	开关柜安装垂直度、水平偏差以及柜面偏差和柜间接缝的允许偏差应符合表 H-10 的规定		

检查意见：

主控项目共_____项，其中符合 SL 638—2013 质量要求_____项。

一般项目共_____项，其中符合 SL 638—2013 质量要求_____项，与 SL 638—2013 有微小出入_____项。

安装单位评定人	（签字） 年　月　日	监理工程师	（签字） 年　月　日

表 8.8.3－1 六氟化硫（SF₆）断路器电气试验及操作试验质量检查表

编号：_____

分部工程名称				单元工程名称	
安装内容					
安装单位				开/完工日期	

项次		检验项目	质量要求	检 验 结 果	检验人（签字）
主控项目	1	绝缘电阻	符合产品技术文件要求		
	2	导电回路电阻	符合产品技术文件要求		
	3	分、合闸线圈绝缘电阻及直流电阻	符合产品技术文件要求		
	4	操动机构试验	（1）位置指示器动作正确可靠，分、合位置指示与断路器实际分、合状态一致；（2）断路器及其操作机构的联动正常，无卡阻现象，辅助开关动作正确可靠		
	5	分、合闸时间，分、合闸速度，触头的分、合闸同期性及配合时间	应符合 GB 50150 的规定及产品技术文件要求		
	6	密度继电器、压力表和压力动作阀	压力显示正常，动作值符合产品技术文件要求		
	7	交流耐压试验	应符合 GB 50150 的规定，试验中耐受规定的试验电压而无破坏性放电现象		

检查意见：
　　主控项目共_____项，其中符合 SL 638—2013 质量要求_____项。

安装单位评定人	（签字） 年 月 日	监理工程师	（签字） 年 月 日

8.8.3－2　真空断路器电气试验及操作试验质量检查表

编号：＿＿＿＿＿＿＿＿＿＿＿

分部工程名称				单元工程名称		
安装内容						
安装单位				开/完工日期		

项次		检验项目	质量要求	检　验　结　果	检验人（签字）
主控项目	1	绝缘电阻	整体及绝缘拉杆绝缘电阻值应符合 GB 50150 的规定及产品技术文件要求		
	2	导电回路电阻	符合产品技术文件要求		
	3	分、合闸线圈及合闸接触器线圈的绝缘电阻和直流电阻	符合产品技术文件要求		
	4	操动机构试验	（1）位置指示器动作应正确可靠，分、合位置指示与设备实际分、合状态一致；（2）断路器及其操作机构的联动正常，无卡阻现象，辅助开关动作正确可靠		
	5	主触头分、合闸的时间，分、合闸的同期性，合闸时触头的弹跳时间	应符合 GB 50150 的规定		
	6	交流耐压试验	应符合 GB 50150 的规定		
	7	并联电阻、电容	符合产品技术文件要求		

检查意见：
　　主控项目共＿＿＿＿＿项，其中符合 SL 638—2013 质量要求＿＿＿＿＿项。

安装单位评定人	（签字） 年　月　日	监理工程师	（签字） 年　月　日

表 8.8.3－3　隔离开关电气试验及操作试验质量检查表

编号：_____

分部工程名称			单元工程名称	
安装内容				
安装单位			开/完工日期	

项次		检验项目	质量要求	检 验 结 果	检验人（签字）
主控项目	1	绝缘电阻	应符合 GB 50150 的规定及产品技术文件要求		
	2	导电回路电阻	符合产品技术文件要求		
	3	交流耐压试验	应符合 GB 50150 的规定		
	4	三相同期性	符合产品技术文件要求		
	5	操动机构线圈的最低动作电压值	符合产品技术文件要求		
	6	操动机构试验	（1）电动机及二次控制线圈和电磁闭锁装置在其额定电压的 80%～110% 范围内时，隔离开关主闸刀或接地闸刀分、合闸动作可靠；（2）机械或电气闭锁装置准确可靠		

检查意见：
　　主控项目共_____项，其中符合 SL 638—2013 质量要求_____项。

安装单位评定人	（签字）　　　　　　年　月　日	监理工程师	（签字）　　　　　　年　月　日

表 8.8.3－4 负荷开关及高压熔断器电气试验及操作试验质量检查表

编号：_____

分部工程名称				单元工程名称	
安装内容					
安装单位				开/完工日期	

项次		检验项目	质量要求	检 验 结 果	检验人（签字）
主控项目	1	绝缘电阻	应符合 GB 50150 的规定及产品技术文件要求		
	2	导电回路电阻	应符合 GB 50150 的规定及产品技术文件要求		
	3	交流耐压试验	应符合 GB 50150 的规定		
	4	三相同期性	负荷开关三相触头接触的同期性和分闸状态时触头间净距及拉开角度符合产品技术文件要求		
	5	操动机构线圈最低动作电压	符合产品技术文件要求		
	6	操动机构试验	（1）电动机及二次控制线圈和电磁闭锁装置在其额定电压的 80%～110% 范围内时，隔离开关主闸刀或接地闸刀分、合闸动作可靠； （2）机械或电气闭锁装置准确可靠		
	7	高压熔断器熔丝直流电阻	高压限流熔丝管熔丝的直流电阻值与同型产品相比无明显差别		

检查意见：

　　主控项目共_____项，其中符合 SL 638—2013 质量要求_____项。

安装单位评定人	（签字） 年　月　日	监理工程师	（签字） 年　月　日

表 8.8.3 - 5　　　**互感器电气试验质量检查表**

编号：_____

分部工程名称				单元工程名称		
安装内容						
安装单位				开/完工日期		

项次		检验项目	质量要求	检 验 结 果		检验人（签字）
主控项目	1	绕组绝缘电阻	应符合 GB 50150 的规定或产品技术文件要求			
	2	铁芯夹紧螺栓绝缘电阻	应符合 GB 50150 的规定或产品技术文件要求			
	3	接线组别和极性	应符合设计文件要求，与铭牌和标志相符			
	4	变比检查	符合设计文件要求及产品技术文件要求			
	5	交流耐压试验	应符合 GB 50150 的规定			
	6	绕组直流电阻	（1）电压互感器绕组直流电阻测量值与换算到同一温度下的出厂值比较，一次绕组相差不宜大于 10%，二次绕组相差不宜大于 15%； （2）同型号、同规格、同批次电流互感器一次、二次绕组的直流电阻测量值与其平均值的差异不宜大于 10%			
	7	励磁特性	（1）当继电保护对电流互感器的励磁特性有要求时，应进行励磁特性曲线试验，试验结果符合产品技术文件要求； （2）电压互感器励磁曲线测量应符合 GB 50150 的规定			
	8	误差	应符合 GB 50150 的规定或产品技术文件要求			

检查意见：
　　主控项目共_____项，其中符合 SL 638—2013 质量要求_____项。

安装单位评定人	（签字） 　　　年　月　日	监理工程师	（签字） 　　　年　月　日

表 8.8.3-6　　　电抗器电气试验质量检查表

编号：_____

分部工程名称				单元工程名称	
安装内容					
安装单位				开/完工日期	

项次		检验项目	质量要求	检 验 结 果	检验人（签字）
主控项目	1	绕组连同套管的绝缘电阻、吸收比或极化指数	应符合 GB 50150 的规定		
	2	绕组连同套管的直流电阻	（1）测量应在各分接头的所有位置上进行，实测值与出厂值的变化规律一致；（2）三相绕组直流电阻值相互间差值不大于三相平均值的 2%；（3）与同温下产品出厂值比较相应变化不大于 2%		
	3	绕组连同套管的交流耐压试验	应符合 GB 50150 的规定		
	4	干式电抗器额定电压下冲击合闸试验	进行 5 次，每次间隔为 5min，无异常现象		

检查意见：

　　主控项目共_____项，其中符合 SL 638—2013 质量要求_____项。

安装单位评定人	（签字） 年　月　日	监理工程师	（签字） 年　月　日

表 8.8.3－7　　消弧线圈电气试验质量检查表

编号：_____

分部工程名称				单元工程名称	
安装内容					
安装单位				开/完工日期	

项次		检验项目	质量要求	检 验 结 果	检验人（签字）
主控项目	1	绕组连同套管的绝缘电阻、吸收比或极化指数	应符合 GB 50150 的规定		
	2	绕组连同套管的直流电阻	（1）测量应在各分接头的所有位置上进行，实测值与出厂值的变化规律一致；（2）与同温下产品出厂值比较相应变化不大于2％		
	3	与铁芯绝缘的各紧固件的绝缘电阻	应符合 GB 50150 的规定或产品技术条件文件要求		
	4	绕组连同套管的交流耐压试验	应符合 GB 50150 的规定		

检查意见：
　　主控项目共_____项，其中符合 SL 638—2013 质量要求_____项。

安装单位评定人	（签字）　　　年　月　日	监理工程师	（签字）　　　年　月　日

表 8.8.3－8   **避雷器电气试验质量检查表**

编号：_____

分部工程名称			单元工程名称	
安装内容				
安装单位			开/完工日期	

项次		检验项目	质量要求	检 验 结 果	检验人（签字）
主控项目	1	绝缘电阻	（1）电压等级 1kV 以上用 2500V 兆欧表，绝缘电阻值不低于 1000MΩ； （2）电压等级 1kV 及以下用 500V 兆欧表测量，绝缘电阻值不低于 2MΩ； （3）基座绝缘电阻值不低于 5MΩ		
	2	直流参考电压和 0.75 倍直流参考电压下的泄漏电流	0.75 倍直流参考电压下的泄漏电流值不大于 $50\mu A$，或符合产品技术条件要求		
	3	工频参考电压和持续电流	应符合 GB 50150 的规定		
	4	工频放电电压	应符合 GB 50150 的规定		
	5	放电计数器	动作可靠		

检查意见：

    主控项目共_____项，其中符合 SL 638—2013 质量要求_____项。

安装单位评定人	（签字） 年　月　日	监理工程师	（签字） 年　月　日

830

表8.9　厂用变压器安装
单元工程质量验收评定表（含各部分质量检查表）
填表要求

填表时必须遵守"填表基本规定"，并应符合下列要求：

1. 本表适用于额定电压为 26kV 及以下，且单台额定容量为 3150kVA 及以下的厂用变压器安装工程质量验收评定。

2. 单元工程划分：一组或一台厂用变压器安装工程宜为一个单元工程。

3. 单元工程量：填写本单元工程厂用变压器型号规格及安装数量（组数或台数）。

4. 厂用变压器安装工程质量检验内容应包括外观及器身检查、本体及附件安装、电气试验等部分。

5. 各检验项目的检验方法按表 H-11 的要求执行。

表 H-11　　　　　　　　　　　厂用变压器安装

检验项目		检验方法
外观及器身	器身	观察检查、扳动检查
	铁芯	
	绕组	
	引出线	
	调压切换装置	观察检查、操作检查
	到货检查	观察检查、扳动检查
	外壳及附件	观察检查
干式变压器本体及附件	铁芯	观察检查、扳动检查
	绕组	
	引出线	观察检查
	温控装置	
	冷却风扇	
	相色标志	
	接地	
油浸变压器本体及附件	本体就位	观察检查、扳动检查
	气体继电器	操作检查、观察检查
	安全气道	观察检查
	有载调压切换装置	扳动检查、观察检查、传动检查、仪器测量
	注、排绝缘油	观察检查
	储油柜及吸湿器	观察检查、传动检查
	测温装置	资料检查、观察检查
电气试验	绕组连同套管一起的绝缘电阻、吸收比	兆欧表测量
	与铁芯绝缘的各紧固件及铁芯的绝缘电阻	2500V 兆欧表测量
	绕组连同套管的直流电阻	直流电阻测试仪测量
	相位	仪器测量
	三相变压器的接线组别和单相变压器引出线极性	
	所有分接头的电压比	
	有载调压装置的检查试验	
	油浸式变压器绝缘油试验	
	绕组连同套管的交流耐压试验	交流耐压试验设备试验
	冲击合闸试验	试验检查

表 8.9   **厂用变压器安装单元工程质量验收评定表**

单位工程名称			单元工程量	
分部工程名称			安装单位	
单元工程名称、部位			评定日期	
项 目		检 验 结 果		
外观及器身	主控项目			
	一般项目			
干式变压器本体及附件	主控项目			
	一般项目			
油浸变压器本体及附件	主控项目			
	一般项目			
电气试验	主控项目			
安装单位自评意见	安装质量检验主控项目____项，全部符合 SL 638—2013 质量要求；一般项目_____项，与 SL 638—2013 有微小出入的_____项，所占比率为_____%。质量要求操作试验或试运行符合 SL 638—2013 的要求，操作试验或试运行_____出现故障。 单元工程安装质量等级评定为：_____。 （签字，加盖公章） 年 月 日			
监理单位复核意见	安装质量检验主控项目____项，全部符合 SL 638—2013 质量要求；一般项目_____项，与 SL 638—2013 有微小出入的_____项，所占比率为_____%。质量要求操作试验或试运行符合 SL 638—2013 的要求，操作试验或试运行_____出现故障。 单元工程安装质量等级评定为：_____。 （签字，加盖公章） 年 月 日			

表 8.9.1　厂用变压器外观及器身质量检查表

编号：＿＿＿＿＿＿＿＿＿＿

分部工程名称				单元工程名称		
安装内容						
安装单位				开/完工日期		
项次	检验项目		质量要求	检 验 结 果		检验人 （签字）
主控项目	1	器身	（1）器身检查应符合 GB 50148 的规定或产品技术文件要求； （2）各部件无损伤、变形、无移动； （3）所有螺栓紧固并有防松措施；绝缘螺栓无损坏，防松绑扎完好； （4）油浸变压器箱体完好，无渗漏			
	2	铁芯	（1）外观无碰伤变形； （2）铁芯一点接地； （3）铁芯各紧固件紧固，无松动； （4）铁芯绝缘良好			
	3	绕组	（1）绕组接线表面无放电痕迹及裂纹； （2）各绕组线圈排列整齐，间隙均匀，油路畅通； （3）绕组压钉（或垫块）紧固，绝缘完好，防松螺母锁紧			
	4	引出线	（1）绝缘包扎紧固，无破损、拧弯； （2）固定牢固，绝缘距离符合设计文件要求； （3）裸露部分无毛刺或尖角，焊接良好； （4）与套管接线正确，连接牢固			

项次		检验项目	质量要求	检 验 结 果	检验人（签字）
主控项目	5	调压切换装置	（1）无励磁调压切换装置各分接头与线圈连接紧固、正确，接点接触紧密、弹性良好，切换装置拉杆、分接头凸轮等完整无损，转动盘动作灵活、密封良好，指示器指示正确； （2）有载调压切换装置的分接开关、切换开关接触良好，位置显示一致，分接引线连接牢固、正确，切换开关部分密封良好		
一般项目	1	到货检查	（1）油箱及所有附件齐全，无锈蚀或机械损伤，密封良好； （2）各连接部位螺栓齐全，紧固良好； （3）套管包装完好，表面无裂纹、伤痕、充油套管无渗油现象，油位指示正常		
	2	外壳及附件	（1）铭牌及接线图标志齐全清晰； （2）附件齐全完好，绝缘子外观光滑，无裂纹		

检查意见：

主控项目共_____项，其中符合 SL 638—2013 质量要求_____项。

一般项目共_____项，其中符合 SL 638—2013 质量要求_____项，与 SL 638—2013 有微小出入_____项。

安装单位评定人	（签字） 年 月 日	监理工程师	（签字） 年 月 日

表 8.9.2－1　　厂用干式变压器本体及附件安装质量检查表

编号：_____

分部工程名称		单元工程名称	
安装内容			
安装单位		开/完工日期	

项次		检验项目	质量要求	检 验 结 果	检验人（签字）
主控项目	1	铁芯	紧固件无松动，有且只有一点接地		
	2	绕组	接线牢固正确，表面无放电痕迹及裂纹		
	3	引出线	绝缘层无损伤、裂纹，裸露导体无毛刺尖角，防松件齐全、完好，引线支架固定牢固，无损伤		
	4	温控装置	指示正确，动作可靠		
	5	冷却风扇	电动机及叶片安装牢固、转向正确，无异常现象		
一般项目	1	相色标志	正确、清晰		
	2	接地	应符合 GB 50169 的规定或产品技术文件要求		

检查意见：

　　主控项目共_____项，其中符合 SL 638—2013 质量要求_____项。

　　一般项目共_____项，其中符合 SL 638—2013 质量要求_____项，与 SL 638—2013 有微小出入_____项。

安装单位评定人	（签字） 　　　　年　月　日	监理工程师	（签字） 　　　　年　月　日

表 8.9.2 - 2 厂用油浸变压器本体及附件安装质量检查表

编号：_____

分部工程名称				单元工程名称	
安装内容					
安装单位				开/完工日期	

项次		检验项目	质量要求	检 验 结 果	检验人（签字）
主控项目	1	本体就位	（1）安装位置符合设计文件要求； （2）本体与基础配合牢固； （3）若与封闭母线连接时，套管中心线与封闭母线中心线相符合		
	2	气体继电器	（1）经校验整定，动作整定值符合产品技术文件要求； （2）水平安装方向与产品标示一致，连通管升高坡度符合产品技术文件要求； （3）集气盒按产品技术文件要求充注变压器油并进行排气检查且密封严密，进线孔封堵严密； （4）观察窗挡板处于打开位置		
	3	安全气道	（1）内壁清洁干燥； （2）膜片完整、无变形		
	4	有载调压切换装置	（1）机构固定牢固，操作灵活； （2）切换开关触头及其连接线完整无损，接触良好； （3）切换装置工作顺序及切换时间符合产品技术文件要求，机械、电气联锁动作正确； （4）位置指示器动作正常、指示正确； （5）油箱密封良好，油的电气强度符合产品技术文件要求		

项次		检验项目	质量要求	检 验 结 果	检验人（签字）
主控项目	5	注、排绝缘油	应符合 GB 50148 的规定或产品技术文件要求		
一般项目	1	储油柜及吸湿器	（1）储油柜清洁干净、安装方向正确； （2）油位表动作灵活，其指示与实际油位相符； （3）吸湿器与储油柜连接管密封良好，吸湿剂干燥，油封油位在油面线上		
	2	测温装置	（1）温度计安装前经校验整定，指示正确； （2）温度计座注绝缘油，且严密无渗油现象； （3）膨胀式温度计细金属软管不应压扁和急剧扭曲，弯曲半径不小于 50mm		

检查意见：

主控项目共_____项，其中符合 SL 638—2013 质量要求_____项。

一般项目共_____项，其中符合 SL 638—2013 质量要求_____项，与 SL 638—2013 有微小出入_____项。

安装单位评定人	（签字） 年 月 日	监理工程师	（签字） 年 月 日

表 8.9.3   **厂用变压器电气试验质量检查表**

编号：_____

分部工程名称				单元工程名称		
安装内容						
安装单位				开/完工日期		

项次		检验项目	质量要求	检 验 结 果	检验人 （签字）
主控项目	1	绕组连同套管一起的绝缘电阻、吸收比	绝缘电阻值不低于产品出厂试验值的70％		
	2	与铁芯绝缘的各紧固件及铁芯的绝缘电阻	持续1min无闪烙及击穿现象		
	3	绕组连同套管的直流电阻	（1）容量等级为1600kVA 及以下的三相变压器，各相差值小于平均值的4％；线间测值的相互差值应小于平均值的2％；1600kVA以上三相变压器，各相测值相互差值小于平均值的2％；线间测值相互差值应小于平均值的1％； （2）与同温下产品出厂实测值比较，相应变化不大于2％； （3）由于变压器结构等原因，差值超过第（1）项时，可只按第（2）项比较，并应说明原因		
	4	相位	相位正确		
	5	三相变压器的接线组别和单相变压器引出线极性	与设计要求及铭牌标记和外壳符号相符		

项次		检验项目	质量要求	检 验 结 果	检验人（签字）
主控项目	6	所有分接头的电压比	与制造厂铭牌数据相比无明显差别，且符合变压比的规律，差值应符合 GB 50150 的规定		
	7	有载调压装置的检查试验	应符合 GB 50150 的规定		
	8	油浸式变压器绝缘油试验	应符合 GB 50150 的规定或产品技术文件要求		
	9	绕组连同套管的交流耐压试验	应符合 GB 50150 的规定		
	10	冲击合闸试验	应符合 GB 50150 的规定		

检查意见：
　　主控项目共_____项，其中符合 SL 638—2013 质量要求_____项。

安装单位评定人	（签字） 年　月　日	监理工程师	（签字） 年　月　日

表8.10 低压配电盘及低压电器安装
单元工程质量验收评定表（含各部分质量检查表）
填表要求

填表时必须遵守"填表基本规定"，并应符合下列要求：

1. 本表适用于交流50Hz、额定电压500V及以下的低压配电盘（包括动力配电箱）及低压电器安装工程质量验收评定。

2. 单元工程划分：一排或一个区域的低压配电盘及低压电器安装工程宜为一个单元工程。

3. 单元工程量：填写本单元工程低压配电盘及低压电器型号规格及安装数量（组或面）。

4. 低压配电盘及低压电器安装工程质量检验内容应包括基础及本体安装、配线及低压电器安装、电气试验等部分。

5. 各检验项目的检验方法按表H-12的要求执行。

表 H-12 　　　　　　　　　　低压配电盘及低压电器安装

检验项目		检验方法
基础及本体安装	成套柜的安装	观察检查、操作检查
	抽屉式配电柜的安装	
	手车式柜的安装	观察检查、测量检查、操作检查
	接地或接零	观察检查、测量检查
	基础安装	观察检查、测量检查、操作检查
	柜体安装	
配线及低压电器安装	硬母线及电缆	观察检查、测量检查、扳动检查
	二次回路接线	—
	低压电器安装	观察检查、试验检查
	接地或接零	观察检查、导通检查
	低压电器的安装	观察检查、扳动检查、试验检查
	引入线、柜内电缆配线	—
电气试验	绝缘电阻	兆欧表测量
	交流耐压试验	兆欧表试验、交流耐压试验设备试验
	电压线圈动作值校验	仪表测量
	直流电阻	
	相位	

_____工程

表 8.10　低压配电盘及低压电器安装单元工程质量验收评定表

单位工程名称			单元工程量	
分部工程名称			安装单位	
单元工程名称、部位			评定日期	
项　目		检　验　结　果		
基础及本体安装	主控项目			
	一般项目			
配线及低压电器安装	主控项目			
	一般项目			
电气试验	主控项目			
安装单位自评意见	安装质量检验主控项目____项，全部符合 SL 638—2013 质量要求；一般项目_____项，与 SL 638—2013 有微小出入的_____项，所占比率为_____％。质量要求操作试验或试运行符合 SL 638—2013 的要求，操作试验或试运行_____出现故障。 单元工程安装质量等级评定为：_____。 （签字，加盖公章）　　年　月　日			
监理单位复核意见	安装质量检验主控项目____项，全部符合 SL 638—2013 质量要求；一般项目_____项，与 SL 638—2013 有微小出入的_____项，所占比率为_____％。质量要求操作试验或试运行符合 SL 638—2013 的要求，操作试验或试运行_____出现故障。 单元工程安装质量等级评定为：_____。 （签字，加盖公章）　　年　月　日			

表 8.10.1　　低压配电盘基础及本体安装质量检查表

编号：_____

分部工程名称		单元工程名称	
安装内容			
安装单位		开/完工日期	

项次	检验项目	质量要求	检 验 结 果	检验人（签字）
主控项目	1	成套柜的安装	（1）机械闭锁、电气闭锁动作准确可靠； （2）动触头与静触头的中心线一致，触头接触紧密； （3）二次回路辅助开关的切换接点动作准确，接触可靠		
	2	抽屉式配电柜的安装	（1）抽屉推拉灵活轻便，无卡阻、碰撞现象； （2）抽屉的机械联锁或电气联锁装置动作正确可靠，断路器分闸后，隔离触头才能分开； （3）抽屉与柜体间的二次回路连接插件接触良好		
	3	手车式柜的安装	（1）手车推拉灵活轻便，无卡阻、碰撞现象；安全隔离板开启灵活； （2）手车推入工作位置后，动触头顶部与静触头底部的间隙符合产品技术文件要求； （3）手车和柜体间的二次回路连接插件接触良好； （4）手车与柜体间的接地触头接触紧密，当手车推入柜内时，其接地触头应比主触头先接触，拉出时接地触头比主触头后断开； （5）检查防止电气误操作的"五防"装置齐全，并动作灵活可靠		

项目		检验项目	质量要求	检 验 结 果	检验人（签字）
主控项目	4	接地或接零	（1）抽屉与柜体间的接触及柜体框架的接地应良好； （2）基础型钢接地明显可靠，接地点数不少于2点； （3）低压配电开关柜接地母线（PE）和零母线（N）的隔离或连接、重复接地符合设计文件要求		
一般项目	1	基础安装	（1）符合设计文件要求，基础型钢允许偏差应符合标准表H-9的规定； （2）基础型钢顶部宜高出抹平地面10mm；手车式成套柜按产品技术文件要求执行		
	2	柜体安装	（1）盘面及盘内清洁，无损伤，漆层完好，盘面标志齐全、正确清晰；紧固件完好、齐全； （2）开关柜安装垂直度、水平偏差以及柜面偏差和柜间接缝的允许偏差应符合表H-10的规定； （3）悬挂式动力配电箱箱体与地面及周围建筑物的距离符合设计文件要求，箱门开关灵活、门锁齐全； （4）落地式配电箱的底部宜抬高，室内应高出地面50mm，室外应高出地面200mm以上； （5）成套柜内照明齐全		

检查意见：

    主控项目共_____项，其中符合 SL 638—2013 质量要求_____项。

    一般项目共_____项，其中符合 SL 638—2013 质量要求_____项，与 SL 638—2013 有微小出入_____项。

安装单位评定人	（签字） 年　月　日	监理工程师	（签字） 年　月　日

表 8.10.2　　低压配电盘配线及低压电器安装质量检查表

编号：_____

分部工程名称		单元工程名称	
安装内容			
安装单位		开/完工日期	

项次	检验项目	质量要求	检 验 结 果	检验人（签字）
主控项目	1 硬母线及电缆	（1）母线及电缆排列整齐，有两个电源的动力配电箱，母线相位的排列应一致，电缆绝缘外观良好； （2）裸露母线的电气间隙不小于 12mm，漏电距离不小于 20mm； （3）硬母线连接螺栓齐全、紧固，紧固力矩应符合 GB 50149 的规定； （4）小母线截面符合设计文件要求，且标志齐全、清晰、正确； （5）母线相序排列、相色标志正确		
	2 二次回路接线	质量要求见表 8.14.3①		
	3 低压电器安装	（1）低压断路器、低压隔离开关、刀开关、转换开关及熔断器组合电器、漏电保护器及消防电器设备、低压接触器及电动机启动器、控制器、继电器及行程开关、变频装置及电阻器、电磁铁、熔断器的安装符合 GB 50254 的规定及产品技术文件要求； （2）操作切换把手转动灵活，接点分合准确可靠，弹力充足； （3）熔断器熔体规格及自动开关、继电保护装置的整定值符合设计文件要求； （4）仪表经校验合格，安装位置正确，固定牢固，指示准确		

项次		检验项目	质量要求	检 验 结 果	检验人（签字）
主控项目	4	接地或接零	电器的金属外壳，框架的接地或接零，应符合 GB 50169 的规定及设计文件要求		
一般项目	1	低压电器的安装	（1）电器外壳及玻璃片完好、无破裂； （2）信号灯、光字牌、按钮、电铃、电笛、事故电钟等动作和显示正确； （3）各电器安装位置正确，便于拆换，固定牢固；型号、规格应符合设计文件要求，外观应完好，且附件齐全，排列整齐，固定牢固，密封良好		
	2	引入线、柜内电缆配线	用于连接门上的电器可动部位的导线及引入盘、柜内的电缆及其芯线的安装应符合表 8.14.3 的规定		

检查意见：

　　主控项目共_____项，其中符合 SL 638—2013 质量要求_____项。

　　一般项目共_____项，其中符合 SL 638—2013 质量要求_____项，与 SL 638—2013 有微小出入_____项。

安装单位评定人	（签字） 　　年　月　日	监理工程师	（签字） 　　年　　月　　日

① 本项检查按表 8.14.3 的要求进行，将最终"检查意见"填入检验结果栏，同时将表 8.14.3 作为附表提交。

表 8.10.3   低压配电盘及低压电器电气试验质量检查表

编号：_____

分部工程名称			单元工程名称	
安装内容				
安装单位			开/完工日期	

项次	检验项目	质量要求	检 验 结 果	检验人（签字）
主控项目 / 1	绝缘电阻	（1）馈电线路大于 0.5MΩ； （2）二次回路绝缘电阻值不小于 1MΩ，比较潮湿的地方电阻值不小于 0.5MΩ		
2	交流耐压试验	（1）当回路绝缘电阻值大于 10MΩ 时，用 2500V 兆欧表摇测 1min，无闪络击穿现象；当回路绝缘电阻值在 1～10MΩ 时，做 1000V 交流耐压试验，时间 1min，无闪络击穿现象； （2）回路中的电子元件不应参加交流耐压试验，48V 及以下电压等级配电装置不做交流耐压试验		
3	电压线圈动作值校验	线圈吸合电压不大于额定电压 85%，释放电压不小于额定电压的 5%；短时工作的合闸线圈应在额定电压的 85%～110% 范围内，分励线圈应在额定电压的 75%～110% 范围内均能可靠工作		
4	直流电阻	测量电阻器和变阻器的直流电阻值，其差值分别符合产品技术条件的规定，电阻值应满足回路使用的要求		
5	相位	检查配电装置内不同电源的馈线间或馈线两侧的相位一致		

检查意见：

　　主控项目共_____项，其中符合 SL 638—2013 质量要求_____项。

安装单位评定人	（签字） 年　月　日	监理工程师	（签字） 年　月　日

表8.11 电缆线路安装
单元工程质量验收评定表（含各部分质量检查表）
填表要求

填表时必须遵守"填表基本规定"，并应符合下列要求：

1. 本表适用于额定电压为35kV以下电力电缆、控制电缆线路安装工程质量验收评定。

2. 单元工程划分：同一电压等级的电力电缆安装工程、同一控制系统的控制电缆安装工程宜分别为一个单元工程。

3. 单元工程量：填写本单元工程电力电缆、控制电缆等各类电缆规格型号及安装长度。

4. 电缆线路安装工程质量检验内容包括电缆支架安装、电缆管制作及敷设、控制电缆敷设、35kV以下电力电缆敷设、35kV以下电力电缆电气试验等部分。

5. 各检验项目的检验方法按表H-13的要求执行。

表 H-13　　　　　　　　　电 缆 线 路 安 装

检验项目		检验方法
电缆支架安装	支架层间距离	观察检查、测量检查
	钢结构竖井	
	接地	观察检查、导通检查
	电缆支架加工	观察检查、测量检查
	电缆支架安装	观察检查、扳动检查、测量检查
电缆管制作及敷设	弯管制作	观察检查、测量检查
	敷设及连接	观察检查
控制电缆敷设	电缆头制作	观察检查、兆欧表测量
	防火设施	—
	敷设路径	—
	电缆检查	观察检查、兆欧表测量
	厂房内、隧道、沟道内敷设	观察检查、测量检查
	管道内敷设	观察检查
	直埋电缆敷设	观察检查、测量测量
	电缆固定	观察检查
	标志牌	
35kV以下电力电缆敷设	电缆敷设前检查	
	终端头和接头制作	观察检查、仪器测量
	电缆支持点距离	观察检查、测量检查
	电缆最小弯曲半径	测量检查
	防火设施	—
	敷设路径	—
	直埋敷设	观察检查、测量检查

检验项目		检验方法
35kV 以下电力电缆敷设	管道内敷设	观察检查
	沟槽内敷设	观察检查、测量检查
	桥梁上敷设	
	电缆接头布置	观察检查
	电缆固定	
	标志牌	
35kV 以下电力电缆电气试验	电缆线芯对地或对金属屏蔽层和各线芯间绝缘电阻	兆欧表测量
	直流耐压试验及泄漏电流测量	直流耐压试验设备试验
	交流耐压试验	交流耐压试验设备试验
	相位检测	仪器测量
	交叉互联系统试验	

6. 电缆支架层间允许最小距离值见表 H-14（SL 638—2013 表 14.2.1-2）。

表 H-14　　　　　　　　　电缆支架层间允许最小距离值　　　　　　　　　单位：mm

电缆类型和敷设特征		支（吊）架	桥架
控制电缆明敷		120	200
电力电缆明敷	10kV 及以下（除 6～10kV 交联聚乙烯绝缘外）	150～200	250
	6～10kV 交联聚乙烯绝缘	200～250	300
电缆敷于槽盒内		h+80	h+100

注：h 为槽盒外壳高度。

7. 电缆绝缘电阻允许值见表 H-15（SL 638—2013 表 14.2.3-2）。

表 H-15　　　　　　　　　　电缆绝缘电阻允许值

控制电缆绝缘类别	每公里绝缘电阻/MΩ（20℃时测量值）
聚乙烯绝缘	≥100
橡皮绝缘	≥50
聚氯乙烯绝缘	1.5mm² 以下截面导线不小于 40；其他截面导线不小于 10

8. 电缆之间、电缆与其他管道或建筑物之间的最小净距见表 H-16（SL 638—2013 表 14.2.3-3）。

表 H-16　　　　电缆之间、电缆与其他管道或建筑物之间的最小净距　　　　单位：m

项　　目	平　　行	交　　叉
控制电缆间	—	0.50
杆基础（边线）	1.00	—
建筑物基础（边线）	0.60	—
排水沟	1.00	0.50

9. 电缆最小弯曲半径与其外径的比值范围见表 H-17（SL 638—2013 表 14.2.4-2）。

表 H-17 电缆最小弯曲半径与其外径的比值范围

电 缆 型 式		多芯	单芯
橡皮绝缘电缆	无铅包、钢铠护套	10D	
	裸铅包护套	15D	
	钢铠护套	20D	
塑料绝缘电缆	无铠装	15D	20D
	有铠装	12D	15D
注：D 为电缆外径。			

10. 橡塑电缆交流耐压试验标准见表 H-18（SL 638—2013 表 14.2.5-2）。

表 H-18 橡塑电缆交流耐压试验标准

额定电压 U_0/U /kV	试 验 电 压	时 间 /min
18/30 及以下	$2.5U_0$（或 $2U_0$）	5（或 60）
21/35	$2U_0$	60
注：不具备上述试验条件或有特殊规定时，可采用施加正常系统相对地电压 24h 方法代替。		

表 8.11　电缆线路安装单元工程质量验收评定表

单位工程名称			单元工程量	
分部工程名称			安装单位	
单元工程名称、部位			评定日期	
项　目		检　验　结　果		
电缆支架安装	主控项目			
	一般项目			
电缆管制作及敷设	主控项目			
	一般项目			
控制电缆敷设	主控项目			
	一般项目			
35kV以下电力电缆敷设	主控项目			
	一般项目			
35kV以下电力电缆敷设电气试验	主控项目			
安装单位自评意见	安装质量检验主控项目____项，全部符合 SL 638—2013 质量要求；一般项目_____项，与 SL 638—2013 有微小出入的_____项，所占比率为_____%。质量要求操作试验或试运行符合 SL 638—2013 的要求，操作试验或试运行_____出现故障。 　　单元工程安装质量等级评定为：_____。 　　　　　　　　　　　　　　　（签字，加盖公章）　　　年 月 日			
监理单位复核意见	安装质量检验主控项目____项，全部符合 SL 638—2013 质量要求；一般项目_____项，与 SL 638—2013 有微小出入的_____项，所占比率为_____%。质量要求操作试验或试运行符合 SL 638—2013 的要求，操作试验或试运行_____出现故障。 　　单元工程安装质量等级评定为：_____。 　　　　　　　　　　　　　　　（签字，加盖公章）　　　年 月 日			

表 8.11.1   电缆支架安装质量检查表

编号：_____

分部工程名称				单元工程名称	
安装内容					
安装单位				开/完工日期	

项次		检验项目	质量要求	检验结果	检验人（签字）
主控项目	1	支架层间距离	符合设计文件要求，当无设计要求时，支架层间距离可采用表 H-14 的规定，且层间净距不小于 2 倍电缆外径加 10mm		
	2	钢结构竖井	竖井垂直偏差小于其长度的 0.2%，对角线的偏差小于对角线长度的 0.5%；支架横撑的水平误差小于其宽度的 0.2%		
	3	接地	金属电缆支架全长均接地良好		
一般项目	1	电缆支架加工	（1）电缆支架平直，无明显扭曲，切口无卷边、毛刺； （2）支架焊接牢固，无变形，横撑间的垂直净距与设计偏差不大于 5mm； （3）金属电缆支架防腐符合设计文件要求		
	2	电缆支架安装	（1）电缆支架安装牢固； （2）各支架的同层横档水平一致，高低偏差不大于 5mm； （3）托架、支吊架沿桥架走向左右偏差不大于 10mm； （4）支架与电缆沟或建筑物的坡度相同； （5）电缆支架最上层及最下层至沟顶、楼板或沟底、地面的距离符合设计文件要求，设计无要求时，应符合 GB 50168 的规定； （6）支架防火符合专项设计文件要求		

检查意见：

主控项目共_____项，其中符合 SL 638—2013 质量要求_____项。

一般项目共_____项，其中符合 SL 638—2013 质量要求_____项，与 SL 638—2013 有微小出入_____项。

安装单位评定人	（签字） 年　月　日	监理工程师	（签字） 年　月　日

表 8.11.2   **电缆管制作及敷设质量检查表**

编号：_____

分部工程名称			单元工程名称	
安装内容				
安装单位			开/完工日期	

项次		检验项目	质量要求	检 验 结 果	检验人（签字）
一般项目	1	弯管制作	（1）管口无毛刺和尖锐棱角；金属管内表面光滑、无毛刺；外表面无穿孔、裂缝，无显著的凹凸不平及锈蚀； （2）电缆管的弯曲半径与所穿电缆的弯曲半径应一致，每根管的弯头不超过 3 个，直角弯头不超过 2 个； （3）管子弯制后无裂纹或显著的凹瘪，其弯扁程度不宜大于管子外径的 10％		
	2	敷设及连接	（1）固定牢固，并列敷设的电缆管管口高度、弯曲弧度一致，裸露的金属管防腐处理符合设计文件要求； （2）电缆管连接严密牢固，出入电缆沟、竖井、隧道、建筑、盘（柜）及穿入管子时，出入口封闭，管口密封； （3）敷设预埋管道过沉降缝或伸缩缝需做过缝处理； （4）与电缆管敷设相关的防火符合专项设计文件要求		

检查意见：

    一般项目共_____项，其中符合 SL 638—2013 质量要求_____项，与 SL 638—2013 有微小出入_____项。

安装单位评定人	（签字） 年 月 日	监理工程师	（签字） 年 月 日

表 8.11.3 　　　　　**控制电缆敷设质量检查表**

编号：_____

分部工程名称				单元工程名称		
安装内容						
安装单位				开/完工日期		

项次		检验项目	质量要求	检 验 结 果	检验人（签字）
主控项目	1	电缆头制作	（1）电缆芯线无损伤，芯线之间及芯线对地绝缘良好； （2）电缆头制作所用的材料应清洁干燥，绝缘良好； （3）制作工艺正确，包扎紧密、整齐、密封良好		
	2	防火设施	电缆防火设施安装符合设计文件要求		
一般项目	1	敷设路径	符合设计文件要求		
	2	电缆检查	（1）电缆无机械损伤，无中间接头； （2）电缆绝缘层无损伤，铠装电缆的铠装层不松散； （3）电缆绝缘良好，绝缘电阻符合表 H-15 的规定		
	3	厂房内、隧道、沟道内敷设	（1）铠装电缆防腐处理符合设计文件要求； （2）电缆排列整齐，无交叉迭压，电缆引出方向一致，备用长度一致，相互间距一致； （3）电缆最小弯曲半径不小于 10D（D 为电缆外径）		
	4	管道内敷设	（1）管道内应清洁无杂物、积水，电缆进出管口密封； （2）裸铠装电缆与其他有外护层的电缆不应穿入同一管内		

项次		检验项目	质量要求	检 验 结 果	检验人（签字）
一般项目	5	直埋电缆敷设	（1）电缆埋置深度不小于0.7m，电缆应有适量裕度； （2）电缆之间、电缆与其他管道或建筑物之间的最小净距应符合表 H－16 的规定；严禁电缆平行敷设于管道上下面； （3）直埋电缆的沿线方位标志或标桩牢固明显		
	6	电缆固定	（1）垂直敷设或超过45°倾斜敷设的电缆在每个支架上固定；水平敷设的电缆在电缆首末两端及转弯处固定； （2）电缆各固定支持点间的距离符合设计文件要求，无设计文件要求时，水平敷设时各支持点间距不大于 800mm，垂直敷设时各支持点间距不大于 1000mm； （3）电缆固定牢固，裸铅包电缆固定处设有软衬垫保护		
	7	标志牌	电缆线路编号、型号、规格及起讫地点字迹清晰不易脱落，规格统一、挂装牢固		

检查意见：

　　主控项目共_____项，其中符合 SL 638—2013 质量要求_____项。

　　一般项目共_____项，其中符合 SL 638—2013 质量要求_____项，与 SL 638—2013 有微小出入_____项。

安装单位评定人	（签字） 　　　　年　月　日	监理工程师	（签字） 　　　　年　月　日

表 8.11.4   35kV 以下电力电缆敷设质量检查表

编号：_____

分部工程名称			单元工程名称		
安装内容					
安装单位			开/完工日期		

项次		检验项目	质量要求	检 验 结 果	检验人（签字）
主控项目	1	电缆敷设前检查	（1）电缆型号、电压、规格符合设计文件要求； （2）电缆外观完好，无机械损伤，电缆封端严密		
	2	终端头和接头制作	（1）线芯绝缘无损伤，包绕绝缘层间无间隙和折皱； （2）连接线芯用的连接管和线鼻子规格与线芯相符，压接和焊接表面光滑、清洁且连接可靠； （3）直埋电缆接头盒的金属外壳及金属护套防腐符合设计文件要求； （4）电缆终端头和接头成型后密封良好、无渗漏，电缆两端终端头各相相位一致； （5）电缆终端头和接头的金属部件涂层完好、相色正确		
	3	电缆支持点距离	全塑型电缆水平敷设时各支持点间距不大于 400mm，垂直敷设时各支持点间距不大于 1000mm；其他电缆水平敷设时各支持点间距不大于 800mm，垂直敷设时各支持点间距不大于 1500mm，固定方式符合设计文件要求		
	4	电缆最小弯曲半径	应符合标准表 H-17 的规定		
	5	防火设施	电缆防火设施安装符合设计文件要求		
一般项目	1	敷设路径	符合设计文件要求		
	2	直埋敷设	（1）直埋电缆表面距地面埋设深度不小于 0.7m； （2）电缆之间，电缆与其他管道、道路、建筑物等之间平行和交叉时的最小净距应符合 GB 50168 的规定； （3）电缆上、下部铺以不小于 100mm 厚的软土或沙层，并加盖保护板，覆盖宽度超过电缆两侧各 50mm； （4）直埋电缆在直线段每隔 50～100m 处、电缆接头处、转弯处、进入建筑物等处，有明显的方位标志或标桩		

项次		检验项目	质 量 要 求	检 验 结 果	检验人（签字）
一般项目	3	管道内敷设	（1）钢制保护管内敷设的交流单芯电缆，三相电缆应共穿一管； （2）管道内径符合设计文件要求，管内壁光滑、无毛刺； （3）保护管连接处平滑、严密、高低一致； （4）管道内部无积水，无杂物堵塞。穿入管中电缆的数量符合设计要求，保护层无损伤		
	4	沟槽内敷设	（1）槽底填砂厚度为槽深的1/3； （2）沟槽上盖板完整，接头标志完整、正确； （3）电缆与热力管道、热力设备之间的净距，平行时不小于1m，交叉时不小于0.5m； （4）交流单芯电缆排列方式符合设计文件要求		
	5	桥梁上敷设	（1）悬吊架设的电缆与桥梁架构之间的净距不小于0.5m； （2）在经常受到振动的桥梁上敷设的电缆，有防振措施		
	6	电缆接头布置	（1）并列敷设的电缆，其接头的位置宜相互错开； （2）明敷电缆的接头托板托置固定牢靠； （3）直埋电缆接头应有防止机械损伤的保护结构或外设保护盒。位于冻土层内的保护盒，盒内宜注入沥青		
	7	电缆固定	（1）垂直敷设或超过45°倾斜敷设的电缆在每个支架上固定牢靠； （2）水平敷设的电缆，在电缆两端及转弯、电缆接头两端处固定牢靠； （3）单芯电缆的固定符合设计文件要求； （4）交流系统的单芯电缆或分相后的分相铅套电缆的固定夹具不构成闭合磁路		
	8	标志牌	电缆线路编号、型号、规格及起讫地点字迹清晰不易脱落，规格统一、挂装牢固		

检查意见：

　　主控项目共＿＿＿＿项，其中符合 SL 638—2013 质量要求＿＿＿＿项。

　　一般项目共＿＿＿＿项，其中符合 SL 638—2013 质量要求＿＿＿＿项，与 SL 638—2013 有微小出入＿＿＿＿项。

安装单位评定人	（签字）　　　年 月 日	监理工程师	（签字）　　　年 月 日

表 8.11.5　35kV 以下电力电缆电气试验质量检查表

编号：_____

分部工程名称			单元工程名称	
安装内容				
安装单位			开/完工日期	

项次		检验项目	质量要求	检 验 结 果	检验人（签字）
主控项目	1	电缆线芯对地或对金属屏蔽层和各线芯间绝缘电阻	应符合 GB 50150 的规定		
	2	直流耐压试验及泄漏电流测量	应符合 GB 50150 的规定		
	3	交流耐压试验	橡塑电缆交流耐压试验标准应满足表 H-18 的规定		
	4	相位检测	两端相位一致并与电网相位相符合		
	5	交叉互联系统试验	应符合 GB 50150 的规定		

检查意见：

　　主控项目共_____项，其中符合 SL 638—2013 质量要求_____项。

安装单位评定人	（签字） 年　月　日	监理工程师	（签字） 年　月　日

表8.12　金属封闭母线装置安装
单元工程质量验收评定表（含各部分质量检查表）
填表要求

填表时必须遵守"填表基本规定"，并应符合下列要求：

1. 本表适用于金属封闭母线装置安装工程质量验收评定。

2. 单元工程划分：同一电压等级、同一设备单元的金属封闭母线装置安装工程宜为一个单元工程。

3. 单元工程量：填写本单元工程金属封闭母线装置型号规格及安装长度。

4. 金属封闭母线装置安装工程质量检验内容应包括外观及安装前检查、安装、电气试验等部分。

5. 各检验项目的检验方法按表 H-19 的要求执行。

表 H-19　　　　　　　　　　金属封闭母线装置安装

检验项目		检验方法
金属封闭母线装置外观及安装前检查	外观	观察检查
	安装前	测量检查、兆欧表测量、交流耐压试验、设备试验
金属封闭母线装置安装	母线调整	测量检查
	母线焊接	观察检查、探伤检查、试验检查
	母线螺栓连接	扳动检查
	母线外壳及支持结构金属部分接地	观察检查、导通检查
	母线吊装检查	观察检查
	密封检查	
	母线与电气设备连接	观察检查、测量检查
金属封闭母线装置电气试验	绝缘电阻	兆欧表测量
	相位检测	仪表测量
	交流耐压试验	交流耐压试验设备试验

表 8.12　　金属封闭母线装置安装单元工程质量验收评定表

单位工程名称			单元工程量	
分部工程名称			安装单位	
单元工程名称、部位			评定日期	
项　　目		检　验　结　果		
金属封闭母线装置外观及安装前检查	一般项目			
金属封闭母线装置安装	主控项目			
	一般项目			
金属封闭母线装置电气试验	主控项目			
安装单位自评意见	安装质量检验主控项目____项，全部符合 SL 638—2013 质量要求；一般项目_____项，与 SL 638—2013 有微小出入的_____项，所占比率为_____%。质量要求操作试验或试运行符合 SL 638—2013 的要求，操作试验或试运行_____出现故障。 单元工程安装质量等级评定为：_____。 　　　　　　　　　　　　　　　　（签字，加盖公章）　　　年　月　日			
监理单位复核意见	安装质量检验主控项目____项，全部符合 SL 638—2013 质量要求；一般项目_____项，与 SL 638—2013 有微小出入的_____项，所占比率为_____%。质量要求操作试验或试运行符合 SL 638—2013 的要求，操作试验或试运行_____出现故障。 单元工程安装质量等级评定为：_____。 　　　　　　　　　　　　　　　　（签字，加盖公章）　　　年　月　日			

表 8.12.1　　金属封闭母线装置外观及安装前检查质量检查表

编号：_____

分部工程名称			单元工程名称	
安装内容				
安装单位			开/完工日期	

项次		检验项目	质量要求	检 验 结 果	检验人（签字）
一般项目	1	外观	（1）母线表面应光洁平整，无裂纹、折叠、夹杂物及变形、扭曲等缺陷； （2）成套母线各段标志清晰，附件齐全，外壳无变形，内部无损伤；螺栓连接的母线搭接面应平整，镀层覆盖均匀、完好； （3）母线及金属构件涂漆均匀，无起层、皱皮等缺陷		
	2	安装前	（1）核对母线及其他连接设备的安装位置及尺寸； （2）外壳内部、母线表面、绝缘支撑件及金属表面洁净； （3）绝缘及工频耐压试验符合产品技术文件要求		

检查意见：

一般项目共_____项，其中符合 SL 638—2013 质量要求_____项，与 SL 638—2013 有微小出入_____项。

安装单位评定人	（签字） 年　月　日	监理工程师	（签字） 年　月　日

表 8.12.2　金属封闭母线装置安装质量检查表

编号：_____

分部工程名称				单元工程名称	
安装内容					
安装单位				开/完工日期	

项次		检验项目	质量要求	检 验 结 果	检验人（签字）
主控项目	1	母线调整	（1）离相封闭母线相邻两母线外壳的中心距离应符合设计文件要求，尺寸允许偏差为±5mm； （2）母线与设备端子的连接距离应符合设计文件要求；采用伸缩节连接时，尺寸允许偏差为±10mm； （3）外壳与设备端子罩法兰间的连接距离应符合设计文件要求；当采用橡胶伸缩套连接时，尺寸允许偏差为±10mm； （4）母线导体或外壳采用对接焊口连接方式时，纵向尺寸允许偏差为±5mm； （5）母线导体或外壳采用搭接焊连接方式时，纵向允许偏差为±15mm； （6）离相封闭母线中的导体和外壳的同心度允许偏差为±5mm； （7）外壳短路板安装符合产品技术文件要求		
	2	母线焊接	母线焊接采用气体保护焊，焊接接头直流电阻不大于规格尺寸均相同的原材料直流电阻的1.05倍。母线焊接应符合 GB 50149 的规定		
	3	母线螺栓连接	连接螺栓用力矩扳手紧固，紧固力矩值应符合 GB 50149 的规定		

项次		检验项目	质量要求	检 验 结 果	检验人（签字）
主控项目	4	母线外壳及支持结构金属部分接地	（1）全连式离相封闭母线的外壳应一点或多点通过短路板接地，至少在其中一处短路板上有一个可靠的接地点； （2）不连式离相封闭母线的每一段外壳应有一点接地； （3）共箱封闭母线的外壳间应有可靠的电气连接，其中至少有一段外壳应可靠接地		
一般项目	1	母线吊装检查	无碰撞和擦伤		
	2	密封检查	（1）穿墙板与封闭母线外壳间密封符合设计文件要求； （2）微正压金属封闭母线安装后密封良好		
	3	母线与电气设备连接	母线与电气设备的装配及接线符合设计文件要求		

检查意见：

    主控项目共_____项，其中符合 SL 638—2013 质量要求_____项。

    一般项目共_____项，其中符合 SL 638—2013 质量要求_____项，与 SL 638—2013 有微小出入_____项。

安装单位评定人	（签字） 　　年　月　日	监理工程师	（签字） 　　年　月　日

表 8.12.3 金属封闭母线装置电气试验质量检查表

编号：_____

分部工程名称				单元工程名称	
安装内容					
安装单位				开/完工日期	

项次		检验项目	质量要求	检 验 结 果	检验人（签字）
主控项目	1	绝缘电阻	应符合 GB 50150 的规定及产品技术文件要求		
	2	相位检测	相位正确		
	3	交流耐压试验	应符合 GB 50150 的规定		

检查意见：

主控项目共_____项，其中符合 SL 638—2013 质量要求_____项。

安装单位评定人	（签字） 年　月　日	监理工程师	（签字） 年　月　日

表8.13 接地装置安装单元工程质量验收评定表 （含各部分质量检查表） 填表要求

填表时必须遵守"填表基本规定"，并应符合下列要求：

1. 本表适用于接地装置安装工程质量验收评定。

2. 单元工程划分：厂房、大坝、升压站接地装置安装工程宜分别为一个单元工程。独立避雷系统接地装置安装工程宜为一个单元工程。

3. 单元工程量：填写本单元工程接地装置和独立避雷系统材料的型号规格及数量。

4. 接地装置安装工程质量检验内容应包括接地体安装、接地装置的敷设连接、接地装置的接地阻抗测试等部分。

5. 各检验项目的检验方法按表 H-20 的要求执行。

表 H-20   接 地 装 置 安 装

检验项目		检验方法
接地体安装	自然接地体选择及人工接地体制作	观察检查、测量检查
	接地体埋设	
	接地体与建筑物间距离	测量检查
	降阻剂	观察检查
接地装置的敷设连接	接地体（线）连接	观察检查、测量检查、导通检查
	明敷接地线安装	观察检查、测量检查
	避雷针（线、带、网）的接地	观察检查、测量检查、导通检查
	其他电气装置的接地	观察检查、导通检查
接地装置的接地阻抗测试	有效接地系统	接地阻抗测试仪测试
	非有效接地系统	
	1kV 以下电力设备	
	独立避雷针	
	有架空地线线路杆塔	
	无架空地线线路杆塔	接地阻抗测试仪测试

表 8.13   **接地装置安装单元工程质量验收评定表**

单位工程名称			单元工程量	
分部工程名称			安装单位	
单元工程名称、部位			评定日期	
项 目		检 验 结 果		
接地体安装	主控项目			
	一般项目			
接地装置的敷设连接	主控项目			
接地装置的接地阻抗测试	主控项目			
	一般项目			
安装单位自评意见	安装质量检验主控项目____项，全部符合 SL 638—2013 质量要求；一般项目_____项，与 SL 638—2013 有微小出入的_____项，所占比率为_____%。质量要求操作试验或试运行符合 SL 638—2013 的要求，操作试验或试运行_____出现故障。 单元工程安装质量等级评定为：_____。 （签字，加盖公章） 年 月 日			
监理单位复核意见	安装质量检验主控项目____项，全部符合 SL 638—2013 质量要求；一般项目_____项，与 SL 638—2013 有微小出入的_____项，所占比率为_____%。质量要求操作试验或试运行符合 SL 638—2013 的要求，操作试验或试运行_____出现故障。 单元工程安装质量等级评定为：_____。 （签字，加盖公章） 年 月 日			

表 8.13.1　　　**接地体安装质量检查表**

编号：_____

分部工程名称			单元工程名称	
安装内容				
安装单位			开/完工日期	

项次		检验项目	质量要求	检 验 结 果	检验人（签字）
主控项目	1	自然接地体选择及人工接地体制作	（1）自然接地体选择符合设计文件要求，无要求时，应符合GB 50169的规定； （2）人工接地体制作材料及规格符合设计文件要求，无要求时，应符合GB 50169的规定		
	2	接地体埋设	（1）垂直接地体间距满足设计文件要求，无设计要求时间距不小于其长度2倍； （2）水平相邻两接地体间距满足设计文件要求，无设计要求时不宜小于5m； （3）顶面埋设深度符合设计文件要求，无要求时，不宜小于0.6m，角钢、钢管、钢棒等接地体应垂直配置。接地体引出线的垂直部分和接地装置连接（焊接）部位外侧100mm范围内做防腐处理		
一般项目	1	接地体与建筑物间距离	接地体与建筑物间距离符合设计要求，无设计要求时大于1.5m		
	2	降阻剂	材料选择符合设计要求并符合国家现行技术标准，通过国家相应机构对降阻剂的检验测试，并有合格证件		

检查意见：

　　主控项目共_____项，其中符合SL 638—2013质量要求_____项。

　　一般项目共_____项，其中符合SL 638—2013质量要求_____项，与SL 638—2013有微小出入_____项

安装单位评定人	（签字） 　　　　年　月　日	监理工程师	（签字） 　　　　年　月　日

表 8.13.2　　　　**接地装置的敷设连接质量检查表**

编号：_____

分部工程名称				单元工程名称		
安装内容						
安装单位				开/完工日期		
项次	检验项目	质量要求		检　验　结　果		检验人（签字）
主控项目	1　接地体（线）连接	（1）接地体与接地体、接地体与接地干线连接、焊接后的接地线接头防腐等符合设计文件要求； （2）接地干线在不同的两点及以上与接地网相连接，自然接地体在不同的两点及以上与接地干线或接地网相连接； （3）接地体（线）采用搭接焊，扁钢搭接长度为其宽度的2倍，且至少有三个棱边焊牢；圆钢搭接长度为其直径的6倍；圆钢与扁钢焊接长度为圆钢直径的6倍； （4）接地体（线）为铜与铜或铜与钢的连接工艺采用热剂焊（放热焊接）时，熔接接头与被连接的导体完全包在接头里，热剂焊接头表面光滑，无贯穿性和气孔			
	2　明敷接地线安装	（1）安装位置合理，便于检查； （2）支持件间的距离，水平直线部分宜为0.5～1.5m，垂直部分宜为1.5～3m，转弯部分宜为0.3～0.5m； （3）沿建筑物墙壁水平敷设的接地线与地面距离宜为250～300mm；接地线与墙壁间隙宜为10～15mm； （4）接地线跨越建筑物伸缩缝、沉降缝处时设置补偿器； （5）导体全长度或区间段及每个连接部位附近表面，涂以用15～100mm宽度相等的绿色和黄色相间的条纹标识。当使用胶带时，应使用双色胶带。中性线涂淡蓝色标识； （6）在接地线引向建筑物的入口处和在检修用临时接地点处，均应刷白色底漆并标以黑色记号； （7）供临时接地线使用的接线板和螺栓符合设计文件要求			

项次		检验项目	质量要求	检 验 结 果	检验人（签字）
主控项目	3	避雷针（线、带、网）的接地	（1）避雷针（带）与引下线之间的连接应采用焊接或热剂焊； （2）避雷针（带）的引下线及接地装置使用的紧固件均使用镀锌制品； （3）独立避雷针的接地装置与接地网的地中距离不应小于3m； （4）独立避雷针（线）应设置独立的集中接地装置。当有困难时，该接地装置可与接地网连接，但避雷针与主接地网的地下连接点至35kV及以下设备与主接地网的地下连接点，沿接地体的长度不应小于15m； （5）发电厂、变电站配电装置的构架或屋顶上的避雷针（含悬挂避雷线的构架）在其附近装设集中接地装置，并与主接地网连接		
	4	其他电气装置的接地	携带式和移动式电气设备的接地、输电线路杆塔的接地、调度楼和通信站等二次系统的接地、电力电缆终端金属保护层的接地、配电电气装置的接地、建筑物电气装置的接地应符合设计文件要求，无要求时，应符合 GB 50169 的规定		

检查意见：

主控项目共_____项，其中符合 SL 638—2013 质量要求_____项。

安装单位评定人	（签字） 年　月　日	监理工程师	（签字） 年　月　日

表 8.13.3　接地装置的接地阻抗测试质量检查表

编号：_____

分部工程名称				单元工程名称		
安装内容						
安装单位				开/完工日期		

项次		检验项目	质量要求	检 验 结 果	检验人（签字）
主控项目	1	有效接地系统	$Z \leq 2000/I$ 或 $Z \leq 0.5\Omega$（当 $I > 4000A$ 时）		
	2	非有效接地系统	（1）当接地网与 1kV 及以下电压等级设备共用接地时，接地阻抗 $Z \leq 120/I$； （2）当接地网仅用于 1kV 以上设备时，接地阻抗 $Z \leq 250/I$； （3）上述两种情况下，接地阻抗不宜大于 10Ω		
	3	1kV 以下电力设备	（1）当总容量不小于 100kVA 时，接地阻抗不宜大于 4Ω； （2）当总容量小于 100kVA 时，则接地阻抗允许大于 4Ω，但不大于 10Ω		
	4	独立避雷针	接地阻抗不宜大于 10Ω		
一般项目	1	有架空地线线路杆塔	应符合 GB 50150 的规定		
	2	无架空地线线路杆塔	（1）非有效接地系统的钢筋混凝土杆、金属杆，接地阻抗不宜大于 30Ω； （2）中性点不接地的低压电力网线路的钢筋混凝土杆、金属杆，接地阻抗不宜大于 50Ω； （3）低压进户线绝缘子铁脚的接地阻抗，接地阻抗不宜大于 30Ω		

检查意见：

　　主控项目共_____项，其中符合 SL 638—2013 质量要求_____项。

　　一般项目共_____项，其中符合 SL 638—2013 质量要求_____项，与 SL 638—2013 有微小出入_____项。

安装单位评定人	（签字） 年　月　日	监理工程师	（签字） 年　月　日

注：I 为经接地装置流入地中的短路电流，A；Z 为考虑季节变化的最大接地阻抗，Ω。

表8.14 控制保护装置安装
单元工程质量验收评定表（含各部分质量检查表）
填表要求

填表时必须遵守"填表基本规定"，并应符合下列要求：

1. 本表适用于交直流控制保护装置及二次回路安装工程质量验收评定。

2. 单元工程划分：机组单元、升压站、公用辅助系统控制保护装置安装工程宜分别为一个单元工程。

3. 单元工程量：填写本单元工程控制保护装置主要设备安装量，例如盘柜数量。

4. 控制保护装置安装工程质量检验内容应包括盘、柜安装，盘、柜电器安装，二次回路接线，模拟动作试验及试运行等部分。

5. 各检验项目的检验方法按表 H-21 的要求执行。

表 H-21 控制保护装置安装

	检 验 项 目	检 验 方 法
控制盘、柜安装	基础安装	测量检查、观察检查
	盘、柜	测量检查、观察检查、扳动检查
	端子箱（板）安装	观察检查、测量检查、扳动检查、导通检查
控制盘、柜电器安装	电器元件	
	端子排	观察检查、扳动检查
	控制保护系统时钟	观察检查
控制保护装置二次回路接线	盘、柜内配线	测量检查
	回路绝缘电阻	兆欧表检查
	回路交流耐压试验	测量检查
	回路接线	观察检查、对线检查
	接地	
	用于连接门上的电器、控制台板等可动部位的导线	观察检查
	引入盘、柜内的电缆及其芯线	

6. 在全部设备安装完毕并按定值整定后，应分系统进行模拟试验，以验证二次回路的正确性。在条件具备时，应进行整体模拟动作试验。模拟动作试验过程中各电器元件及电气回路均应动作正确，符合设计文件要求。

表 8.14　控制保护装置安装单元工程质量验收评定表

单位工程名称			单元工程量	
分部工程名称			安装单位	
单元工程名称、部位			评定日期	
项　目		检　验　结　果		
控制盘、柜安装	一般项目			
控制盘、柜电器安装	一般项目			
控制保护装置二次回路接线	主控项目			
	一般项目			
安装单位自评意见	安装质量检验主控项目＿＿＿项，全部符合 SL 638—2013 质量要求；一般项目＿＿＿＿项，与 SL 638—2013 有微小出入的＿＿＿＿＿＿项，所占比率为＿＿＿＿＿＿%。质量要求操作试验或试运行符合 SL 638—2013 的要求，操作试验或试运行＿＿＿＿＿＿＿＿出现故障。 　　单元工程安装质量等级评定为＿＿＿＿＿＿＿＿＿＿＿＿＿＿＿＿。 　　　　　　　　　　　　　　　　　　　（签字，加盖公章）　　　年　月　日			
监理单位复核意见	安装质量检验主控项目＿＿＿项，全部符合 SL 638—2013 质量要求；一般项目＿＿＿＿项，与 SL 638—2013 有微小出入的＿＿＿＿＿＿项，所占比率为＿＿＿＿＿＿%。质量要求操作试验或试运行符合 SL 638—2013 的要求，操作试验或试运行＿＿＿＿＿＿＿＿出现故障。 　　单元工程安装质量等级评定为＿＿＿＿＿＿＿＿＿＿＿＿＿＿＿＿。 　　　　　　　　　　　　　　　　　　　（签字，加盖公章）　　　年　月　日			

表 8.14.1　　　　控制盘、柜安装质量检查表

编号：_____

分部工程名称		单元工程名称	
安装内容			
安装单位		开/完工日期	

项次		检验项目	质量要求	检 验 结 果	检验人（签字）
一般项目	1	基础安装	（1）符合设计文件要求，允许偏差应符合表 H-9 的规定； （2）基础型钢接地明显可靠，接地点数应大于 2 点		
	2	盘、柜	（1）盘、柜单独或成列安装时允许偏差符合表 H-10 的规定； （2）盘、柜本体与基础型钢宜采用螺栓连接，连接紧固；若采用焊接固定，每台柜体焊点不少于 4 处； （3）盘面清洁、漆层完好，标志齐全、正确、清晰； （4）柜门及门锁开关灵活，柜门密封良好； （5）同一接地网的各相邻设备接地线之间的直流电阻值不大于 0.2Ω； （6）盘、柜接地牢固、可靠；盘、柜内接地铜排截面及与二次等电位接地网连接的导体截面不小于 50mm²，连接宜采用压接方式。装有电器的可动门接地用软导线与柜体连接可靠		
	3	端子箱（板）安装	（1）端子箱安装牢固，密封良好，并安装在便于运行检查的位置，成列安装的端子箱排列整齐； （2）端子箱接地牢固、可靠，并经二次等电位接地网接地；端子箱内接地铜排截面及与二次等电位接地网连接的导体截面不小于 50mm²，连接宜采用压接方式； （3）端子板安装牢固，端子板无损伤，绝缘及接地良好，每个端子每侧接线不得超过 2 根，接线紧固、排列整齐。回路电压值超过 400V 者，端子板有足够的绝缘并涂以红色标志		

检查意见：

　　一般项目共_____项，其中符合 SL 638—2013 质量要求_____项，与 SL 638—2013 有微小出入_____项。

安装单位评定人	（签字） 年　月　日	监理工程师	（签字） 年　月　日

表 8.14.2   **控制盘、柜电器安装质量检查表**

编号：_____

分部工程名称			单元工程名称	
安装内容				
安装单位			开/完工日期	

项次		检验项目	质量要求	检 验 结 果	检验人（签字）
一般项目	1	电器元件	（1）元件完好、标志清楚、附件齐全，固定牢固，型号、规格符合设计文件要求； （2）继电保护装置检验合格，测量仪表校验合格； （3）信号装置显示准确、工作可靠； （4）电流试验端子及切换压板装置接触良好，相邻压板间距离满足安全操作要求； （5）操作切换把手动作灵活，接点动作正确； （6）熔断器规格、自动开关的整定值符合设计文件要求； （7）小母线安装平直、固定牢固，连接处接触良好，两侧标志牌齐全、标志清楚正确；小母线与带电金属体之间的电气间隙值不小于12mm； （8）盘上装有装置性设备或其他有接地要求的电器，其外壳可靠接地； （9）带有照明的盘、柜，内部照明完好		
	2	端子排	（1）端子排无损坏，固定牢固，绝缘良好； （2）端子排序号符合设计文件要求，端子排便于更换且接线方便；离地高度宜大于350mm； （3）强、弱电端子宜分开布置； （4）正、负电源之间以及经常带电的正电源与合闸或跳闸回路之间，宜以空端子隔开； （5）电流回路应经过试验端子，其他需断开的回路宜经特殊端子或试验端子。试验端子接触良好； （6）接线端子与导线截面匹配，潮湿环境宜采用防潮端子		
	3	控制保护系统时钟	系统时钟应采用全厂卫星对时系统时钟信号		

检查意见：
　　一般项目共_____项，其中符合SL 638—2013质量要求_____项，与SL 638—2013有微小出入_____项。

安装单位评定人	（签字） 年　月　日	监理工程师	（签字） 年　月　日

表 8.14.3 控制保护装置二次回路接线质量检查表

编号：_____

分部工程名称				单元工程名称	
安装内容					
安装单位				开、完工日期	

项次		检验项目	质量要求	检 验 结 果	检验人（签字）
主控项目	1	盘、柜内配线	电流回路采用电压值不低于500V 的铜芯绝缘导线，其截面不应小于 2.5mm²；电压及其他回路截面不小于 1.5mm²；弱电回路在满足载流量和电压降及机械强度的情况下，可采用不小于 0.5mm² 截面的绝缘导线		
	2	回路绝缘电阻	（1）二次回路的每一支路的绝缘电阻值均不小于 1MΩ；在较潮湿的地方，可不小于 0.5MΩ； （2）小母线在断开所有其他并联支路时，不应小于 10MΩ		
	3	回路交流耐压试验	试验电压为 1000V，当回路绝缘电阻值在 10MΩ 以上，可采用 2500V 兆欧表代替，试验持续时间 1min 或符合产品技术文件要求		
	4	回路接线	（1）接线正确，并符合设计文件要求； （2）导线与电气元件间连接牢固可靠； （3）盘、柜内导线不应有接头，芯线无损伤； （4）电缆芯线和所配导线的端部标明其回路编号或端子号，编号正确，字迹清晰且不易褪色； （5）配线整齐、清晰、美观，导线绝缘良好，无损伤； （6）每个接线端子的每侧接线宜为 1 根，不应超过 2 根。对于插接式端子，不同截面的两根导线不应接在同一端子上；对于螺栓连接端子，当接两根导线时，两根导线中间加平垫片		

项次		检验项目	质量要求	检 验 结 果	检验人 （签字）
主控项目	5	接地	（1）二次回路接地及控制电缆金属屏蔽层应使用截面积不小于4mm²多股铜线和盘柜接地铜排通过螺栓相连或符合设计文件要求； （2）二次回路接地应设专用螺栓； （3）二次回路经二次等电位接地网接地； （4）电流互感器、电压互感器二次回路有且仅有一点接地		
一般项目	1	用于连接门上的电器、控制台板等可动部位的导线	（1）采用多股软导线，敷设长度有适当裕度； （2）线束应有加强绝缘层外套； （3）导线与电器连接时，端部绞紧，并加终端附件或搪锡，无松散、断股； （4）可动部位两端设卡子固定		
	2	引入盘、柜内的电缆及其芯线	（1）引入盘、柜的电缆排列整齐，编号清晰，避免交叉，并固定牢固，不应使所接的端子排受到机械应力； （2）铠装电缆在进入盘、柜后，将钢带切断，切断处的端部扎紧，并将钢带接地； （3）保护、控制等逻辑回路的控制电缆屏蔽层按设计文件要求的接地方式接地； （4）橡胶绝缘的芯线应外套绝缘管保护； （5）盘、柜内的电缆芯线，按垂直或水平有规律配置，备用芯长度留有适当裕量； （6）强、弱电回路不应使用同一根电缆，并分别成束分开排列		

检查意见：

　　主控项目共_____项，其中符合 SL 638—2013 质量要求_____项。

　　一般项目共_____项，其中符合 SL 638—2013 质量要求_____项，与 SL 638—2013 有微小出入_____项。

安装单位 评定人	（签字） 　　　年　　月　　日	监理工程师	（签字） 　　　年　　月　　日

表8.15 计算机监控系统安装
单元工程质量验收评定表（含各部分质量检查表）
填表要求

填表时必须遵守"填表基本规定"，并应符合下列要求：

1. 本表适用于水电站计算机监控系统站控级（厂站级或上位机）设备和现地控制单元（LCU）设备安装工程质量验收评定。

2. 单元工程划分：计算机监控系统站控级设备、每组现地控制单元（LCU）安装工程宜分别为一个单元工程。

3. 单元工程量：填写本单元工程计算机监控系统站控级设备及现地控制单元（LCU）主要设备安装数量（台、套、组）。

4. 计算机监控系统安装工程质量检验内容应包括设备安装，盘、柜电器安装，二次回路接线、模拟动作试验及试运行等部分。

5. 各检验项目的检验方法按表H-22的要求执行。

表 H-22   计算机监控系统

检 验 项 目		检 验 方 法
计算机监控系统设备安装	设备安装	—
	接地	—
	盘柜安装	观察检查
	监控系统时钟	
	安装前产品外观检查	
	站控级设备的布置、摆放	观察检查、操作检查
计算机监控系统盘、柜电器安装	电器元件	观察检查、操动试验、导通检查、扳动检查
	端子排	观察检查、扳动检查
	控制保护系统时钟	观察检查
计算机监控系统二次回路接线	盘、柜内配线	测量检查
	回路绝缘电阻	兆欧表检查
	回路交流耐压试验	测量检查
	回路接线	观察检查、对线检查
	接地	观察检查
	用于连接门上的电器、控制台板等可动部位的导线	
	引入盘、柜内的电缆及其芯线	
计算机监控系统模拟动作试验	模拟量数据采集与处理功能测试	试验检查
	数字量数据采集与处理功能测试	
	计算量数据采集与处理功能测试	
	数据输出通道测试	
	控制功能测试	
	功率调节功能测试	

检 验 项 目		检 验 方 法
计算机监控系统模拟动作试验	系统时钟及不同现地控制单元（LCU）之间的事件分辨率测试	试验检查
	应用软件编辑功能测试	操作检查
	系统自诊断及自恢复功能测试	
	实时性性能指标检查及测试	试验检查
	CPU 负荷率、内存占有率、磁盘使用率等性能指标	观察检查
	自动发电控制（AGC）功能测试	仿真程序、模拟控制、对象行为
	自动电压控制（AVC）功能测试	
	外部通信功能	试验检查
	其他功能	

表 8.15 计算机监控系统安装单元工程质量验收评定表

单位工程名称			单元工程量	
分部工程名称			安装单位	
单元工程名称、部位			评定日期	
项　目		检　验　结　果		
计算机监控系统设备安装	主控项目			
	一般项目			
计算机监控系统盘、柜电器安装	一般项目			
计算机监控系统二次回路接线	主控项目			
	一般项目			
计算机监控系统模拟动作试验	主控项目			
	一般项目			
安装单位自评意见	安装质量检验主控项目____项，全部符合 SL 638—2013 质量要求；一般项目_____项，与 SL 638—2013 有微小出入的_____项，所占比率为_____%。质量要求操作试验或试运行符合 SL 638—2013 的要求，操作试验或试运行_____出现故障。 单元工程安装质量等级评定为：_____。 （签字，加盖公章）　　　年　月　日			
监理单位复核意见	安装质量检验主控项目____项，全部符合 SL 638—2013 质量要求；一般项目_____项，与 SL 638—2013 有微小出入的_____项，所占比率为_____%。质量要求操作试验或试运行符合 SL 638—2013 的要求，操作试验或试运行_____出现故障。 单元工程安装质量等级评定为：_____。 （签字，加盖公章）　　　年　月　日			

表 8.15.1　　计算机监控系统设备安装质量检查表

编号：_____

分部工程名称			单元工程名称	
安装内容				
安装单位			开/完工日期	

项次	检验项目	质量要求	检 验 结 果	检验人（签字）
主控项目 1	设备安装	(1) 符合设计文件要求，允许偏差： 不直度<1mm/m，<5mm/全长； 水平度<1mm/m，<5mm/全长； 位置偏差及不平行度<5mm/全长。 (2) 基础型钢接地明显可靠，接地点应大于 2 处		
	盘柜安装	(1) 盘柜安装允许偏差： 相邻两盘顶部水平偏差<2mm； 成列盘顶部水平偏差<2mm； 相邻两盘边，盘间偏差<1mm； 成列盘面，盘间偏差<5mm； 盘间接缝<2mm； 垂直度<1.5mm/m。 (2) 盘柜本体与基础型钢宜采用螺栓连接，连接紧固；若采用焊接固定，每台柜体焊点不少于 4 处。 盘面清洁，漆层完好，标志齐全、正确、清晰。 柜门及门锁开关灵活，柜门密封良好。 同一接地网的各相邻设备接地线之间的直流电阻值不大于 0.2Ω。 盘柜接地牢固、可靠；盘柜内接地铜排截面及二次等电位接地网连接的导体截面不少于 50mm²，连接宜采用压接方式。装有电器的可动门接地用软导线与柜体连接可靠		
主控项目 2	接地	(1) 二次回路接地及控制电缆金属屏蔽层应使用截面积不小于 4mm² 多股铜线和盘柜接地铜排通过螺栓相连或符合设计文件要求； (2) 二次回路接地应设专用螺栓； (3) 二次回路经二次等电位接地网接地； (4) 电流互感器、电压互感器二次回路有且仅有一点接地		
3	监控系统时钟	(1) 监控系统时钟应采用全厂卫星对时系统时钟信号； (2) 全厂卫星对时系统应符合设计文件要求		
一般项目 1	安装前产品外观检查	(1) 产品表面无明显的凹痕、划伤、裂痕、变形和污染等。表面涂镀层均匀，无起泡、龟裂、脱落和磨损； (2) 金属部件无松动及其他机械损伤。内部元器件安装及内部连线正确牢固，无松动； (3) 键盘开关按钮和其他控制部件操作灵活可靠，接线端子布置及内部布线合理美观、标志清晰		
一般项目 2	站控级设备的布置、摆放	(1) 布置在中控室和机房内的计算机控制台、计算机工作台、打印机、工作台及各种工作站、服务器、计算机及外围设备等，摆放整齐、美观、与周围环境和谐，并便于运行人员工作； (2) 各种工作站、服务器、计算机及外围设备外观完好；键盘、鼠标、开关、按钮和各种控制部件的操作灵活可靠		

检查意见：
　　一般项目共_____项，其中符合 SL 638—2013 质量要求_____项，与 SL 638—2013 有微小出入_____项。

安装单位评定人	（签字） 　　年　月　日	监理工程师	（签字） 　　年　月　日

表 8.15.2　　计算机监控系统盘、柜电器安装质量检查表

编号：_____

分部工程名称				单元工程名称		
安装内容						
安装单位				开/完工日期		

项次		检验项目	质量要求	检 验 结 果	检验人（签字）
一般项目	1	电器元件	（1）元件完好、标志清楚、附件齐全，固定牢固，型号、规格符合设计文件要求； （2）继电保护装置检验合格，测量仪表校验合格； （3）信号装置显示准确、工作可靠； （4）电流试验端子及切换压板装置接触良好，相邻压板间距离满足安全操作要求； （5）操作切换把手动作灵活，接点动作正确； （6）熔断器规格、自动开关的整定值符合设计文件要求； （7）小母线安装平直、固定牢固，连接处接触良好，两侧标志牌齐全、标志清楚正确；小母线与带电金属体之间的电气间隙值不小于12mm； （8）盘上装有装置性设备或其他有接地要求的电器，其外壳可靠接地； （9）带有照明的盘、柜，内部照明完好		
	2	端子排	（1）端子排无损坏，固定牢固，绝缘良好； （2）端子排序号符合设计文件要求，端子排便于更换且接线方便；离地高度宜大于350mm； （3）强、弱电端子宜分开布置； （4）正、负电源之间以及经常带电的正电源与合闸或跳闸回路之间，宜以空端子隔开； （5）电流回路应经过试验端子，其他需断开的回路宜经特殊端子或试验端子。试验端子接触良好； （6）接线端子与导线截面匹配，潮湿环境宜采用防潮端子		
	3	控制保护系统时钟	系统时钟应采用全厂卫星对时系统时钟信号		

检查意见：

　　一般项目共_____项，其中符合 SL 638—2013 质量要求_____项，与 SL 638—2013 有微小出入_____项。

安装单位评定人	（签字）　　　　　　　　　　　年　月　日	监理工程师	（签字）　　　　　　　　　　　年　月　日

表 8.15.3   计算机监控系统二次回路接线质量检查表

编号：_____

分部工程名称			单元工程名称		
安装内容					
安装单位			开/完工日期		

项次		检验项目	质量要求	检验结果	检验人（签字）
主控项目	1	盘、柜内配线	电流回路采用电压值不低于500V 的铜芯绝缘导线，其截面不应小于 2.5mm²；电压及其他回路截面不小于 1.5mm²；弱电回路在满足载流量和电压降及机械强度的情况下，可采用不小于 0.5mm² 截面的绝缘导线		
	2	回路绝缘电阻	（1）二次回路的每一支路的绝缘电阻值均不小于1MΩ；在较潮湿的地方，可不小于 0.5MΩ； （2）小母线在断开所有其他并联支路时，不应小于 10MΩ		
	3	回路交流耐压试验	试验电压为 1000V，当回路绝缘电阻值在 10MΩ 以上，可采用2500V 兆欧表代替，试验持续时间 1min 或符合产品技术文件要求		
	4	回路接线	（1）接线正确，并符合设计文件要求； （2）导线与电气元件间连接牢固可靠； （3）盘、柜内导线不应有接头，芯线无损伤； （4）电缆芯线和所配导线的端部标明其回路编号或端子号，编号正确，字迹清晰且不易褪色； （5）配线整齐、清晰、美观，导线绝缘良好，无损伤； （6）每个接线端子的每侧接线宜为 1 根，不应超过 2 根。对于插接式端子，不同截面的两根导线不应接在同一端子上；对于螺栓连接端子，当接两根导线时，两根导线中间加平垫片		
	5	接地	（1）二次回路接地及控制电缆金属屏蔽层应使用截面积不小于 4mm² 多股铜线和盘柜接地铜排通过螺栓相连或符合设计文件要求； （2）二次回路接地应设专用螺栓； （3）二次回路经二次等电位接地网接地； （4）电流互感器、电压互感器二次回路有且仅有一点接地		

项次		检验项目	质量要求	检 验 结 果	检验人（签字）
一般项目	1	用于连接门上的电器、控制台板等可动部位的导线	（1）采用多股软导线，敷设长度有适当裕度； （2）线束应有加强绝缘层外套； （3）导线与电器连接时，端部绞紧，并加终端附件或搪锡，无松散、断股； （4）可动部位两端设卡子固定		
	2	引入盘、柜内的电缆及其芯线	（1）引入盘、柜的电缆排列整齐，编号清晰，避免交叉，并固定牢固，不应使所接的端子排受到机械应力； （2）铠装电缆在进入盘、柜后，将钢带切断，切断处的端部扎紧，并将钢带接地； （3）保护、控制等逻辑回路的控制电缆屏蔽层按设计文件要求的接地方式接地； （4）橡胶绝缘的芯线应外套绝缘管保护； （5）盘、柜内的电缆芯线，按垂直或水平有规律配置，备用芯长度留有适当裕量； （6）强、弱电回路不应使用同一根电缆，并分别成束分开排列		

检查意见：

主控项目共_____项，其中符合SL 638—2013质量要求_____项。

一般项目共_____项，其中符合SL 638—2013质量要求_____项，与SL 638—2013有微小出入_____项。

安装单位评定人	（签字） 年　月　日	监理工程师	（签字） 年　月　日

表 8.15.4　　计算机监控系统模拟动作试验质量检查表

编号：_____

分部工程名称				单元工程名称		
安装内容						
安装单位				开/完工日期		
项次		检验项目	质量要求	检 验 结 果		检验人（签字）
主控项目	1	模拟量数据采集与处理功能测试	模拟量显示、登录及越、复限记录正确，其越、复限报警值，登录及人机接口显示内容符合产品技术文件要求			
	2	数字量数据采集与处理功能测试	数字量数据采集与处理功能正确，符合产品技术文件要求			
	3	计算量数据采集与处理功能测试	计算量数据采集与处理功能正确，符合产品技术文件要求			
	4	数据输出通道测试	（1）数字量输出通道测试正确，并与实际设置一致；（2）模拟量输出通道测试正确，模拟量输出精度符合产品技术文件要求			
	5	控制功能测试	各种控制功能符合产品技术文件要求，且最终的控制流程及设置的有关参数与现场设备要求一致			
	6	功率调节功能测试	（1）有功功率调节品质满足运行要求，并应在不同水头时重复该试验，以确定多种水头下对应的最佳有功功率调节参数；（2）无功功率调节品质应满足运行要求			
	7	系统时钟及不同现地控制单元（LCU）之间的事件分辨率测试	（1）系统各人机接口设备时钟与全厂卫星对时系统时钟一致；（2）不同现地控制单元（LCU）之间的事件分辨率符合产品技术文件要求			

项次	检验项目	质量要求	检 验 结 果	检验人（签字）
	8	应用软件编辑功能测试	根据规定对受检产品的应用软件编辑功能（如各种画面、测点、定义、表格、控制流程的修改、增删等）进行测试符合产品技术文件要求		
	9	系统自诊断及自恢复功能测试	（1）系统加电或重新启动，系统正常启动； （2）系统自恢复功能正常； （3）报警和记录正确； （4）热备冗余配置设备的备用设备工作正常； （5）主、备设备切换正常，符合产品技术文件要求		
主控项目	10	实时性性能指标检查及测试	（1）模拟量输入信号突变到画面上数据显示改变时间测试（在模拟量输入信号突变条件下进行）符合产品技术文件要求； （2）数字量输入变位到画面上画块或数据显示改变或发出报警信息音响的时间测试符合产品技术文件要求； （3）控制命令发出到画面响应时间符合产品技术文件要求；命令发出到现地控制单元（LCU）开始执行控制输出时间符合产品技术文件要求； （4）人机接口响应时间测试符合产品技术文件要求； （5）双机切换时间符合产品技术文件要求，切换过程中不应出错或出现死机		
	11	CPU负荷率、内存占有率、磁盘使用率等性能指标	性能指标符合产品技术文件要求		
	12	自动发电控制（AGC）功能测试	（1）"厂站"方式下AGC功能测试符合产品技术文件要求； （2）"调度"方式下AGC功能测试符合产品技术文件要求； （3）人机接口功能测试符合产品技术文件要求； （4）各种控制方式下AGC运算结果正确； （5）AGC的各种约束条件测试符合产品技术文件要求； （6）AGC的各种保护功能测试符合产品技术文件要求		

项次		检验项目	质量要求	检　验　结　果	检验人（签字）
主控项目	13	自动电压控制（AVC）功能测试	（1）"厂站"方式下 AVC 功能测试符合产品技术文件要求； （2）"调度"方式下 AVC 功能测试符合产品技术文件要求； （3）人机接口功能测试符合产品技术文件要求； （4）各种控制方式下 AVC 运算结果正确； （5）AVC 的各种约束条件测试符合产品技术文件要求； （6）AVC 的各种保护功能测试符合产品技术文件要求		
一般项目	1	外部通信功能	与各级调度及其他外部系统和设备（如与水情、厂内信息管理系统及保护、自动装置、智能仪表等）的通信功能进行测试，符合产品技术文件要求。对具有冗余配置的通道，通道切换正常		
	2	其他功能	电厂设备运行管理及指导功能、数据处理功能、合同中规定的其他功能。 　其测试结果符合产品技术文件要求和合同要求		

检查意见：
主控项目共＿＿＿＿项，其中符合 SL 638—2013 质量要求＿＿＿＿项。
一般项目共＿＿＿＿项，其中符合 SL 638—2013 质量要求＿＿＿＿项，与 SL 638—2013 有微小出入＿＿＿＿项。

安装单位评定人	（签字） 　　　　年　　月　　日	监理工程师	（签字） 　　　　年　　月　　日

表8.16 直流系统安装
单元工程质量验收评定表（含各部分质量检查表）
填表要求

填表时必须遵守"填表基本规定"，并应符合下列要求：

1. 本表适用于直流系统安装工程质量验收评定，包括 24V 及以上，容量为 30Ah 及以上铅酸蓄电池组安装工程、不间断电源装置（UPS）安装工程、逆变电源装置（INV）安装工程。

2. 单元工程划分：直流系统安装工程宜为一个单元工程。

3. 单元工程量：填写本单元工程直流系统主要设备安装数量（台、套）。

4. 直流系统安装工程质量检验内容应包括直流系统盘、柜安装，蓄电池安装前检查，蓄电池安装，蓄电池充放电，不间断电源装置（UPS）试验及试运行，高频开关充电装置试验及试运行等部分。

5. 各检验项目的检验方法按表 H-23 的要求执行。

表 H-23　　　　　　　直 流 系 统 安 装

	检 验 项 目	检 验 方 法
直流系统盘、柜安装	基础安装	测量检查、观察检查
	盘、柜	测量检查、观察检查、扳动检查
	端子箱（板）安装	观察检查、测量检查、扳动检查、导通检查
直流系统盘、柜电器安装	电器元件	观察检查、操动试验、导通检查、扳动检查
	端子排	观察检查、扳动检查
	控制保护系统时钟	观察检查
直流系统二次回路接线	盘、柜内配线	测量检查
	回路绝缘电阻	兆欧表检查
	回路交流耐压试验	测量检查
	回路接线	观察检查、对线检查
	接地	观察检查
	用于连接门上的电器、控制台板等可动部位的导线	
	引入盘、柜内的电缆及其芯线	
蓄电池安装前检查	安装前检查	

检 验 项 目		检 验 方 法
蓄电池安装	母线及电缆引线	观察检查、扳动检查、仪表检查
	阀控蓄电池本体安装	观察检查、扳动检查
	防酸蓄电池本体安装	
	防酸蓄电池配液与注液	观察检查、仪表测量
	绝缘电阻检查	兆欧表测量
蓄电池充放电	初充电	观察检查、测量检查
	阀控蓄电池组容量试验	仪表测量
	防酸蓄电池组容量试验	仪表测量
	其他	观察检查、仪器测量
不间断电源装置（UPS）试验及试运行	绝缘电阻	兆欧表测量
	启动试验	试验检查
	切换试验	
	保护及告警	
	带载试验	
	通信	
	接地	导通检查
	试运行	试验检查
	面板显示	观察检查
	蓄电池 安装前检查	—
	蓄电池 安装	
	蓄电池 充放电	
高频开关充电装置试验及试运行	耐压及绝缘试验	观察检查、试验检查
	启动试验	试验检查
	绝缘监察及保护、告警	观察检查、试验检查
	充电转换试验	试验检查
	通信	
	接地	导通检查
	试运行	试验检查
	面板显示	观察检查
	蓄电池 安装前检查	—
	蓄电池 安装	
	蓄电池 充放电	

6. 蓄电池室的通风、采暖、防爆、防火及照明等设施的安装均应符合 GB 50172 的规定，并应符合设计文件要求。

表 8.16　　直流系统安装单元工程质量验收评定表

单位工程名称			单元工程量	
分部工程名称			安装单位	
单元工程名称、部位			评定日期	
项　目		检　验　结　果		
直流系统盘、柜安装	一般项目			
直流系统盘、柜电器安装	一般项目			
直流系统二次回路接线	主控项目			
	一般项目			
蓄电池安装前检查	一般项目			
蓄电池安装	一般项目			
蓄电池充放电	主控项目			
不间断电源装置(UPS)试验及试运行	主控项目			
	一般项目			
高频开关充电装置试验及试运行	主控项目			
	一般项目			
安装单位自评意见	安装质量检验主控项目____项，全部符合 SL 638—2013 质量要求；一般项目____项，与 SL 638—2013 有微小出入的____项，所占比率为____%。质量要求操作试验或试运行符合 SL 638—2013 的要求，操作试验或试运行_____出现故障。 单元工程安装质量等级评定为：_____。 （签字，加盖公章）　　年 月 日			
监理单位复核意见	安装质量检验主控项目____项，全部符合 SL 638—2013 质量要求；一般项目____项，与 SL 638—2013 有微小出入的____项，所占比率为____%。质量要求操作试验或试运行符合 SL 638—2013 的要求，操作试验或试运行_____出现故障。 单元工程安装质量等级评定为：_____。 （签字，加盖公章）　　年 月 日			

表 8.16.1　　　**直流系统盘、柜安装质量检查表**

编号：_____

分部工程名称			单元工程名称		
安装内容					
安装单位			开/完工日期		

项次		检验项目	质量要求	检 验 结 果	检验人（签字）
主控项目	1	基础安装	（1）符合设计文件要求，允许偏差应符合表 H-9 的规定； （2）基础型钢接地明显可靠，接地点数应大于 2		
	2	盘、柜	（1）盘、柜单独或成列安装时允许偏差应符合表 H-10 的规定； （2）盘、柜本体与基础型钢宜采用螺栓连接，连接紧固；若采用焊接固定，每台柜体焊点不少于 4 处； （3）盘面清洁、漆层完好，标志齐全、正确、清晰； （4）柜门及门锁开关灵活，柜门密封良好； （5）同一接地网的各相邻设备接地线之间的直流电阻值不大于 0.2Ω； （6）盘、柜接地牢固、可靠；盘、柜内接地铜排截面及与二次等电位接地网连接的导体截面不小于 50mm²，连接宜采用压接方式。装有电器的可动门接地用软导线与柜体连接可靠		
	3	端子箱（板）安装	（1）端子箱安装牢固，密封良好，并安装在便于运行检查的位置，成列安装的端子箱排列整齐； （2）端子箱接地牢固、可靠，并经二次等电位接地网接地；端子箱内接地铜排截面及与二次等电位接地网连接的导体截面不小于 50mm²，连接宜采用压接方式； （3）端子板安装牢固，端子板无损伤，绝缘及接地良好，每个端子每侧接线不应超过 2 根，接线紧固、排列整齐。回路电压值超过 400V 者，端子板有足够的绝缘并涂以红色标志		

检查意见：
　　一般项目共_____项，其中符合 SL 638—2013 质量要求_____项，与 SL 638—2013 有微小出入_____项

安装单位评定人	（签字） 年　月　日	监理工程师	（签字） 年　月　日

_____工程

表 8.16.2　　直流系统盘、柜电器安装质量检查表

编号：_____

分部工程名称			单元工程名称	
安装内容				
安装单位			开/完工日期	

项次		检验项目	质量要求	检　验　结　果	检验人（签字）
一般项目	1	电器元件	（1）元件完好、标志清楚、附件齐全，固定牢固，型号、规格符合设计文件要求； （2）继电保护装置检验合格，测量仪表校验合格； （3）信号装置显示准确、工作可靠； （4）电流试验端子及切换压板装置接触良好，相邻压板间距离满足安全操作要求； （5）操作切换把手动作灵活，接点动作正确； （6）熔断器规格、自动开关的整定值符合设计文件要求； （7）小母线安装平直、固定牢固，连接处接触良好，两侧标志牌齐全、标志清楚正确；小母线与带电金属体之间的电气间隙值不小于12mm； （8）盘上装有装置性设备或其他有接地要求的电器，其外壳可靠接地； （9）带有照明的盘、柜，内部照明完好		
	2	端子排	（1）端子排无损坏，固定牢固，绝缘良好； （2）端子排序号符合设计文件要求，端子排便于更换且接线方便；离地高度宜大于350mm； （3）强、弱电端子宜分开布置； （4）正、负电源之间以及经常带电的正电源与合闸或跳闸回路之间，宜以空端子隔开； （5）电流回路应经过试验端子，其他需断开的回路宜经特殊端子或试验端子。试验端子接触良好； （6）接线端子与导线截面匹配，潮湿环境宜采用防潮端子		
	3	控制保护系统时钟	系统时钟应采用全厂卫星对时系统时钟信号		

检查意见：
　　一般项目共_____项，其中符合 SL 638—2013 质量要求_____项，与 SL 638—2013 有微小出入_____项。

安装单位评定人	（签字）　　　　　年　月　日	监理工程师	（签字）　　　　　年　月　日

表 8.16.3　　直流系统二次回路接线质量检查表

编号：_____

分部工程名称				单元工程名称	
安装内容					
安装单位				开/完工日期	

项次		检验项目	质量要求	检 验 结 果	检验人 (签字)
主控项目	1	盘、柜内配线	电流回路采用电压值不低于500V的铜芯绝缘导线，其截面不应小于2.5mm²；电压及其他回路截面不小于1.5mm²；弱电回路在满足载流量和电压降及机械强度的情况下，可采用不小于0.5mm²截面的绝缘导线		
	2	回路绝缘电阻	（1）二次回路的每一支路的绝缘电阻值均不小于1MΩ；在较潮湿的地方，可不小于0.5MΩ； （2）小母线在断开所有其他并联支路时，不应小于10MΩ		
	3	回路交流耐压试验	试验电压为1000V，当回路绝缘电阻值在10MΩ以上，可采用2500V兆欧表代替，试验持续时间1min或符合产品技术文件要求		
	4	回路接线	（1）接线正确，并符合设计文件要求； （2）导线与电气元件间连接牢固可靠； （3）盘、柜内导线不应有接头，芯线无损伤； （4）电缆芯线和所配导线的端部标明其回路编号或端子号，编号正确，字迹清晰且不易褪色； （5）配线整齐、清晰、美观，导线绝缘良好，无损伤； （6）每个接线端子的每侧接线宜为1根，不应超过两根。对于插接式端子，不同截面的两根导线不应接在同一端子上；对于螺栓连接端子，当接两根导线时，两根导线中间加平垫片		

项次		检验项目	质量要求	检 验 结 果	检验人 （签字）
主控项目	5	接地	（1）二次回路接地及控制电缆金属屏蔽层应使用截面积不小于4mm²多股铜线和盘、柜接地铜排通过螺栓相连或符合设计文件要求； （2）二次回路接地应设专用螺栓； （3）二次回路经二次等电位接地网接地； （4）电流互感器、电压互感器二次回路有且仅有一点接地		
一般项目	1	用于连接门上的电器、控制台板等可动部位的导线	（1）采用多股软导线，敷设长度有适当裕度； （2）线束应有加强绝缘层外套； （3）导线与电器连接时，端部绞紧，并加终端附件或搪锡，无松散、断股； （4）可动部位两端设卡子固定		
	2	引入盘、柜内的电缆及其芯线	（1）引入盘、柜的电缆排列整齐，编号清晰，避免交叉，并固定牢固，不应使所接的端子排受到机械应力； （2）铠装电缆在进入盘、柜后，将钢带切断，切断处的端部扎紧，并将钢带接地； （3）保护、控制等逻辑回路的控制电缆屏蔽层按设计文件要求的接地方式接地； （4）橡胶绝缘的芯线应外套绝缘管保护； （5）盘、柜内的电缆芯线，按垂直或水平有规律配置，备用芯长度留有适当裕量； （6）强、弱电回路不应使用同一根电缆，并分别成束分开排列		

检查意见：

主控项目共_____项，其中符合 SL 638—2013 质量要求_____项。

一般项目共_____项，其中符合 SL 638—2013 质量要求_____项，与 SL 638—2013 有微小出入_____项。

安装单位 评定人	（签字） 年　月　日	监理工程师	（签字） 年　月　日

表 8.16.4 　　　　**蓄电池安装前质量检查表**

编号：_____

分部工程名称				单元工程名称	
安装内容					
安装单位				开/完工日期	
项次	检验项目	质量要求		检 验 结 果	检验人（签字）
一般项目	1	安装前检查	（1）阀控蓄电池壳体无渗漏和变形；极柱、连接条、安全阀等部件齐全、无损伤；极性正确，正负极及端子有明显标志； （2）防酸蓄电池槽无裂纹，槽盖密封良好，接线端柱无变形、极性正确；防酸栓、催化栓、连接条等部件齐全无损伤；滤气帽通气性能良好；透明的蓄电池槽内极板无严重受潮变形；槽内部件齐全无损伤		

检查意见：

　　一般项目共_____项，其中符合 SL 638—2013 质量要求_____项，与 SL 638—2013 有微小出入_____项。

安装单位评定人	（签字） 年　月　日	监理工程师	（签字） 年　月　日

表 8.16.5   **蓄电池安装质量检查表**

编号：_____

分部工程名称				单元工程名称		
安装内容						
安装单位				开/完工日期		

项次		检验项目	质量要求	检 验 结 果	检验人（签字）
一般项目	1	母线及电缆引线	（1）蓄电池室内硬母线安装，应符合 GB 50149 的规定； （2）母线平直、排列整齐、弯曲度一致，防酸蓄电池母线全长均涂刷耐酸色漆； （3）母线焊接牢固，表面光滑；引出线宜短，以减少大电流放电时压降； （4）电缆引出线有正、负性标志，正极为棕色，负极为蓝色； （5）蓄电池间的连接条电压降不大于 8mV		
	2	阀控蓄电池本体安装	（1）连接正确、螺栓紧固； （2）不同规格、不同批次、不同厂家的蓄电池不能混用； （3）极柱干净、无灰尘； （4）单体编号贴牢、清晰； （5）应有安装后电池单体开路电压和电池组总电压记录文件		
	3	防酸蓄电池本体安装	（1）安装平稳，间距均匀，蓄电池的排列符合设计文件要求； （2）连接条及抽头接线正确，接头连接部分涂以电力复合脂，螺栓紧固； （3）用耐酸材料标明单体蓄电池编号，编号清晰、正确； （4）温度计、密度计、液面线放在易于检查的一侧		
	4	防酸蓄电池配液与注液	应符合 GB 50172 的规定		
	5	绝缘电阻检查	（1）电压为 220V 的蓄电池组不小于 200kΩ； （2）电压为 110V 的蓄电池组不小于 100kΩ； （3）电压为 48V 的蓄电池组不小于 50kΩ		

检查意见：
    一般项目共_____项，其中符合 SL 638—2013 质量要求_____项，与 SL 638—2013 有微小出入_____项。

安装单位评定人	（签字） 年　月　日	监理工程师	（签字） 年　月　日

表 8.16.6   **蓄电池充放电质量检查表**

编号：_____

分部工程名称			单元工程名称		
安装内容					
安装单位			开/完工日期		

项次		检验项目	质量要求	检 验 结 果	检验人（签字）
主控项目	1	初充电	符合产品技术文件要求		
	2	阀控蓄电池组容量试验	阀控蓄电池组容量试验的恒流限压充电电流和恒流放电电流均为 I_{10}，额定电压为 2V 的蓄电池，放电终止电压为 1.8V；额定电压为 6V 的组合式电池，放电终止电压为 5.25V；额定电压为 12V 的组合蓄电池，放电终止电压为 10.5V。只要其中一个蓄电池放到了终止电压，应停止放电。在 3 次充放电循环之内，若达不到额定容量值的 100%，此组蓄电池为不合格		
	3	防酸蓄电池组容量试验	防酸蓄电池组容量试验的恒流充电电流及恒流放电电流均为 I_{10}，其中一个单体蓄电池放电终止电压到 1.8V 时，应停止放电。在 3 次充放电循环之内，若达不到额定容量值的 100%，此组蓄电池为不合格		
	4	其他	（1）初充电结束后，防酸蓄电池电解液的密度及液面高度需调整到规定值，并应再进行 0.5h 的充电，使电解液混合均匀； （2）防酸蓄电池组首次放电终了时电池密度应符合产品技术条件的规定； （3）充、放电结束后，对透明槽的电池，应检查内部情况，极板不得有严重变形弯曲或活性物质严重剥落； （4）首次放电完毕后，应按产品技术要求进行充电，间隔时间不宜超过 10h		

检查意见：

    主控项目共_____项，其中符合 SL 638—2013 质量要求_____项。

安装单位评定人	（签字） 年　月　日	监理工程师	（签字） 年　月　日

表 8.16.7　　不间断电源装置（UPS）试验及试运行质量检查表

编号：_____

分部工程名称				单元工程名称		
安装内容						
安装单位				开/完工日期		

项次		检验项目	质量要求	检 验 结 果	检验人（签字）
主控项目	1	绝缘电阻	（1）UPS 额定电压不大于 60V 绝缘电阻值大于 2MΩ； （2）UPS 额定电压大于 60V 绝缘电阻值大于 10MΩ； （3）隔离变绝缘电阻值不小于 10MΩ		
	2	启动试验	（1）按步骤操作时启动正常； （2）在无交流输入情况下，依靠蓄电池能正常启动		
	3	切换试验	符合产品技术文件要求		
	4	保护及告警	符合设计文件及产品技术文件要求		
	5	带载试验	正常带载、蓄电池带载均正常		
	6	通信	正常		
	7	接地	良好		
	8	试运行	72h 试运行正常。检查表计、显示器指示正常，控制特性符合设计文件及产品技术文件要求，装置工作正常		
一般项目	1	面板显示	显示正常		
	2	蓄电池① 安装前检查	质量要求见表 8.16.4		
		安装	质量要求见表 8.16.5		
		充放电	质量要求见表 8.16.6		

检查意见：

　　主控项目共_____项，其中符合 SL 638—2013 质量要求_____项。

　　一般项目共_____项，其中符合 SL 638—2013 质量要求_____项，与 SL 638—2013 有微小出入_____项。

安装单位评定人	（签字） 　　　　年　月　日	监理工程师	（签字） 　　　　年　月　日

①　本项检查分别按表 8.16.4～表 8.16.6 的要求进行将最终"检查意见"填入检验结果栏，同时将表 8.16.4～表 8.16.6 作为附表提交。

表 8.16.8　高频开关充电装置试验及试运行质量检查表

编号：_____

分部工程名称				单元工程名称		
安装内容						
安装单位				开/完工日期		
项次		检验项目	质量要求	检 验 结 果		检验人（签字）
主控项目	1	耐压及绝缘试验	（1）耐压时无闪络、击穿； （2）母线及各支路绝缘电阻值不小于10MΩ			
	2	启动试验	启动正常，符合产品技术文件要求			
	3	绝缘监察及保护、告警	（1）当直流系统发生接地故障或绝缘水平下降到产品技术要求设定值时，绝缘监察装置可靠动作； （2）当直流母线电压高于产品技术要求的上限设定值或者低于下限设定值时，电压监察装置，可靠动作； （3）发生故障时，装置可靠发出告警信号			
	4	充电转换试验	符合产品技术文件要求			
	5	通信	正常			
	6	接地	良好			
	7	试运行	72h试运行正常。检查表计、显示器指示正常，装置工作正常			
一般项目	1	面板显示	显示正常			
	2	蓄电池① 安装前检查	质量要求见表8.16.4			
		安装	质量要求见表8.16.5			
		充放电	质量要求见表8.16.6			

检查意见：

主控项目共_____项，其中符合 SL 638—2013 质量要求_____项。

一般项目共_____项，其中符合 SL 638—2013 质量要求_____项，与 SL 638—2013 有微小出入_____项。

安装单位评定人	（签字） 年　月　日	监理工程师	（签字） 年　月　日

① 本项检查分别按表8.16.4～表8.16.6的要求进行将最终"检查意见"填入检验结果栏，同时将表8.16.4～表8.16.6作为附表提交。

表8.17 电气照明装置安装
单元工程质量验收评定表（含各部分质量检查表）
填表要求

填表时必须遵守"填表基本规定"，并应符合下列要求：

1. 本表适用于水电站厂房内外、变电站等处电气照明装置安装工程质量验收评定。

2. 单元工程划分：整个照明系统安装工程宜为一个单元工程。

3. 单元工程量：填写本单元工程照明系统安装数量，如：配管配线长度、照明箱安装个数、照明灯具个数等。

4. 电气照明装置：安装工程质量检验内容应包括配管及敷设、电气照明装置配线、照明配电箱安装、灯器具安装等部分。

5. 各检验项目的检验方法按表 H-24 的要求执行。

表 H-24   电气照明装置安装

	检 验 项 目	检 验 方 法
配管及敷设	保护管加工	观察检查、测量检查
	配管	
	接线盒安装	观察检查
	管路连接	观察检查、测量检查
	其他	观察检查
电气照明装置配线	导线敷设	观察检查、拉动检查、兆欧表测量
	保护管内配线	观察检查、测量检查、兆欧表测量
	塑料护套线配线	
照明配电箱安装	绝缘电阻	兆欧表测量
	配电箱	观察检查、扳动检查
	配电箱内电器	观察检查、扳动检查、测量检查
	接地和接零	—
	各相负荷分配	—
灯器具安装	灯具、开关、插座安装	观察检查、试电笔检查、测量检查
	事故照明	观察检查
	36V 及以下照明变压器安装	
	灯具金属外壳的接地	观察检查、导通检查
	灯具配件	观察检查
	引向每个灯具导线线芯最小截面	测量检查
	一般灯具及开关、插座安装	观察检查、测量检查
	顶棚上灯具的安装	
	室外灯具安装	—
	密封有特殊要求的灯具	

6. 电气照明装置电力电缆敷设应符合 SL 638—2013 年 14.2.2 条的规定。

表 8.17 **电气照明装置安装单元工程质量验收评定表**

单位工程名称			单元工程量	
分部工程名称			安装单位	
单元工程名称、部位			评定日期	
项　目		检　验　结　果		
配管及敷设	主控项目			
电气照明装置配线	主控项目			
照明配电箱安装	主控项目			
	一般项目			
灯器具安装	主控项目			
	一般项目			
安装单位自评意见	安装质量检验主控项目____项，全部符合 SL 638—2013 质量要求；一般项目_____项，与 SL 638—2013 有微小出入的_____项，所占比率为_____%。质量要求操作试验或试运行符合 SL 638—2013 的要求，操作试验或试运行_____出现故障。 单元工程安装质量等级评定为：_____。 　　　　　　　　　　　　　　　　　　（签字，加盖公章）　　　年　月　日			
监理单位复核意见	安装质量检验主控项目____项，全部符合 SL 638—2013 质量要求；一般项目_____项，与 SL 638—2013 有微小出入的_____项，所占比率为_____%。质量要求操作试验或试运行符合 SL 638—2013 的要求，操作试验或试运行_____出现故障。 单元工程安装质量等级评定为：_____。 　　　　　　　　　　　　　　　　　　（签字，加盖公章）　　　年　月　日			

表 8.17.1　　　　　　　　**配管及敷设质量检查表**

编号：_____

分部工程名称				单元工程名称		
安装内容						
安装单位				开/完工日期		
项次		检验项目	质量要求	检 验 结 果		检验人（签字）
主控项目	1	保护管加工	应符合 GB 50258 的规定			
	2	配管	（1）路径、位置、方式符合设计文件要求； （2）管路配置弯曲半径及弯扁度应符合 GB 50303 的规定； （3）管口平整、光滑； （4）明配管水平、垂直敷设的允许误差为 0.15%，全长偏差不应大于管内径的 1/2			
	3	接线盒安装	（1）装设位置符合设计文件要求； （2）固定（埋设）牢固、无损伤			
	4	管路连接	（1）固定均匀、合理； （2）普通螺纹钢管连接牢固，跨接接地线焊接可靠；防爆螺纹钢管连接涂电力复合脂均匀，接地跨接线可靠；钢套管连接，管口对正，焊接牢固、严密；紧固螺钉连接，紧密，无松动； （3）塑料管连接胶合牢固； （4）暗配钢管与盒（箱）采用焊接连接，管口宜高出盒（箱）内壁 3～5mm，并补涂防腐漆；明配钢管或暗配的镀锌钢管与盒（箱）连接采用锁紧螺母或护圈帽固定，用锁紧螺母固定的管端螺纹宜外露锁紧螺母 2～3 丝扣； （5）过渡式，用软管保护，管口包扎紧密；用专用接头软管，连接可靠，密封良好			
	5	其他	（1）隔离密封件填充料光滑，无龟裂； （2）管路处配合处密封良好； （3）管路及附件防腐、接地或接零符合设计文件要求			

检查意见：
　　主控项目共_____项，其中符合 SL 638—2013 质量要求_____项

安装单位 评定人	（签字） 　　　年　月　日	监理工程师	（签字） 　　　年　月　日

表 8.17.2　　　　　**电气照明装置配线质量检查表**

编号：_____

分部工程名称					单元工程名称	
安装内容						
安装单位					开/完工日期	

项次		检验项目	质量要求	检 验 结 果	检验人（签字）
主控项目	1	导线敷设	（1）导线无扭接、死弯和绝缘层损坏等缺陷； （2）导线敷设平直整齐、绑扎牢固； （3）导线连接牢固，包扎紧密，不损伤芯线； （4）接地线连接牢固，接触良好； （5）导线在补偿装置内的长度有适当裕量； （6）导线间及对地的绝缘电阻值不小于 0.5MΩ		
	2	保护管内配线	（1）穿管绝缘导线线芯最小截面：铜芯 1mm²，铝芯 2.5mm²； （2）管内导线无接头和扭接，绝缘无损伤； （3）管内导线总截面不大于管截面积的 40％； （4）接线紧固，导线绝缘电阻值不小于 0.5MΩ		
	3	塑料护套线配线	（1）导线无扭绞、死弯和绝缘层损伤等缺陷； （2）敷设平直、整齐、固定牢固； （3）线路固定点间距、水平、垂直的允许偏差，固定点间距为±5mm，水平度±5mm，垂直度±5mm； （4）导线应连接牢固，绑扎紧密，不损伤芯线； （5）导线之间及对地绝缘电阻值不小于 0.5MΩ		

检查意见：
　　主控项目共_____项，其中符合 SL 638—2013 质量要求_____项。

安装单位评定人	（签字） 　　　　　　年　月　日	监理工程师	（签字） 　　　　　　年　月　日

表 8.17.3   **照明配电箱安装质量检查表**

编号：_____

分部工程名称			单元工程名称	
安装内容				
安装单位			开/完工日期	

项次		检验项目	质量要求	检验结果	检验人（签字）
主控项目	1	绝缘电阻	不小于0.5MΩ		
	2	配电箱	（1）安装位置、高度符合设计文件要求； （2）配电箱安装垂直允许偏差为±3mm；暗设的箱面板紧贴墙壁；箱体安装牢固，涂层完整； （3）配电箱上回路标志正确、清晰		
	3	配电箱内电器	（1）排列整齐，固定牢固； （2）380V及以下电压的裸露载流部分与非绝缘金属部分间表面距离不小于20mm		
	4	接地和接零	符合设计文件要求		
一般项目	1	各相负荷分配	符合设计文件要求		

检查意见：

    主控项目共_____项，其中符合SL 638—2013质量要求_____项。

    一般项目共_____项，其中符合SL 638—2013质量要求_____项，与SL 638—2013有微小出入_____项。

安装单位评定人	（签字） 年 月 日	监理工程师	（签字） 年 月 日

表 8.17.4　　　**灯器具安装质量检查表**

编号：_____

分部工程名称				单元工程名称		
安装内容						
安装单位				开/完工日期		

项次		检验项目	质量要求	检 验 结 果	检验人（签字）
主控项目	1	灯具、开关、插座安装	（1）灯具、开关、插座安装牢固，位置正确，高度符合设计文件要求。开关应切断相线。暗开关、暗插座应贴墙面； （2）同一室内安装的开关、插座允许偏差不大于5mm，成排安装的开关、插座允许偏差不大于1mm；暗开关（暗插座）垂直度小于0.15%； （3）同一室内成排灯具安装应横平竖直，高度在同一平面；嵌入顶棚装饰灯边框在一条直线上		
	2	事故照明	事故照明有专门标志及应急疏导指示		
	3	36V及以下照明变压器安装	（1）电源侧应有短路保护，其熔丝的额定电流不应大于变压器的额定电流； （2）外壳、铁芯和低压侧的任意一端或中性点，均应接地或接零		
	4	灯具金属外壳的接地	必须接地或接零的灯具金属外壳与接地（接零）网之间应有明显标志的专用接地螺钉连接牢固		
一般项目	1	灯具配件	齐全无机械损伤、变形、涂层剥落等缺陷		
	2	引向每个灯具导线线芯最小截面	最小截面应符合GB 50259的规定		

项次		检验项目	质量要求	检 验 结 果	检验人 （签字）
一般项目	3	一般灯具及开关、插座安装	（1）同场所的交直流或不同电压的插座有明显区别，不应互相插入； （2）灯具吊杆用钢管直径不小于 10mm，钢管壁厚度不小于1.5mm； （3）日光灯和高压水银灯与其附件的配套规格一致； （4）吊链灯具的灯线不应受拉力，灯线应与吊链编叉在一起； （5）金属卤化物等的电源线经接线柱连接，电源线不得靠近灯具表面，灯具与触发器和限流器必须配套使用； （6）投光灯的底座及支架固定牢固，枢轴沿需要的光轴方向拧紧固定		
	4	顶棚上灯具的安装	（1）灯具固定在专设的框架上，电源线不贴近灯具外壳； （2）矩形灯具边缘与顶棚面装修直线平行。对称安装的灯具，纵横中心轴线的偏斜度不大于 5mm； （3）日光灯管组合的灯具，灯管排列整齐，金属或塑料间隔片无弯曲、扭斜缺陷		
	5	室外灯具安装	符合设计文件要求		
	6	密封有特殊要求的灯具	符合设计文件及产品技术文件要求		

检查意见：

　　主控项目共_____项，其中符合 SL 638—2013 质量要求_____项。

　　一般项目共_____项，其中符合 SL 638—2013 质量要求_____项，与 SL 638—2013 有微小出入_____项。

安装单位 评定人	（签字） 　　　　年　月　日	监理工程师	（签字） 　　　　年　月　日

表8.18 通信系统安装
单元工程质量验收评定表（含各部分质量检查表）
填表要求

填表时必须遵守"填表基本规定"，并应符合下列要求：

1. 本表适用于水电站通信系统安装工程质量验收评定。

2. 单元工程划分：通信系统安装工程宜为一个单元工程。

3. 单元工程量：填写本单元工程通信系统主要设备安装数量（台、套）。

4. 通信系统安装工程质量检验内容应包括一次设备安装、防雷接地系统安装、微波天线及馈线安装、同步数字体系（SDH）传输设备安装、载波机及微波设备安装、脉冲编码调制（PCM）设备安装、程控交换机安装、电力数字调度交换机安装、通信电源系统安装、电力光缆线路安装等部分。

5. 各检验项目的检验方法按表 H-25 的要求执行。

表 H-25   通 信 系 统 安 装

检 验 项 目		检 验 方 法
通信系统一次设备安装	耦合电容器安装	观察检查、检查报告、扳动检查
	阻波器安装	观察检查、扳动检查
	结合滤波器安装	扳动检查
通信系统防雷接地系统安装	通用检查	接地电阻测试仪测量、测量检查、观察检查
	接闪器安装	观察检查、测量检查
	引下线敷设	
	接地体（线）安装	—
	等电位连接	观察检查、测量检查
	工作及保护接地	
	天线铁塔及天线馈线接地	
	浪涌保护器（SPD）安装	
通信系统微波天线及馈线安装	天线调整	扳动检查、场强测试仪
	微波馈线敷设	测量检查
	微波馈线连接	观察检查、扳动检查、检查报告
	天线安装	观察检查、扳动检查
	天线调整	
	天线馈源安装	观察检查
	馈线敷设	观察检查、扳动检查、测量检查
	馈线连接	测量检查、观察检查
通信系统同步数字体系（SDH）传输设备安装	电缆成端和保护	观察检查
	接地	
	单机测试及功能检查	测试检查
	系统性能测试及功能检查	

检 验 项 目		检 验 方 法
通信系统同步数字体系（SDH）传输设备安装	网管系统功能检查	观察检查
	铁架安装	观察检查、测量检查
	机架安装	
	电缆布放	测量检查、观察检查
	光纤连接线布放	测量检查
	数字、UTP配线架跳线布放	
	网管设备安装	
	光放大器	光波信号发生器/光衰减器/光功率计/光谱分析仪
通信系统载波机及微波设备安装	子架安装（主控项目）	观察检查
	电缆成端和保护	
	机架安装	测量检查、扳动检查、观察检查
	子架安装（一般项目）	对比检查、观察检查
	光纤连接	观察检查
	数字配线架跳线	
	保护接口安装	
	电缆成端和保护	
通信系统脉冲编码调制设备（PCM）安装	设备安装、缆线布放及成端	—
	单机技术指标	测量检查
	音频通道收/发电平测试	
	信令功能检查	
	数据通道误码率	
	2M通道保护倒换功能	
	话路时隙交叉连接功能检查	
	网管系统检查	比对检查
程控交换机安装	设备安装、缆线布放及成端	观察检查
	系统检查测试	—
电力数字调度交换机安装	合格证	观察检查
	设备安装、缆线布放及成端	
	系统检查测试	—
站内光纤复合架空地线（OPGM）电力光缆线路安装	引下光缆敷设	观察检查
	余缆架安装	
	接续盒安装	测量检查
	导引光缆敷设	观察检查
	光纤分配架（ODF）安装	
	全程测试	OTDR/光源/光功率计
全介质自承式光缆（ADSS）电力光缆线路安装	安装	观察检查
	一般要求	—

表 8.18 　**通信系统安装单元工程质量验收评定表**

单位工程名称			单元工程量	
分部工程名称			安装单位	
单元工程名称、部位			评定日期	

项　　目		检　验　结　果
通信系统一次设备安装	一般项目	
通信系统防雷接地系统安装	主控项目	
通信系统微波天线及馈线安装	主控项目	
	一般项目	
通信系统同步数字体系（SDH）传输设备安装	主控项目	
	一般项目	
通信系统载波机及微波设备安装	主控项目	
	一般项目	
通信系统脉冲编码调制设备（PCM）安装	主控项目	
程控交换机安装	主控项目	
电力数字调度交换机安装	主控项目	
站内光纤复合架空地线(OPGW)电力光缆线路安装	主控项目	
全介质自承式光缆（ADSS）电力光缆线路安装	主控项目	
	一般项目	
安装单位自评意见	安装质量检验主控项目____项，全部符合 SL 638—2013 质量要求；一般项目____项，与 SL 638—2013 有微小出入的____项，所占比率为_____％。质量要求操作试验或试运行符合 SL 638—2013 的要求，操作试验或试运行_____出现故障。 单元工程安装质量等级评定为：_____。 　　　　　　　　　　　　（签字，加盖公章）　　　年　月　日
监理单位复核意见	安装质量检验主控项目____项，全部符合 SL 638—2013 质量要求；一般项目____项，与 SL 638—2013 有微小出入的_____项，所占比率为_____％。质量要求操作试验或试运行符合 SL 638—2013 的要求，操作试验或试运行_____出现故障。 单元工程安装质量等级评定为：_____。 　　　　　　　　　　　　（签字，加盖公章）　　　年　月　日

表 8.18.1　通信系统一次设备安装质量检查表

编号：_____

分部工程名称			单元工程名称	
安装内容				
安装单位			开/完工日期	

项次		检验项目	质量要求	检 验 结 果	检验人（签字）
一般项目	1	耦合电容器安装	（1）外观检查：瓷件无损伤，耦合电容器无渗漏，法兰螺栓连接紧固，型号符合设计文件要求； （2）顶盖上紧固螺栓牢靠，引线连接良好，接地良好、牢固； （3）两节或多节耦合电容器叠装时，按制造厂的编号安装； （4）电气试验应符合 GB 50150 的规定及产品技术文件要求		
	2	阻波器安装	（1）外观检查：支柱及线圈绝缘无损伤及裂纹；线圈无变形；支柱绝缘子机器附件齐全； （2）安装前进行了频带特性及内部避雷器相应的试验； （3）三相阻波器水平度宜一致，支柱绝缘子完好，受力均匀； （4）悬式阻波器主线圈吊装时，其轴线宜对地垂直； （5）阻波器内部电容器、避雷器连接良好，固定牢靠。引下线连接良好，固定牢靠		
	3	结合滤波器安装	无损伤，安装牢固、端正，与设备连接接触良好，固定牢固		

检查意见：

　　一般项目共_____项，其中符合 SL 638—2013 质量要求_____项，与 SL 638—2013 有微小出入_____项。

安装单位评定人	（签字） 年　月　日	监理工程师	（签字） 年　月　日

表 8.18.2　　通信系统防雷接地系统安装质量检查表

编号：_____

分部工程名称			单元工程名称		
安装内容					
安装单位			开/完工日期		

项次		检验项目	质量要求	检　验　结　果	检验人（签字）
主控项目	1	通用检查	（1）通信站应采用联合接地，接地电阻小于5Ω； （2）通信站防雷与接地工程所使用材料的型号、规格符合设计文件要求； （3）防雷与接地系统的所有连接可靠，连接采用焊接时应符合： 1）避雷针（带）与引下线之间的连接应采用焊接或热剂焊； 2）避雷针（带）的引下线及接地装置使用的紧固件均使用镀锌制品； 3）独立避雷针的接地装置与接地网的地中距离不应小于3m； 4）独立避雷针（线）应设置独立的集中接地装置。当有困难时，该接地装置可与接地网连接，但避雷针与主接地网的地下连接点至35kV及以下设备与主接地网的地下连接点，沿接地体的长度不得小于15m； 5）发电厂、变电站配电装置的构架或屋顶上的避雷针(含悬挂避雷线的构架)在其附近装设集中接地装置，并与主接地网连接		
	2	接闪器安装	（1）避雷针的数量、安装位置、避雷网的网格尺寸及避雷带的安装位置符合设计文件要求； （2）避雷针采用热镀锌圆钢或钢管焊接而成，其高度、直径符合设计文件要求； （3）避雷网或避雷带采用热镀锌圆钢或扁钢，每个焊接点可靠电气导通。焊点处经防腐处理； （4）接闪器无脱焊、折断、腐蚀现象。固定点支撑件间距均匀，固定可靠。避雷带平正顺直，跨越变形缝、伸缩缝的补偿措施及避雷带支持件间距符合设计文件要求； （5）避雷装置的地线与设备、电源的地线连接良好； （6）室外避雷装置的地线在室外单独与接地网连接，连接良好； （7）高于接闪器的金属物，与建筑物屋面的接闪器电气连接良好；接闪器上无附着其他电气线路		

项次		检验项目	质量要求	检验结果	检验人 (签字)
主控项目	3	引下线敷设	（1）引下线的规格、数量、安装位置及相邻两根引下线之间的距离、断接卡的设置符合设计文件要求； （2）引下线装设牢固、无急弯；引下线上无其他电气线路； （3）当利用建筑物主体钢筋和金属地板构架等作为接地引下线时，钢筋自身上、下连接点采用搭焊接，且其上端应与房顶避雷装置、下端应与接地网、中间应与各层均压网或环形接地母线焊接成电气上连通的笼式接地系统		
	4	接地体 （线）安装	接地体安装质量要求见表8.13.1①		
	5	等电位连接	（1）通信站的等电位连接结构、接地汇集线、接地汇流排以及垂直接地主干线的材料、规格、安装位置符合设计文件要求； （2）各种等电位连接端子处有清晰的标识； （3）敷设在金属管内的非屏蔽电缆，其金属管电气连通，在雷电防护区交界处做等电位连接并接地； （4）楼顶的各种金属设施均分别与楼顶避雷接地线就近电气连通，在楼面敷设的各类电源线、信号线均在两端做接地处理，且每隔5~10m与避雷带就近电气连接1次； （5）接地汇接线或接地汇流排表面无毛刺、明显伤痕、残余焊渣，安装平整端正、连接牢固，绝缘导线的绝缘层无老化龟裂现象		
	6	工作及保护接地	（1）接地线在穿越墙壁、楼板和地坪处有套管保护，采用金属管时与接地线做电气连通； （2）接至通信设备或接地汇流排上的接地线，用镀锌螺栓连接，连接可靠； （3）接地线使用黄绿相间色标的铜质绝缘导线，地线成端物理连接良好、标识清晰，不应在接地线中加装开关或熔断器； （4）接地线敷设短直、整齐，无盘绕； （5）机房接地母线与接地网连接点数为2点； （6）负直流电源正极电源侧直接接地；负直流电源正极通信设备侧直接接地； （7）机房直流馈电线屏蔽层直接接地，电缆屏蔽层两端接地；铠装电缆进入机房前铠装与屏蔽同时接地； （8）设备机架接地线必须使用压接式接地端子，外连地线规格、连接方式符合设计文件要求； （9）各设备与接地母线单独直接连接，音频电缆备用线在配线架上接地		

项次	检验项目	质量要求	检 验 结 果	检验人 (签字)
主控项目	7	天线铁塔及天线馈线接地	（1）天线铁塔各金属构件间可靠电气连通； （2）天线馈线的金属外护层在塔顶、离塔处和机房外分别做接地处理，高于60m的铁塔在塔身中部增加接地点，机房外侧接地点经室外汇流排直接与地网连接，不应直接连接在塔身上，馈线破口处防水处理完好； （3）机房接地网与铁塔地网连接可靠		
	8	浪涌保护器（SPD）安装	（1）各级 SPD 的安装位置、数量、型号、SPD 连接导线的型号规格、SPD 两端引入线长度等符合设计文件要求； （2）SPD 表面平整、光洁、无划伤、无裂痕，标志完整清晰； （3）SPD 连接导线安装平直、美观、牢固、可靠； （4）连接导体相线颜色为黄、绿、红色，中性线颜色为浅蓝色，保护线颜色为绿/黄双色线； （5）SPD 内置脱离器中的热熔丝、热熔线圈或热敏电阻等限流元件导通良好； （6）安装在配电系统中的 SPD 的最大持续工作电压（U_c）符合设计文件要求		

检查意见：
　　主控项目共＿＿＿＿项，其中符合 SL 638—2013 质量要求＿＿＿＿项。

安装单位 评定人	（签字） 　　　　年　月　日	监理工程师	（签字） 　　　　年　月　日

① 本项检查按表 8.13.1 的要求进行，将最终"检查意见"填入检验结果栏，同时将表 8.13.1"作为附表提交"。

表 8.18.3　　通信系统微波天线及馈线安装质量检查表

编号：_____

分部工程名称				单元工程名称	
安装内容					
安装单位				开/完工日期	

项次		检验项目	质量要求	检 验 结 果	检验人 (签字)
主控项目	1	天线调整	（1）天线与座架连接固定牢固，不相对摆动； （2）天线方位角，仰俯角调整符合设计文件要求； （3）天线馈源的极化方向符合设计文件要求； （4）天线接收场强调测、天线焦距符合设计文件要求		
	2	微波馈线敷设	馈线弯曲半径和扭转符合设计文件要求		
	3	微波馈线连接	（1）可调节波导焊接垂直、平整牢固、焊锡均匀； （2）馈线气闭试验不大于20kPa，气压试验24h后压力大于5kPa		
一般项目	1	天线安装	座架安装位置正确，安装牢固		
	2	天线调整	（1）拼装式天线主反射面组装接缝平齐、均匀； （2）喇叭辐射器防尘罩黏合牢固； （3）主反射面保护罩安装正确，受力均匀		
	3	天线馈源安装	（1）天线馈源和波导接口符合馈线走向要求； （2）天线馈源安装加固合理，不受外力； （3）天线馈源各部件连接面清洁、接触良好		

项次	检验项目	质量要求	检 验 结 果	检验人（签字）
一般项目	4	馈线敷设	（1）馈线平直无扭曲、裂纹； （2）馈线敷设整齐美观、无交叉； （3）馈线加固受力点位置在波导法兰盘上； （4）馈线加固间距：矩形硬波导馈线 2m，圆硬波导馈线 3m，椭圆软波导馈线 1~1.5m		
	5	馈线连接	（1）可调节波导长度允许误差为±2mm； （2）射频同轴电缆的裁截、剖头、翻边检查符合设计文件要求； （3）馈线接地检查符合设计文件要求		

检查意见：

    主控项目共_____项，其中符合 SL 638—2013 质量要求_____项。

    一般项目共_____项，其中符合 SL 638—2013 质量要求_____项，与 SL 638—2013 有微小出入_____项。

安装单位 评定人	（签字） 年　月　日	监理工程师	（签字） 年　月　日

表 8.18.4   通信系统同步数字体系（SDH）传输设备
安装质量检查表

编号：_____

分部工程名称				单元工程名称	
安装内容					
安装单位				开/完工日期	

项次		检验项目	质量要求	检验结果	检验人（签字）
主控项目	1	电缆成端和保护	（1）同轴电缆连接器和线缆物理连接良好，各层开剥尺寸与电缆插头相适合； （2）同轴电缆头组装配件齐全，装配牢固； （3）屏蔽线端头处理，剥头长度一致，与同轴接线端子的外导体接触良好； （4）剥头热缩处理时热缩套管长度适中，热缩均匀		
	2	接地	（1）接地线在穿越墙壁、楼板和地坪处有套管保护，采用金属管时与接地线做电气连通； （2）接至通信设备或接地汇流排上的接地线，用镀锌螺栓连接，连接可靠； （3）接地线使用黄绿相间色标的铜质绝缘导线，地线成端物理连接良好、标识清晰，不应在接地线中加装开关或熔断器； （4）接地线敷设短直、整齐，无盘绕； （5）机房接地母线与接地网连接点数为2点； （6）负直流电源正极电源侧直接接地；负直流电源正极通信设备侧直接接地； （7）机房直流馈电线屏蔽层直接接地，电缆屏蔽层两端接地；铠装电缆进入机房前铠装与屏蔽同时接地； （8）设备机架接地线必须使用压接式接地端子，外连地线规格、连接方式符合设计文件要求； （9）各设备与接地母线单独直接连接，音频电缆备用线在配线架上接地		
	3	单机测试及功能检查	电源及设备告警功能检查、光接口检查与测试、电接口检查与测试、以太网接口检查与测试、PDH和ATM等接口的检查与测试等符合设计文件及产品技术文件要求		
	4	系统性能测试及功能检查	系统误码性能测试、系统抖动性能测试、时钟选择、倒换功能检查、公务电话检查、SDH网络自动保护倒换功能检查、环回功能检查、光通道储备电平复核、以太网透传功能检查等符合设计文件及产品技术文件要求		
	5	网管系统功能检查	告警挂历功能检查、故障管理功能检查、安全管理功能检查、配置管理功能检查、性能管理功能检查等符合设计文件要求		
一般项目	1	铁架安装	（1）铁架的安装位置符合设计文件要求，允许偏差为±50mm； （2）列铁架成一直线，允许偏差为±30mm；列间撑铁的安装符合设计文件要求； （3）铁架安装完整牢固，零件齐全，铁架间距离均匀；铁件的漆面完整无损； （4）光纤护槽的安装符合设计文件要求		

项次		检验项目	质量要求	检 验 结 果	检验人（签字）
一般项目	2	机架安装	（1）机架的安装位置、固定方式符合设计文件要求； （2）机架安装端正牢固，垂直偏差不大于机架高度的 1‰； （3）机架间隙不得大于 3mm，列内机面平齐，机架门开关顺畅；机架全列允许偏差为±10mm； （4）光纤分配架（ODF）、数字配线架（DDF）端子板的位置、安装排列及各种标识符合设计文件要求。ODF 架上法兰盘的安装位置正确、牢固，方向一致； （5）机架外电源线型号规格符合设计文件要求； （6）机架外联电源线颜色正负极性分开；机架外联电源线整根布放； （7）2M 接线端子配线依据 2M 接口板容量全额配线； （8）机架及各种缆线标示清晰、准确、固定可靠； （9）配线架跳线环安装位置平直整齐		
	3	电缆布放	（1）缆线槽道（或走线架）安装、电缆布放路由符合设计文件要求； （2）电缆布放排列整齐，电缆弯曲半径不小于电缆直径或厚度的 10 倍；设备电缆与交流电源线、直流电源线、软光纤分开布放，间距大于 50mm； （3）电缆无中间接头，电缆两端出线整齐一致，预留长度满足维护要求； （4）槽道内电缆顺直，不溢出槽道，拐弯适度，电缆进出槽道绑扎整齐； （5）走道电缆捆绑牢固，松紧适度、紧密、平直、无扭绞，绑扎线扣均匀、整齐、一致，活扣扎带间距为 10～20cm； （6）架间电缆及布线的两端有明显标识，无错接、漏接。插接部件牢固，接触良好		
	4	光纤连接线布放	（1）光纤连接线的规格、程式、光纤连接线布放路由走符合设计文件要求； （2）光纤连接线布放在专用槽道，布放在共用槽道内的有套管保护。无套管保护部分用活扣扎带绑扎，扎带不扎得过紧； （3）光纤连接线在槽道内顺直，无明显扭绞； （4）预留光纤的盘放曲率半径不小于 40mm，无扭绞		
	5	数字、UTP 配线架跳线布放	（1）跳线电缆的规格、程式符合设计文件或产品技术文件要求； （2）跳线的走向、路由符合设计文件要求； （3）跳线布放顺直，捆扎牢固，松紧适度； （4）对于设备间的非屏蔽五类电缆跳线总长度不超过 100m； （5）设备间的非屏蔽五类电缆跳线弯曲半径至少为电缆外径的 4 倍		
	6	网管设备安装	（1）网管设备的安装位置符合设计文件要求； （2）网管设备的操作终端、显示器等摆放平稳、整齐； （3）网管设备的线缆布放满足"缆线布放及成端"的相关规定		
	7	光放大器	输入/输出功率（增益）、增益平坦度、噪声系数符合设计文件要求		

检查意见：

　　主控项目共_____项，其中符合 SL 638—2013 质量要求_____项。

　　一般项目共_____项，其中符合 SL 638—2013 质量要求_____项，与 SL 638—2013 有微小出入_____项。

安装单位评定人	（签字） 　　年　月　日	监理工程师	（签字） 　　年　月　日

表 8.18.5　通信系统载波机及微波设备安装质量检查表

编号：_____

分部工程名称				单元工程名称		
安装内容						
安装单位				开/完工日期		

项次		检验项目	质量要求	检 验 结 果	检验人（签字）
主控项目	1	子架安装	接插件接触良好		
	2	电缆成端和保护	芯线焊接端正、牢固		
一般项目	1	机架安装	（1）垂直允许误差为±3mm； （2）机架间隙不大于3mm； （3）机架固定牢靠		
	2	子架安装	（1）子架面板布置符合设计文件要求； （2）子架安装位置正确，排列整齐； （3）网管设备安装符合设计文件要求		
	3	光纤连接	（1）光纤编扎布线顺直，无扭绞； （2）光纤绑扎松紧适度		
	4	数字配线架跳线	整齐，帮扎松紧适度		
	5	保护接口安装	接触良好		
	6	电缆成端和保护	（1）同轴电缆连接器和线缆物理连接良好，各层开剥尺寸与电缆插头相适合； （2）同轴电缆头组装配件齐全，装配牢固； （3）屏蔽线端头处理，剖头长度一致，与同轴接线端子的外导体接触良好； （4）剖头热缩处理时热缩套管长度适中，热缩均匀		

检查意见：

　　主控项目共_____项，其中符合 SL 638—2013 质量要求_____项。

　　一般项目共_____项，其中符合 SL 638—2013 质量要求_____项，与 SL 638—2013 有微小出入_____项。

安装单位评定人	（签字） 　　　　年　月　日	监理工程师	（签字） 　　　　年　月　日

表 8.18.6 通信系统脉冲编码调制设备（PCM）安装质量检查表

编号：_____

分部工程名称				单元工程名称		
安装内容						
安装单位				开/完工日期		
项次	检验项目		质量要求	检 验 结 果		检验人（签字）
主控项目	1	设备安装、缆线布放及成端	符合 SL 638—2013 表 21.2.4 的规定			
	2	单机技术指标	铃流电压测试：输出电压的测试符合产品技术文件要求			
	3	音频通道收/发电平测试	音频通道收、发电平产品技术文件要求			
	4	信令功能检查	（1）连接交换机和电话机，检查 FXO 和 FXS 接口的信令功能正常；（2）模拟发送 M 信令，检查 E 线信令接收功能正常			
	5	数据通道误码率	64K 数据通道误码测试结果符合设计文件要求			
	6	2M 通道保护倒换功能	在具有 2M 通道保护倒换的系统中，2M 通道倒换时，数据通道误码指标符合产品技术文件要求			
	7	话路时隙交叉连接功能检查	符合产品技术文件要求			
	8	网管系统检查	符合设计文件要求			

检查意见：
　　主控项目共_____项，其中符合 SL 638—2013 质量要求_____项。

安装单位评定人	（签字）　　　　　　　　　　年　月　日	监理工程师	（签字）　　　　　　　　　　年　月　日

表 8.18.7　　　　程控交换机安装质量检查表

编号：_____

分部工程名称				单元工程名称	
安装内容					
安装单位				开/完工日期	

项次		检验项目	质量要求	检验结果	检验人（签字）
主控项目	1	设备安装、缆线布放及成端	符合 SL 638—2013 表 21.2.4 的规定		
	2	系统检查测试	（1）系统初始化正常； （2）系统程序、交换数据自动/人工再装入正常； （3）系统自动/人工再启动正常； （4）系统的交换功能、系统的维护管理功能、系统的信号方式、系统告警功能等符合设计文件及产品技术文件要求		

检查意见：

　　主控项目共_____项，其中符合 SL 638—2013 质量要求_____项。

安装单位评定人	（签字） 年　月　日	监理工程师	（签字） 年　月　日

表 8.18.8　电力数字调度交换机安装质量检查表

编号：_____

分部工程名称				单元工程名称		
安装内容						
安装单位				开/完工日期		

项次		检验项目	质量要求	检 验 结 果	检验人(签字)
	1	合格证	电力工业通信设备质量检验测试中心入网许可证和出厂合格证		
	2	电缆成端和保护	（1）同轴电缆连接器和线缆物理连接良好，各层开剥尺寸与电缆插头相适合； （2）同轴电缆头组装配件齐全，装配牢固； （3）屏蔽线端头处理，剖头长度一致，与同轴接线端子的外导体接触良好； （4）剖头热缩处理时热缩套管长度适中，热缩均匀		
主控项目	3	机架安装	（1）机架的安装位置、固定方式符合设计文件要求； （2）机架安装端正牢固，垂直偏差不大于机架高度的1‰； （3）机架间隙不得大于3mm，列内机面平齐，机架门开关顺畅；机架全列允许偏差为±10mm； （4）光纤分配架（ODF）、数字配线架（DDF）端子板的位置、安装排列及各种标识符合设计文件要求。ODF架上法兰盘的安装位置正确、牢固，方向一致； （5）机架外电源线型号规格符合设计文件要求； （6）机架外联电源线颜色正负极性分开；机架外联电源线整根布放； （7）2M接线端子配线依据2M接口板容量全额配线； （8）机架及各种缆线标示清晰、准确、固定可靠； （9）配线架跳线环安装位置平直整齐		
	4	电缆布放	（1）缆线槽道（或走线架）安装、电缆布放路由符合设计文件要求； （2）电缆布放排列整齐，电缆弯曲半径不小于电缆直径或厚度的10倍；设备电缆与交流电源线、直流电源线、软光纤分开布放，间距大于50mm； （3）电缆无中间接头，电缆两端出线整齐一致，预留长度满足维护要求； （4）槽道内电缆顺直，不溢出槽道，拐弯适度，电缆进出槽道绑扎整齐； （5）走道电缆捆绑牢固，松紧适度、紧密、平直、无扭绞，绑扎线扣均匀、整齐、一致，活扣扎带间距为10～20cm； （6）架间电缆及布线的两端有明显标识，无错接、漏接。插接部件牢固，接触良好		

项次		检验项目	质量要求	检 验 结 果	检验人（签字）
主控项目	5	光纤连接线布放	（1）光纤连接线的规格、程式、光纤连接线布放路由走符合设计文件要求； （2）光纤连接线布放在专用槽道，布放在共用槽道内的有套管保护。无套管保护部分用活扣扎带绑扎，扎带不扎得过紧； （3）光纤连接线在槽道内顺直，无明显扭绞； （4）预留光纤的盘放曲率半径不小于40mm，无扭绞		
	6	数字、UTP 配线架跳线布放	（1）跳线电缆的规格、程式符合设计文件或产品技术文件要求； （2）跳线的走向、路由符合设计文件要求； （3）跳线布放顺直，捆扎牢固，松紧适度； （4）对于设备间的非屏蔽五类电缆跳线总长度不超过100m； （5）设备间的非屏蔽五类电缆跳线弯曲半径至少为电缆外径的4倍		
	7	光放大器	输入/输出功率（增益）、增益平坦度、噪声系数符合设计文件要求		
	8	系统检查测试	单机特性、可靠性、系统功能等符合设计文件及产品技术文件要求		

检查意见：

　　主控项目共＿＿＿＿项，其中符合 SL 638—2013 质量要求＿＿＿＿项。

安装单位评定人	（签字） 　　　年　月　日	监理工程师	（签字） 　　　年　月　日

表 8.18.9   **站内光纤复合架空地线（OPGW）电力光缆线路安装质量检查表**

编号：_____

分部工程名称			单元工程名称	
安装内容				
安装单位			开/完工日期	

项次		检验项目	质量要求	检 验 结 果	检验人（签字）
主控项目	1	引下光缆敷设	（1）引下光缆路径应符合设计文件要求； （2）引下光缆顺直美观，每隔1.5～2m有个固定卡具，引下光缆弯曲半径不得小于40倍的光缆直径		
	2	余缆架安装	（1）余缆架固定可靠； （2）余缆盘绕整齐有序，无交叉和扭曲受力，捆绑点不少于4处；每条光缆盘留量应不小于光缆放至地面加5m		
	3	接续盒安装	（1）站内龙门架线路终端接续盒安装高度为1.5～2m； （2）接续盒采用帽式金属外壳，安装固定可靠、无松动，防水密封措施良好； （3）光缆光纤接续色谱对应正确； （4）远端监测接续点光纤单点双向平均熔接损耗值小于0.05dB		
	4	导引光缆敷设	（1）由接续盒引下的导引光缆至电缆沟地埋部分应穿热镀锌钢管保护，钢管两端做防水封堵； （2）光缆在电缆沟内部分穿管保护并分段固定，保护管外径大于35mm； （3）光缆在两端及沟道转弯处有明显标识，光缆敷设弯曲半径不小于缆径的25倍		

项次		检验项目	质量要求	检 验 结 果	检验人（签字）
主控项目	5	光纤分配架（ODF）安装	（1）安装位置、机架固定、机架接地符合设计文件要求； （2）机架倾斜小于 3mm，子架排列整齐，尾纤布放、固定绑扎整齐一致； （3）接续光纤盘留量不少于 500mm，软光缆弯曲半径静态下不小于缆径的 10 倍，光纤序号排列准确无误； （4）余缆布放、固定绑扎整齐一致； （5）标识整齐、清晰、准确		
	6	全程测试	（1）单向光路衰耗双向全程测试结果、双向全程平均衰耗、光缆全程总衰耗符合设计文件要求； （2）光纤排序无误		

检查意见：

　　主控项目共_____项，其中符合 SL 638—2013 质量要求_____项。

安装单位评定人	（签字） 年　月　日	监理工程师	（签字） 年　月　日

表 8.18.10　**全介质自承式光缆（ADSS）电力光缆线路安装质量检查表**

编号：_____

分部工程名称				单元工程名称	
安装内容					
安装单位				开/完工日期	

项次		检验项目	质量要求	检　验　结　果	检验人（签字）
主控项目	1	安装	（1）起/止杆（塔）型、杆（塔）号、耐张段数/长度符合设计文件要求； （2）光缆盘号及端别正确；光缆盘长符合设计文件要求； （3）光缆与障碍物最小垂直净距离、在杆塔上的安装位置以及防震装置安装位置和数量符合设计文件要求； （4）光缆弧垂、耐张线夹、悬垂线夹应符合 GB 50233 的规定； （5）螺旋减振器、防震锤、护条线、引下线夹、电晕环符合设计文件要求； （6）接续盒安装杆（塔）号、位正确、密封良好； （7）地埋部分穿管、沟道（穿管）保护、固定、建筑物内保护符合设计文件要求； （8）穿管弯曲半径不小于 25 倍缆径；管口封堵密封良好； （9）室内盘留长度及固定、余缆架、余缆盘留长度及固定符合设计文件要求		
一般项目	1	引下光缆	（1）引下光缆路径应符合设计文件要求； （2）引下光缆顺直美观，每隔 1.5～2m 有一个固定卡具，引下光缆弯曲半径不得小于 40 倍的光缆直径		
	2	余缆架	（1）余缆架固定可靠； （2）余缆盘绕整齐有序，无交叉和扭曲受力，捆绑点不少于 4 处；每条光缆盘留量应不小于光缆放至地面加 5m		

项次	检验项目	质量要求	检 验 结 果	检验人（签字）
一般项目	3	接续盒	（1）站内龙门架线路终端接续盒安装高度为 1.5～2m； （2）接续盒采用帽式金属外壳，安装固定可靠、无松动，防水密封措施良好； （3）光缆光纤接续色谱对应正确； （4）远端监测接续点光纤单点双向平均熔接损耗值小于 0.05dB		
	4	导引光缆	（1）由接续盒引下的导引光缆至电缆沟地埋部分应穿热镀锌钢管保护，钢管两端做防水封堵； （2）光缆在电缆沟内部分穿管保护并分段固定，保护管外径大于 35mm； （3）光缆在两端及沟道转弯处有明显标识，光缆敷设弯曲半径不小于缆径的 25 倍		
	5	光纤分配架（ODF）	（1）安装位置、机架固定、机架接地符合设计文件要求； （2）机架倾斜小于 3mm，子架排列整齐，尾纤布放、固定绑扎整齐一致； （3）接续光纤盘留量不少于 500mm，软光缆弯曲半径静态下不小于缆径的 10 倍，光纤序号排列准确无误； （4）余缆布放、固定绑扎整齐一致； （5）标识整齐、清晰、准确		
	6	全程测试	（1）单向光路衰耗双向全程测试结果、双向全程平均衰耗、光缆全程总衰耗符合设计文件要求； （2）光纤排序无误		

检查意见：

主控项目共_____项，其中符合 SL 638—2013 质量要求_____项。

一般项目共_____项，其中符合 SL 638—2013 质量要求_____项，与 SL 638—2013 有微小出入_____项。

安装单位评定人	（签字） 年　月　日	监理工程师	（签字） 年　月　日

表8.19 起重设备电气装置安装
单元工程质量验收评定表（含各部分质量检查表）
填表要求

填表时必须遵守"填表基本规定"，并应符合下列要求：

1. 本表适用于额定电压为 500V 以下各式起重设备、电动葫芦的电气装置和 3kV 及以下滑接线安装工程质量验收评定。

2. 单元工程划分：一台起重设备电气装置安装工程宜为一个单元工程。

3. 单元工程量：填写本单元工程起重设备电气装置型号规格及安装数量（台）。

4. 起重设备电气装置安装工程质量检验内容应包括外部电气设备安装，配线安装，电气设备保护装置安装、变频调速装置检查及调整试验、电气试验、试运转及负荷试验等部分。

5. 各检验项目的检验方法按表 H-26 的要求执行。

表 H-26   起重设备电气装置安装

检 验 项 目		检 验 方 法
外部电气设备安装	滑接线安装（主控项目）	观察检查、测量检查
	滑接器安装	
	绝缘子及支架安装	观察检查、兆欧表测量
	滑接线伸缩补偿装置安装	观察检查、测量检查
	滑接线连接（一般项目）	
	悬吊式软电缆安装	观察检查、扳动检查、测量检查
	卷筒式软电缆安装	观察检查
	软电缆吊索和自由悬吊滑接线安装	测量检查
分段供电滑接线、安全式滑接线安装	分段供电滑接线	观察检查、测量检查、仪表测量
	安全式滑接线	观察检查、接地电阻测试仪测量
配线安装	配线	观察检查
	电缆敷设	观察检查、测量检查
	电线管、线槽敷设	观察检查、扳动检查
电气设备保护装置安装	配电盘、柜	
	电阻器	观察检查、扳动检查
	制动装置	操作检查、检查报告
	行程限位开关、撞杆	观察检查、测量检查、扳动检查
	控制器	检查报告、观察检查
	照明装置	观察检查、操作检查、扳动检查、测量检查
	保护装置	操作检查
	起重量限制器调试	
变频调整装置安装	回路绝缘试验	测量检查
	运行参数设置	—

925

检 验 项 目		检 验 方 法
变频调速装置安装	回路检查	观察检查、导通检查、仪表测量
	操动试验	操作检查
	转速调整、带负载工况	试验检查
	接地	接地电阻测试仪测量
	变频器安装位置	观察检查、扳动检查
	制动用放电电阻器安装	观察检查
	变频器接线	
	阻尼器和变频器间连接	测量检查
	各部件检查	观察检查
	电阻元件及变频器温升	检查报告
	通风及冷却系统	操作检查
	盘内照明、音响信号装置	
电气试验	绝缘电阻测量	测量检查
	交流耐压试验	交流耐压试验、设备试验

6. 起重设备全部安装完毕后应进行试运转，试运转前必须保证各系统完好，各保护装置动作灵敏可靠，正确。

7. 首先进行空载试运转试验，空载试运转应分别进行各挡位下的起升、小车运行、大车运行和取物装置的动作试验，次数不少于3次。

8. 空载试运转试验正常后应进行静载试验和动载试验，该两项试验应与机械试运转项目配合完成，并符合 GB 50278 的规定。

表 8.19　起重设备电气装置安装单元工程质量验收评定表

单位工程名称			单元工程量	
分部工程名称			安装单位	
单元工程名称、部位			评定日期	年　月　日
项　　目		检　验　结　果		
外部电气设备安装	主控项目			
	一般项目			
分段供电滑接线、安全式滑接线安装	主控项目			
配线安装	一般项目			
电气设备保护装置安装	主控项目			
	一般项目			
变频调速装置安装	主控项目			
	一般项目			
电气试验	主控项目			
安装单位自评意见	安装质量检验主控项目____项，全部符合 SL 638—2013 质量要求；一般项目_____项，与 SL 638—2013 有微小出入的_____项，所占比率为_____%。质量要求操作试验或试运行符合 SL 638—2013 的要求，操作试验或试运行_____出现故障。 　　　　单元工程安装质量等级评定为：_____。 　　　　　　　　　　　　　　　　　（签字，加盖公章）　　年　月　日			
监理单位复核意见	安装质量检验主控项目____项，全部符合 SL 638—2013 质量要求；一般项目_____项，与 SL 638—2013 有微小出入的_____项，所占比率为_____%。质量要求操作试验或试运行符合 SL 638—2013 的要求，操作试验或试运行_____出现故障。 　　　　单元工程安装质量等级评定为：_____。 　　　　　　　　　　　　　　　　　（签字，加盖公章）　　年　月　日			

表 8.19.1　　起重设备电气装置外部电气设备安装质量检查表

编号：_____

分部工程名称				单元工程名称	
安装内容					
安装单位				开/完工日期	

项次		检验项目	质量要求	检 验 结 果	检验人（签字）
主控项目	1	滑接线安装	（1）接触面平正无锈蚀，导电良好； （2）额定电压为 0.5kV 以下的滑接线，其相邻导电部分和导电部分对接地部分之间的净距不小于 30mm； （3）起重机在终端位置时，滑接器与滑接线末端距离不小于 200mm；固定装设的滑接线，其终端支架与滑接线末端的距离不大于 800mm； （4）滑接线平直、固定牢固。连接处平滑，其高低差小于 0.5mm，滑接线之间的距离一致，其中心线与起重机轨道的实际中心线保持平行，最大偏差为 ±10mm；滑接线之间的水平允许偏差或垂直允许偏差 ±10mm； （5）伸缩补偿装置安装符合设计文件要求； （6）分段供电滑接线、安全式滑接线安装质量标准除符合上述规定外，尚应符合下列规定： 　1）分段供电滑接线应满足： 　各分段电源允许并联运行时，分段间隙应为 20mm；不允许并联运行时，分段间隙比滑接器与滑接线接触长度大 40mm；3kV 滑接线符合设计文件要求； 　不允许并联运行的滑接线间隙处，托板与滑接线的接触面在同一水平面上； 　滑接线分段间隙的两侧相位一致。 　2）安全式滑接线应满足： 　连接平直，支架夹安装牢固，各支架夹之间的距离小于 3m； 　支架的安装，当设计无规定时，宜焊接在轨道下的垫板上；当固定在其他地方时，做好接地连接，接地电阻值小于 4Ω； 　绝缘护套完好，无裂纹及破损		

项次	检验项目	质量要求	检 验 结 果	检验人（签字）
主控项目	2 滑接器安装	（1）支架固定牢靠，绝缘子和绝缘衬垫无裂纹、破损，导电部分对地绝缘良好，相间及对地距离应符合 GB 50256 的规定； （2）滑接器沿滑接线全长可靠接触并有适当压力，滑动自如； （3）滑接器与滑接线的接触面平整、光滑、无锈蚀，压紧弹簧压力符合设计文件要求； 4）槽型滑接器与可调滑杆间移动灵活； （5）自由悬吊滑接线的轮型滑接器高出滑接线中间托架不小于 10mm； （6）桥式起重机滑接器中心线与滑接线的中心线对正，沿滑接线全长任何位置的允许偏差为 ±15mm		
一般项目	1 绝缘子及支架安装	（1）绝缘子、绝缘套管无机械损伤及缺陷，表面清洁；绝缘性能良好；绝缘子与支架和滑接线的钢固定件之间，加设红钢纸垫片； （2）支架安装平正牢固，间距均匀，并在同一水平面或垂直面上；支架不应安装在建筑物伸缩缝和轨道梁结合处		
	2 滑接线伸缩补偿装置安装	（1）伸缩补偿装置安装在与建筑物伸缩缝距离最近的支架上； （2）在伸缩补偿装置处，滑接线留有 10～20mm 的间隙，间隙两端的滑接线端头加工圆滑，接触面安装在同一水平面上，其两端间高差不大于 1mm； （3）伸缩补偿装置间隙的两侧，有滑接线支持点，支持点与间隙的距离，不宜大于 150mm； （4）间隙两侧的滑接线，采用软导线跨越并留有裕量		
	3 滑接线连接	（1）有足够机械强度，且无明显变形； （2）接头处的接触面平正光滑，其高差不大于 0.5mm，连接后高出部分修整平正； （3）导线与滑接线连接时，滑接线接头处应镀锡或加焊有电镀层的接线板		

项次		检验项目	质量要求	检 验 结 果	检验人（签字）
一般项目	4	悬吊式软电缆安装	（1）悬挂装置的电缆夹与软电缆可靠固定，电缆夹间的距离不宜大于 5m； （2）软电缆悬挂装置沿滑道移动灵活、无跳动、卡阻； （3）软电缆移动段的长度，比起重机移动距离长 15%～20%，并加装牵引绳，牵引绳长度短于软电缆移动段的长度； （4）软电缆移动部分两端，分别与起重机、钢索或型钢滑道牢固固定		
	5	卷筒式软电缆安装	（1）起重机移动时，不应挤压软电缆； （2）安装后软电缆与卷筒应保持适当拉力，但卷筒不得自由转动； （3）卷筒的放缆和收缆速度，应与起重机移动速度一致；利用重砣调节卷筒时，电缆长度和重砣的行程应相适应； （4）起重机放缆到终端时，卷筒上应保留两圈以上的电缆		
	6	软电缆吊索和自由悬吊滑接线安装	（1）终端固定装置和拉紧装置的机械强度，应符合设计文件要求； （2）当滑接线和吊索长度不大于 25m 时，终端拉紧装置的调节余量不应小于 0.1m；当滑接线和吊索长度大于 25m 时，终端拉紧装置的调节余量不应小于 0.2m； （3）滑接线或吊索拉紧时的弛度允许偏差为±20mm； （4）滑接线与终端装置之间的绝缘可靠		

检查意见：

主控项目共＿＿＿＿项，其中符合 SL 638—2013 质量要求＿＿＿＿项。

一般项目共＿＿＿＿项，其中符合 SL 638—2013 质量要求＿＿＿＿项，与 SL 638—2013 有微小出入＿＿＿＿项。

安装单位评定人	（签字） 年 月 日	监理工程师	（签字） 年 月 日

表 8.19.2 分段供电滑接线、安全式滑接线安装质量检查表

编号：_____

分部工程名称			单元工程名称		
安装内容					
安装单位			开/完工日期		

项次		检验项目	质量要求	检 验 结 果	检验人（签字）
主控项目	1	分段供电滑接线	（1）各分段电源允许并联运行时，分段间隙应为 20mm；不允许并联运行时，分段间隙比滑接器与滑接线接触长度大 40mm；3kV 滑接线符合设计文件要求； （2）不允许并联运行的滑接线间隙处，托板与滑接线的接触面在同一水平面上； （3）滑接线分段间隙的两侧相位一致		
	2	安全式滑接线	（1）连接平直，支架夹安装牢固，各支架夹之间的距离小于 3m； （2）支架的安装，当设计无规定时，宜焊接在轨道下的垫板上；当固定在其他地方时，做好接地连接，接地电阻值小于 4Ω； （3）绝缘护套完好，无裂纹及破损； （4）滑接器拉簧完好灵活，耐磨石墨片与滑接线可靠接触，滑动时不跳弧		

检查意见：
　　主控项目共_____项，其中符合 SL 638—2013 质量要求_____项。

安装单位评定人	（签字） 年　月　日	监理工程师	（签字） 年　月　日

表 8.19.3   起重设备电气装置配线安装质量检查表

编号：_____

分部工程名称			单元工程名称		
安装内容					
安装单位			开/完工日期		

项次		检验项目	质量要求	检 验 结 果	检验人（签字）
一般项目	1	配线	（1）配线排列整齐，接线紧固，接线编号清晰、正确； （2）在易受机械损伤、热辐射或有润滑油滴落部位，电线或电缆应装于钢管、线槽、保护罩内或采取隔热保护措施； （3）电线或电缆穿过钢结构的孔洞处，孔洞无毛刺并采取保护措施		
	2	电缆敷设	（1）电缆排列整齐，不宜交叉；强电与弱电电缆宜分开敷设，电缆两端标牌齐全、正确； （2）固定敷设的电缆卡固良好，支持点距离不大于1m； （3）固定敷设的电缆弯曲半径大于电缆外径的5倍；移动敷设的电缆弯曲半径大于电缆外径的8倍		
	3	电线管、线槽敷设	（1）电线管、线槽固定牢固； （2）起重机安装在露天时，敷设的钢管管口向下或有其他防水措施； （3）起重机上安装的所有电线管管口应加装护口套； （4）线槽敷设应符合电线或电缆敷设的要求，电线或电缆的进出口处，采取保护措施		

检查意见：

一般项目共_____项，其中符合 SL 638—2013 质量要求_____项，与 SL 638—2013 有微小出入 _____项。

安装单位评定人	（签字） 年 月 日	监理工程师	（签字） 年 月 日

表 8.19.4　起重设备电气设备保护装置安装质量检查表

编号：_____

分部工程名称				单元工程名称	
安装内容					
安装单位				开/完工日期	

项次		检验项目	质量要求	检　验　结　果	检验人（签字）
主控项目	1	配电盘、柜	（1）配电盘、柜的安装，应符合 GB 50171 的规定，电气设备的接线正确，电气回路动作正常； （2）配电盘、柜的安装采用螺栓紧固并有防松措施，不应焊接固定； （3）户外式起重设备配电盘、柜的防雨装置安装正确、牢固； （4）低压电器的安装应符合 GB 50254 的规定		
一般项目	1	电阻器	（1）电阻器直接叠装不应超过 4 箱，当超过 4 箱时应采用支架固定，并保持适当间距；当超过 6 箱时另列一组； （2）电阻器的盖板或保护罩安装正确，固定可靠		
	2	制动装置	（1）处于非制动状态时，闸带、闸瓦与闸轮的间隙均匀，且无摩擦； （2）制动装置动作迅速、准确、可靠； （3）当起重设备的某一机构是由两组在机械上互不联系的电动机驱动时，其制动装置的动作时间一致		
	3	行程限位开关、撞杆	（1）起重设备行程限位开关动作正确； （2）撞杆安装牢固，撞杆宽度、长度满足设计文件要求，并保证行程限位开关可靠动作		
	4	控制器	（1）控制器的安装位置，便于操作和维修； （2）操作手柄或手轮的安装高度，便于操作与监视，操作方向宜与机构运行的方向一致		

项次		检验项目	质量要求	检 验 结 果	检验人（签字）
一般项目	5	照明装置	（1）起重设备主断路器切断电源后，照明不应断电； （2）灯具配件齐全，悬挂牢固，运行时灯具无剧烈摆动； （3）照明回路应设置专用零线或隔离变压器； （4）安全变压器或隔离变压器安装牢固，绝缘良好		
	6	保护装置	（1）当起重设备的某一机构是由两组在机械上互不联系的电动机驱动时，两台电动机有同步运行和同时断电的保护装置； （2）防止桥架扭斜的联锁保护装置灵敏可靠； （3）信号正确、可靠		
	7	起重量限制器调试	（1）起重限制器综合误差不大于8％； （2）当载荷达到额定起重量的90％时，限制器应能发出提示性报警信号； （3）当载荷达到额定起重量的110％时，限制器应能自动切断起升机构电动机电源，并发出禁止性报警信号		

检查意见：

　　主控项目共_____项，其中符合 SL 638—2013 质量要求_____项。

　　一般项目共_____项，其中符合 SL 638—2013 质量要求_____项，与 SL 638—2013 有微小出入_____项。

安装单位评定人	（签字） 年　月　日	监理工程师	（签字） 年　月　日

表 8.19.5　　起重设备电气装置变频调速装置安装质量检查表

编号：_____

分部工程名称				单元工程名称		
安装内容						
安装单位				开/完工日期		

项次		检验项目	质量要求	检 验 结 果	检验人（签字）
主控项目	1	回路绝缘试验	主回路绝缘电阻值大于 5MΩ，控制回路绝缘电阻值大于 1MΩ		
	2	运行参数设置	符合设计文件要求		
	3	回路检查	（1）主回路接线牢固，开关动作灵活，触点接触可靠；（2）主回路、控制回路电压符合设计文件或产品技术文件要求；（3）控制电缆屏蔽层一端可靠接地；（4）控制回路动作正确可靠		
	4	操动试验	动作可靠，信号指示正确		
	5	转速调整、带负载工况	符合设计文件要求		
	6	接地	经变频器接地端子可靠接地，接地电阻值不大于 10Ω		
一般项目	1	变频器安装位置	安装位置符合设计或产品技术文件要求，变频器在金属支架上用螺栓固定牢固		
	2	制动用放电电阻器安装	固定在金属板上，散热空间符合产品技术文件要求		
	3	变频器接线	正确、牢固		
	4	阻尼器和变频器间连接	连接正确；盘外连接时两根导线绞在一起，导线长度不大于 5m		
	5	各部件检查	无异常音响、发热现象		
	6	电阻元件及变频器温升	符合设计文件或产品技术文件要求		
	7	通风及冷却系统	风机运转良好，风道清洁无堵塞		
	8	盘内照明、音响信号装置	灯具及门开关工作良好；音响信号正确、清晰、可靠		

检查意见：

　　　　主控项目共_____项，其中符合 SL 638—2013 质量要求_____项。

　　　　一般项目共_____项，其中符合 SL 638—2013 质量要求_____项，与 SL 638—2013 有微小出入_____项。

安装单位评定人	（签字） 年　月　日	监理工程师	（签字） 年　月　日

表 8.19.6　　**起重设备电气装置电气试验质量检查表**

编号：_____

分部工程名称				单元工程名称	
安装内容					
安装单位				开/完工日期	

项次		检验项目	质量要求	检验结果	检验人（签字）
主控项目	1	绝缘电阻测量	（1）低压电气设备的绝缘电阻值大于0.5MΩ； （2）配电装置及馈电线路的绝缘电阻值大于0.5MΩ； （3）滑接线各相间及对地的绝缘电阻值大于0.5MΩ； （4）二次回路的绝缘电阻值大于1MΩ		
	2	交流耐压试验	动力配电盘和二次回路均应进行交流耐压试验，试验电压为1000V，时间1min，无异常		

检查意见：

　　主控项目共_____项，其中符合 SL 638—2013 质量要求_____项。

安装单位评定人	（签字） 　　　　　　年　月　日	监理工程师	（签字） 　　　　　　年　月　日

9 升压变电电气设备安装工程

升压变电电气设备安装工程填表说明

1. 本章表格适用于大中型水电站升压变电电气设备安装工程单元工程的质量验收评定主要有下列几个方面。

(1) 额定电压为 35～500kV 的主变压器安装工程。

(2) 额定电压为 35～500kV 的高压电气设备及装置安装工程。

小型水电站同类设备安装工程的质量验收评定可参照执行。

2. 单元工程安装质量验收评定，应在单元工程检验项目的检验结果达到《水利水电工程单元工程施工质量验收评定标准——升压变电电气设备安装工程》（SL 639—2013）的要求和具有完备的施工记录基础上进行。

3. 单位工程、分部工程名称：应按《项目划分表》确定的名称填写。单元工程名称、部位：填写《项目划分表》确定的本单元工程设备名称及部位。

4. 单元工程质量检查表表头上方的"编号"，宜参照工程档案管理有关要求并由工程项目参建各方研究确定。设计值应按设计文件及设备、技术文件要求填写，并将设计值用括号"（　）"标出。检验结果：应填写实际测量及检验结果。

5. 施工单位申请验收评定时，提交的资料包括：单元工程的安装记录和设备到货验收资料；制造厂提供的产品说明书、试验记录、合格证件及安装图纸等文件；备品、备件、专用工具及测量仪器清单；设计变更及修改等资料；安装调整试验和动作试验记录；单元工程试运行的检验记录资料；重要隐蔽单元工程隐蔽前的影像资料；由施工单位质量检验员填写的单元工程质量验收评定表、单元工程（部分）质量检查表。

6. 监理单位应形成的资料包括：监理单位对单元工程质量的平行检验资料；监理工程师签署质量复核意见的单元工程质量验收评定表及单元工程（部分）质量检查表。

7. 升压变电电气设备安装工程单元工程质量评定分为合格和优良两个等级：

(1) 合格等级标准：

1) 主控项目应全部符合 SL 639—2013 的质量要求；

2) 单元工程所含各质量检验部分中的一般项目质量与 SL 639—2013 有微小出入，但不影响安全运行和设计效益，且不超过该单元工程一般项目的 30％。

(2) 优良等级标准：

1) 主控项目和一般项目均应全部符合 SL 639—2013 的质量要求；

2) 电气试验及操作试验中未出现故障。

8. 对重要隐蔽单元工程和关键部位单元工程的安装质量验收评定应有设计、建设等单位的代表填写意见并签字。具体要求应满足《水利水电工程施工质量检验与评定规程》（SL 176）的规定。

9. 质量评定表中所列的检验项目，并未包括设备安装过程中规范规定的全部检查检验项目，安装单位在安装检验过程中不仅要对评定表各项目进行检验，而且按相应的施工及验收规范对所有检查检验项目进行认真的检查检验，做好记录，作为填写评定表的依据，也是向运行单位移交的重要施工资料。

10. 单元工程安装质量验收评定应具备下列条件：①单元工程所有安装项目已完成，施工现场具备验收条件；②单元工程所有安装项目的有关质量缺陷已处理完毕；③所用设备、材料均符合国家和相关行业的有关技术标准要求；④安装的电气设备均具有产品质量合格文件；⑤单元工程验收时提供的技术资料均符合验收规范规定；⑥具备质量检验所需的检测手段。

11. 单元工程安装质量验收评定应按下列程序进行：①施工单位对已经完成的单元工程安装质量进行自检；②施工单位自检合格后，应向监理单位申请复核；③监理单位收到申请后，应在1个工作日内进行复核，并评定单元工程质量等级；④重要隐蔽单元工程和关键部位单元工程安装质量的验收评定应由建设单位（或委托监理单位）主持，应由建设、设计、监理、施工等单位的代表联合组成质量验收评定小组，共同验收评定，并应在验收前通知工程质量监督机构。

表9.1 主变压器安装
单元工程质量验收评定表（含各部分质量检查表）
填表要求

填表时必须遵守"填表基本规定"，并应符合下列要求：

1. 本表适用于额定电压为 500kV 及以下，额定容量在 6300kVA 及以上的油浸式变压器安装工程质量验收评定。额定容量在 6300kVA 以下的油浸式变压器安装质量验收评定可参照执行。

2. 单元工程划分：一台（组）主变压器安装工程宜为一个单元工程。

3. 单元工程量：填写本单元工程主变的型号规格及台数（台或组）。

4. 主变压器安装工程质量检验内容应包括外观及器身检查、本体及附件安装、变压器注油及密封、电气试验及试运行等部分。

5. 各检验项目的检验方法按表 I-1 的要求执行。

表 I-1   主 变 压 器 安 装

检验项目		检验方法
主变压器外观及器身检查	器身	观察检查、扳动检查
	铁芯	观察检查、扳动检查、兆欧表测量
	绕组	观察检查、扳动检查
	引出线	观察检查、扳动检查
	调压切换装置	观察检查、操作检查
	到货检查	观察检查
	回罩	
主变压器本体及附件安装	套管	观察检查、扳动检查
	升高座	
	冷却装置	观察检查、操作检查
	基础及轨道	观察检查、测量检查
	本体就位	观察检查、扳动检查
	储油柜及吸湿器	观察检查
	气体继电器	
	安全气道	
	压力释放装置	观察检查、试验检查
	测温装置	观察检查
主变压器注油及密封	注油	观察检查、试验检查
	干燥	
	整体密封试验	观察检查
主变压器电气试验	绕组连同套管一起的绝缘电阻、吸收比或极化指数	兆欧表测量
	与铁芯绝缘的各紧固件及铁芯的绝缘电阻	
	绕组连同套管的直流电阻	直流电阻测试仪测量

检验项目		检验方法
主变压器电气试验	绕组连同套管的介质损耗角正切值 tanδ	介损仪测量
	绕组连同套管的直流泄漏电流	仪器测量
	绕组连同套管的长时感应耐压试验带局部放电测量	
	绕组变形试验	
	相位	
	所有分接头的电压比	
	三相变压器的接线组别和单相变压器引出线极性	
	非纯瓷套管试验	
	有载调压装置的检查试验	
	绝缘油试验	试验检查
	绕组连同套管的交流耐压	交流耐压试验设备试验
	噪音测量	仪器测量
	套管电流互感器试验	
主变压器试运行	试运行前检查	观察检查、操作检查、试验检查
	冲击合闸试验	观察检查
	试运行时检查	观察检查、试验检查

表 9.1   **主变压器安装单元工程质量验收评定表**

单位工程名称			单元工程量	
分部工程名称			安装单位	
单元工程名称、部位			评定日期	
项 目		检 验 结 果		
主变压器外观及器身检查	主控项目			
	一般项目			
主变压器本体及附件安装	主控项目			
	一般项目			
主变压器注油及密封	主控项目			
主变压器电气试验	主控项目			
	一般项目			
主变压器试运行	主控项目			
安装单位自评意见	安装质量检验主控项目____项，全部符合 SL 639—2013 的质量要求；一般项目_____项，与 SL 639—2013 有微小出入的_____项，所占比率为_____%。质量要求操作试验或试运行符合 SL 639—2013 的要求，操作试验或试运行_____出现故障。 单元工程安装质量等级评定为：_____。 （签字，加盖公章） 年 月 日			
监理单位复核意见	安装质量检验主控项目____项，全部符合 SL 639—2013 的质量要求；一般项目_____项，与 SL 639—2013 有微小出入的_____项，所占比率为_____%。质量要求操作试验或试运行符合 SL 639—2013 的要求，操作试验或试运行_____出现故障。 单元工程安装质量等级评定为：_____。 （签字，加盖公章） 年 月 日			

表 9.1.1   主变压器外观及器身检查质量检查表

编号：_____

分部工程名称				单元工程名称		
安装内容						
安装单位				开/完工日期		

项次		检验项目	质量要求	检 验 结 果	检验人（签字）
主控项目	1	器身	（1）各部位无油泥、金属屑等杂质； （2）各部件无损伤、变形、无移动； （3）所有螺栓紧固并有防松措施；绝缘螺栓无损坏，防松绑扎完好； （4）绝缘围屏（若有）绑扎应牢固，线圈引出处封闭符合产品技术文件要求		
	2	铁芯	（1）外观无碰伤变形，铁轭与夹件间的绝缘垫完好； （2）铁芯一点接地； （3）铁芯各紧固件紧固，无松动； （4）铁芯绝缘合格		
	3	绕组	（1）绕组裸导体外观无毛刺、尖角、断股、断片、拧弯，焊接符合要求，绝缘层完整，无缺损、变位； （2）各绕组线圈排列整齐、间隙均匀，油路畅通（有绝缘围屏者除外）无异物； （3）压钉紧固，防松螺母锁紧； （4）高压应力锥、均压屏蔽罩（500kV高压侧）完好，无损伤； （5）绕组绝缘电阻值不低于出厂值的70%		
	4	引出线	（1）绝缘包扎牢固，无破损，拧弯； （2）固定牢固，绝缘距离符合设计要求； （3）裸露部分无毛刺或尖角，焊接良好； （4）与套管接线正确，连接牢固		

项次		检验项目	质量要求	检 验 结 果	检验人（签字）
主控项目	5	调压切换装置	（1）无励磁调压切换装置各分接头与线圈连接紧固、正确，接点接触紧密、弹性良好，切换装置拉杆、分接头凸轮等完整无损，转动盘动作灵活、密封良好，指示器指示正确； （2）有载调压切换装置的分接开关、切换开关接触良好，位置显示一致，分接引线连接牢固、正确，切换开关部分密封良好		
一般项目	1	到货检查	（1）油箱及所有附件齐全，无锈蚀或机械损伤，密封良好； （2）各连接部位螺栓齐全，紧固良好； （3）套管包装完好，表面无裂纹、伤痕、充油套管无渗油现象，油位指示正常； （4）充气运输的变压器，气体压力保持在 0.01~0.03MPa； （5）电压在 220kV 及以上，容量 150MVA 及以上的变压器在运输和装卸过程中三维冲击加速度均不大于 3g 或符合制造厂要求		
	2	回罩	（1）器身在空气中的暴露时间应符合 GB 50148 的规定； （2）法兰连接紧固，结合面无渗油		

检查意见：

　　主控项目共_____项，其中符合 SL 639—2013 质量要求_____项。

　　一般项目共_____项，其中符合 SL 639—2013 质量要求_____项，与 SL 639—2013 有微小出入_____项。

安装单位评定人	（签字） 　　　年　　月　　日	监理工程师	（签字） 　　　年　　月　　日

　　注：设备运输符合规定，且制造厂说明可不进行器身检查的，现场可不进行器身检查。

表 9.1.2 主变压器本体及附件安装质量检查表

编号：_____

分部工程名称				单元工程名称	
安装内容					
安装单位				开/完工日期	

项次		检验项目	质量要求	检验结果	检验人（签字）
主控项目	1	套管	（1）瓷外套套管表面清洁，无损伤，法兰连接螺栓齐全、紧固密封良好； （2）硅橡胶外套套管外观无裂纹、损伤、变形； （3）充油套管无渗漏油，油位正常； （4）均压环表面光滑无划痕，安装牢固、方向正确； （5）套管顶部密封良好，引出线与套管连接螺栓紧固		
	2	升高座	（1）电流互感器和升高座的中心宜一致，电流互感器二次端子板密封严密，无渗油现象； （2）升高座法兰面与本体法兰面平行就位，放气塞位置在升高座最高处； （3）绝缘筒安装牢固，位置正确		
	3	冷却装置	（1）安装前按制造厂的规定进行密封试验无渗漏； （2）安装牢靠，密封良好，管路阀门操作灵活、开闭位置正确； （3）油流继电器、差压继电器、渗漏继电器密封严密、动作可靠； （4）油泵密封良好，无渗油或进气现象，转向正确，无异常现象； （5）风扇电动机及叶片安装牢固，叶片无变形，电机转动灵活、转向正确，无卡阻； （6）冷却装置控制部分安装质量标准符合 GB 50171 的规定		
一般项目	1	基础及轨道	（1）预埋件符合设计文件要求； （2）基础水平允许误差为±5mm； （3）两轨道间距允许误差为±2mm； （4）轨道对设计标高允许误差为±2mm； （5）轨道连接处水平允许误差为±1mm		

项次	检验项目	质量要求	检 验 结 果	检验人（签字）
一般项目	2	本体就位	（1）变压器安装位置正确； （2）轮距与轨距中心对正，制动器安装牢固		
	3	储油柜及吸湿器	（1）储油柜安装符合产品技术文件要求； （2）油位表动作灵活，其指示与储油柜实际油位相符； （3）储油柜安装方向正确； （4）吸湿器与储油柜的连接管密封良好，吸湿剂干燥，油封油位在油面线上		
	4	气体继电器	（1）安装前经校验合格，动作整定值符合产品技术文件要求； （2）与连通管的连接密封良好，连通管的升高坡度符合产品技术文件要求； （3）集气盒充满变压器油，密封严密，继电器进线孔封堵严密； （4）观察窗挡板处于打开位置； （5）进口产品安装质量标准还应符合产品技术文件要求		
	5	安全气道	（1）内壁清洁干燥； （2）隔膜安装位置及油流方向正确		
	6	压力释放装置	（1）安装方向正确； （2）阀盖及升高座内部清洁，密封良好，电接点动作准确，动作压力值符合产品技术文件要求		
	7	测温装置	（1）温度计安装前经校验合格，指示正确，整定值符合产品技术文件要求； （2）温度计座严密无渗油，闲置的温度计座应密封； （3）膨胀式温度计细金属软管不应压扁和急剧扭曲，弯曲半径不小于 50mm		

检查意见：

　　主控项目共_____项，其中符合 SL 639—2013 质量要求_____项。

　　一般项目共_____项，其中符合 SL 639—2013 质量要求_____项，与 SL 639—2013 有微小出入_____项。

安装单位评定人	（签字） 年　月　日	监理工程师	（签字） 年　月　日

表 9.1.3 　　　　**主变压器注油及密封质量检查表**

编号：_____

分部工程名称				单元工程名称	
安装内容					
安装单位				开/完工日期	

项次		检验项目	质量要求	检 验 结 果	检验人（签字）
主控项目	1	注油	（1）绝缘油试验合格，绝缘油试验类别、试验项目及标准应符合 GB 50150 的规定； （2）变压器真空注油、热油循环及循环后设备带电前绝缘油试验项目及标准应符合 GB 50148 的规定； （3）注油完毕，检查油标指示正确，油枕油面高度符合产品技术文件要求		
	2	干燥	变压器干燥应符合 GB 50148 的规定		
	3	整体密封试验	应符合 GB 50148 的规定及产品技术文件要求		

检查意见：

　　主控项目共_____项，其中符合 SL 639—2013 质量要求_____项。

安装单位 评定人	（签字） 年　月　日	监理工程师	（签字） 年　月　日

表 9.1.4　　主变压器电气试验质量检查表

编号：_____

分部工程名称				单元工程名称	
安装内容					
安装单位				开/完工日期	

项次		检验项目	质量要求	检验结果	检验人（签字）
主控项目	1	绕组连同套管一起的绝缘电阻、吸收比或极化指数	（1）换算至同一温度比较，绝缘电阻值不低于产品出厂试验值的 70%； （2）电压等级在 35kV 以上，且容量在 4000kVA 及以上时，应测量吸收比；吸收比与产品出厂值比较应无明显差别，在常温下应不小于 1.3；当 $R_{60s}>$ 3000MΩ 时，吸收比可不作考核要求； （3）电压等级在 220kV 及以上且容量在 120MVA 及以上时，宜用 5000V 兆欧表测极化指数；测得值与产品出厂值比较应无明显差别，在常温下应不小于 1.3；当 $R_{60s}>$ 10000MΩ 时，极化指数可不作考核要求		
	2	与铁芯绝缘的各紧固件及铁芯的绝缘电阻	持续 1min 无闪烁及击穿现象		
	3	绕组连同套管的直流电阻	（1）各相测值相互差值应小于平均值的 2%；线间测值相互差值应小于平均值应的 1%； （2）与同温下产品出厂实测值比较，相应变化应不大于 2%； （3）由于变压器结构等原因，差值超过第（1）项时，可只按第（2）项比较，但应说明原因		
	4	绕组连同套管的介质损耗角正切值 tanδ	应符合 GB 50150 的规定		
	5	绕组连同套管的直流泄漏电流	应符合 GB 50150 的规定		
	6	绕组连同套管的长时感应耐压试验带局部放电测量	（1）电压等级 220kV 及以上的变压器，新安装时必须进行现场局部放电试验；对于电压等级为 110kV 的变压器，当对绝缘有怀疑时，应进行局部放电试验； （2）试验及判断方法应符合 GB 1094.3 的规定		
	7	绕组变形试验	应符合 GB 50150 的规定		
	8	相位	与系统相位一致		
	9	所有分接头的电压比	与制造厂铭牌数据相比无明显差别，且符合变压比的规律，差值应符合 GB 50150 的规定		

项次		检验项目	质量要求	检 验 结 果	检验人（签字）
主控项目	10	三相变压器的接线组别和单相变压器引出线极性	与设计要求及铭牌标记和外壳符号相符		
	11	非纯瓷套管试验	应符合 GB 50150 的规定		
	12	有载调压装置的检查试验	应符合 GB 50150 的规定		
	13	绝缘油试验	应符合 GB 50150 的规定或产品技术文件要求		
	14	绕组连同套管的交流耐压	应符合 GB 50150 的规定		
一般项目	1	噪音测量	应符合 GB 50150 的规定		
	2	绕组绝缘电阻	（1）一次绕组对二次绕组及外壳、各二次绕组间及其对外壳的绝缘电阻值不宜低于 1000MΩ； （2）电流互感器一次绕组段间的绝缘电阻值不宜低于 1000MΩ，但由于结构原因而无法测量时可不进行； （3）电容式电流互感器的末屏及电压互感器接地端（N）对外壳（地）的绝缘电阻值不宜小于 1000MΩ		
	3	介质损耗角正切值 tanδ	应符合 GB 50150 的规定		
	4	接线组别和极性	应符合设计要求，与铭牌和标志相符		
	5	交流耐压试验	应符合 GB 50150 的规定		
	6	局部放电	应符合 GB 50150 的规定		
	7	绝缘介质性能试验	应符合 GB 50150 的规定		
	8	绕组直流电阻	（1）电压互感器绕组直流电阻测量值与换算到同一温度下的出厂值比较，一次绕组相差不宜大于 10%，二次绕组相差不宜大于 15%； （2）同型号、同规格、同批次电流互感器一、二次绕组的直流电阻测量值与其平均值的差异不宜大于 10%		
	9	励磁特性	应符合 GB 50150 的规定		
	10	误差测量	应符合 GB 50150 的规定或产品技术文件要求		

检查意见：

  主控项目共_____项，其中符合 SL 639—2013 质量要求_____项。

  一般项目共_____项，其中符合 SL 639—2013 质量要求_____项，与 SL 639—2013 有微小出入_____项。

安装单位评定人	（签字） 年 月 日	监理工程师	（签字） 年 月 日

表 9.1.5　　主变压器试运行质量检查表

编号：＿＿＿＿＿＿＿＿＿＿＿＿

分部工程名称				单元工程名称		
安装内容						
安装单位				开/完工日期		
项次	检验项目	质量要求		检 验 结 果		检验人（签字）

主控项目	1	试运行前检查	（1）本体、冷却装置及所有附件无缺陷，且不渗油； （2）轮子的制动装置牢固； （3）事故排油设施完好，消防设施齐全，投入正常； （4）储油柜、冷却装置、净油器等油系统上的阀门处于设备运行位置，储油柜和充油套管油位应正常；冷却装置试运行正常，联动正确；强迫油循环的变压器应启动全部冷却装置，进行循环4h以上，放完残留空气； （5）接地引下线及其与主接地网的连接应满足设计要求，接地可靠； （6）铁芯和夹件的接地引出套管、套管末屏接地应符合产品技术文件要求；备用电流互感器二次绕组应短接接地；套管电流互感器接线正确，极性符合设计要求；套管顶部结构的接触及密封良好； （7）分接头的位置符合运行系统要求，且指示正确；安装完毕如分接头位置有调整，必须进行调整后分接位置的直流电阻测试，并对比分析合格； （8）变压器的相位及绕组的接线组别符合并列运行要求； （9）测温装置指示正确，冷却装置整定值符合设计要求； （10）变压器的全部电气试验应合格，保护装置整定值符合规定，操作及联动试验正确			

项次	检验项目	质量要求	检 验 结 果	检验人（签字）
主控项目	2	冲击合闸试验	（1）接于中性点接地系统的变压器，在进行冲击合闸时，其中性点必须接地； （2）变压器第一次投入时，可全电压冲击合闸，如有条件时在冲击合闸前应先进行零起升压试验； （3）冲击合闸试验时，变压器宜由高压侧投入；对发电机变压器组接线的变压器，当发电机与变压器间无操作断开点时，可不作全电压冲击合闸，以零起升压试验考核； （4）变压器进行 5 次空载全电压冲击合闸，第一次受电后持续时间不少于 10min，检查无异常后按每次间隔 5min 进行冲击合闸试验；全电压冲击合闸时，变压器励磁涌流不应引起保护装置动作，变压器无异常		
	3	试运行时检查	（1）变压器并列前，应先核对相位； （2）带电后，检查本体及附件所有焊缝和连接面，无渗油现象		

检查意见：

　　主控项目共_____项，其中符合 SL 639—2013 质量要求_____项。

安装单位评定人	（签字） 年　月　日	监理工程师	（签字） 年　月　日

表9.2 六氟化硫（SF$_6$）断路器安装
单元工程质量验收评定表（含各部分质量检查表）
填表要求

填表时必须遵守"填表基本规定"，并应符合下列要求：

1. 本表适用于支柱式和罐式六氟化硫（SF$_6$）断路器安装工程质量验收评定。

2. 单元工程划分：一组六氟化硫（SF$_6$）断路器安装工程宜为一个单元工程。

3. 单元工程量：填写本单元断路器型号规格及安装数量（组）。

4. 六氟化硫（SF$_6$）断路器安装工程质量检验内容应包括外观、安装、六氟化硫（SF$_6$）气体的管理及充注、电气试验及操作试验等部分。

5. 各检验项目的检验方法按表I-2的要求执行。

表I-2　　　　　　　　　　　六氟化硫（SF$_6$）断路器安装

检验项目		检验方法
六氟化硫（SF$_6$）断路器外观	外观	观察检查
	充干燥气体的运输单元或部件	
	操作机构	
	并联电阻、电容器及合闸电阻	—
	密度继电器、压力表	—
六氟化硫（SF$_6$）断路器安装	组装	观察检查、扳动检查、测量检查
	设备载流部分及引下线连接	观察检查、扳动检查
	接地	观察检查
	二次回路	试验检查
	基础及支架	测量检查
	吊装检查	观察检查
	均压环	
	吸附剂	
六氟化硫（SF$_6$）气体的管理及充注	充气设备及管路	观察检查、试验检查
	充气前断路器内部真空度	真空表测量
	充气后SF$_6$气体含水量及整体密封试验	微水仪测量、检漏仪测量
	SF$_6$气体压力检查	压力表检查
	SF$_6$气体监督管理	观察检查
六氟化硫（SF$_6$）断路器电气试验及操作试验	绝缘电阻	兆欧表测量
	导电回路电阻	回路电阻测试仪测量
	分、合闸线圈绝缘电阻及直流电阻	兆欧表测量、仪表测量
	分、合闸时间，分、合闸速度，触头的分、合闸的同期性及配合时间	开关特性测试仪测量
	合闸电阻的投入时间及电阻值	开关特性测试仪测量
	均压电容器	仪器测量
	操作机构试验	操作检查
	密度继电器、压力表和压力动作阀	测量检查
	套管式电流互感器	仪器检查
	交流耐压试验	交流耐压试验设备试验

表9.2　　六氟化硫（SF₆）断路器安装单元工程质量验收评定表

单位工程名称			单元工程量	
分部工程名称			安装单位	
单元工程名称、部位			评定日期	
项　目		检　验　结　果		
六氟化硫（SF₆）断路器外观	主控项目			
	一般项目			
六氟化硫（SF₆）断路器安装	主控项目			
	一般项目			
六氟化硫（SF₆）气体的管理及充注	主控项目			
	一般项目			
六氟化硫（SF₆）断路器电气试验及操作试验	主控项目			
安装单位自评意见	安装质量检验主控项目____项，全部符合 SL 639—2013 的质量要求；一般项目_____项，与 SL 639—2013 有微小出入的_____项，所占比率为_____%。质量要求操作试验或试运行符合 SL 639—2013 的要求，操作试验或试运行_____出现故障。 　　单元工程安装质量等级评定为：_____。 　　　　　　　　　　　　　　　　　　（签字，加盖公章）　　　年　月　日			
监理单位复核意见	安装质量检验主控项目____项，全部符合 SL 639—2013 的质量要求；一般项目_____项，与 SL 639—2013 有微小出入的_____项，所占比率为_____%。质量要求操作试验或试运行符合 SL 639—2013 的要求，操作试验或试运行_____出现故障。 　　单元工程安装质量等级评定为：_____。 　　　　　　　　　　　　　　　　　　（签字，加盖公章）　　　年　月　日			

表 9.2.1   六氟化硫（SF$_6$）断路器外观质量检查表

编号：_____

分部工程名称				单元工程名称		
安装内容						
安装单位				开/完工日期		

项次		检验项目	质量要求	检 验 结 果	检验人（签字）
主控项目	1	外观	（1）零部件及配件齐全、无锈蚀和损伤、变形； （2）绝缘部件无变形、受潮、裂纹和剥落，绝缘良好； （3）瓷套表面光滑无裂纹、缺损，瓷套与法兰的结合面黏合牢固、密实、平整		
	2	充干燥气体的运输单元或部件	（1）气体〔六氟化硫（SF$_6$）、氮气（N$_2$）或干燥空气〕有检测报告，质量合格； （2）其气体压力值符合产品技术文件要求		
	3	操作机构	零件齐全，轴承光滑无卡涩，铸件无裂纹、焊接良好		
一般项目	1	并联电阻、电容器及合闸电阻	技术数值符合产品技术文件要求		
	2	密度继电器、压力表	有产品合格证明和检验报告		

检查意见：

主控项目共_____项，其中符合 SL 639—2013 质量要求_____项。

一般项目共_____项，其中符合 SL 639—2013 质量要求_____项，与 SL 639—2013 有微小出入_____项。

安装单位评定人	（签字） 年　月　日	监理工程师	（签字） 年　月　日

表 9.2.2 　**六氟化硫（SF₆）断路器安装质量检查表**

编号：_____

分部工程名称				单元工程名称	
安装内容					
安装单位				开/完工日期	

项次		检验项目	质量要求	检 验 结 果	检验人（签字）
主控项目	1	组装	（1）按照制造厂的部件编号和规定顺序组装，无混装； （2）密封槽面清洁，无划伤痕迹； （3）所有安装螺栓紧固力矩值应符合产品技术文件要求； （4）同相各支柱瓷套的法兰面宜在同一水平面上，各支柱中心线间距离的偏差不大于 5mm，相间中心距离的偏差不大于 5mm； （5）按照产品技术文件要求涂抹防水胶； （6）罐式断路器安装应符合 GB 50147 的规定		
	2	设备载流部分及引下线连接	（1）设备接线端子的接触表面平整、清洁、无氧化膜，并涂以薄层电力复合脂，镀银部分应无挫磨； （2）设备载流部分的可挠连接无折损、表面凹陷及锈蚀； （3）连接螺栓齐全、紧固，紧固力矩应符合 GB 50149 的规定		
	3	接地	符合设计和产品技术文件要求，且无锈蚀、损伤，连接牢靠		

956

项次		检验项目	质量要求	检 验 结 果	检验人（签字）
主控项目	4	二次回路	信号和控制回路应符合 GB 50171 的规定		
一般项目	1	基础及支架	（1）基础中心距离及高度允许误差为±10mm； （2）预留孔或预埋件中心线允许误差为±10mm； （3）预埋螺栓中心线允许误差为±2mm； （4）支架或底架与基础的垫片不宜超过 3 片，其总厚度不大于 10mm		
	2	吊装检查	无碰撞和擦伤		
	3	均压环	（1）无划痕、毛刺，安装应牢固、平整、无变形； （2）宜在最低处钻直径 6～8mm 的排水孔		
	4	吸附剂	现场检查产品包装符合产品技术文件要求，必要时进行干燥处理		

检查意见：

主控项目共_____项，其中符合 SL 639—2013 质量要求_____项。

一般项目共_____项，其中符合 SL 639—2013 质量要求_____项，与 SL 639—2013 有微小出入_____项。

安装单位评定人	（签字） 　　年　月　日	监理工程师	（签字） 　　年　月　日

表 9.2.3　六氟化硫（SF₆）气体的管理及充注质量检查表

编号：_____

分部工程名称			单元工程名称	
安装内容				
安装单位			开/完工日期	

项次		检验项目	质量要求	检　验　结　果	检验人（签字）
主控项目	1	充气设备及管路	洁净，无水分、油污，管路连接部分无渗漏		
	2	充气前断路器内部真空度	符合产品技术文件要求		
	3	充气后SF₆气体含水量及整体密封试验	（1）与灭弧室相通的气室SF₆气体含水量，应小于$150\mu L/L$； （2）不与灭弧室相通的气室SF₆气体含水量，应小于$250\mu L/L$； （3）每个气室年泄漏率不大于1%		
	4	SF₆气体压力检查	各气室SF₆气体压力符合产品技术文件要求		
一般项目	1	SF₆气体监督管理	应符合GB 50147的规定		

检查意见：

主控项目共_____项，其中符合SL 639—2013质量要求_____项。

一般项目共_____项，其中符合SL 639—2013质量要求_____项，与SL 639—2013有微小出入_____项。

安装单位评定人	（签字） 年　月　日	监理工程师	（签字） 年　月　日

表 9.2.4　六氟化硫（SF₆）断路器电气试验及操作试验质量检查表

编号：_____

分部工程名称				单元工程名称		
安装内容						
安装单位				开/完工日期		
项次	检验项目	质量要求		检　验　结　果		检验人（签字）
主控项目	1	绝缘电阻	符合产品技术文件要求			
	2	导电回路电阻	符合产品技术文件要求			
	3	分、合闸线圈绝缘电阻及直流电阻	符合产品技术文件要求			
	4	分、合闸时间，分、合闸速度，触头的分、合闸的同期性及配合时间	应符合 GB 50150 的规定及产品技术文件要求			
	5	合闸电阻的投入时间及电阻值	符合产品技术文件要求			
	6	均压电容器	应符合 GB 50150 的规定，罐式断路器均压电容器试验符合产品技术文件要求			
	7	操作机构试验	（1）位置指示器动作正确可靠，分、合位置指示与断路器实际分、合状态一致；（2）断路器及其操作机构的联动正常，无卡阻现象，辅助开关动作正确可靠			
	8	密度继电器、压力表和压力动作阀	压力显示正常，动作值符合产品技术文件要求			

项次		检验项目	质量要求	检验结果	检验人(签字)
主控项目	9	绕组绝缘电阻	（1）一次绕组对二次绕组及外壳、各二次绕组间及其对外壳的绝缘电阻值不宜低于 1000MΩ； （2）电流互感器一次绕组段间的绝缘电阻值不宜低于 1000MΩ，但由于结构原因而无法测量时可不进行； （3）电容式电流互感器的末屏及电压互感器接地端（N）对外壳（地）的绝缘电阻值不宜小于 1000MΩ		
	10	介质损耗角正切值 tanδ	符合 GB 50150 的规定		
	11	接线组别和极性	符合设计要求，与铭牌和标志相符		
	12	交流耐压试验	应符合 GB 50150 的规定		
	13	局部放电	应符合 GB 50150 的规定		
	14	绝缘介质性能试验	应符合 GB 50150 的规定		
	15	绕组直流电阻	（1）电压互感器绕组直流电阻测量值与换算到同一温度下的出厂值比较，一次绕组相差不宜大于 10%，二次绕组相差不宜大于 15%； （2）同型号、同规格、同批次电流互感器一次、二次绕组的直流电阻测量值与其平均值的差异不宜大于 10%		
	16	励磁特性	应符合 GB 50150 的规定		
	17	误差测量	应符合 GB 50150 的规定或产品技术文件要求		

检查意见：
　　主控项目共_____项，其中符合 SL 639—2013 质量要求_____项。

安装单位评定人	（签字）　　　　　年 月 日	监理工程师	（签字）　　　　　年 月 日

表9.3 气体绝缘金属封闭开关设备安装
单元工程质量验收评定表（含各部分质量检查表）
填表要求

填表时必须遵守"填表基本规定"，并应符合下列要求：

1. 本表适用于气体绝缘金属封闭开关设备（以下简称 GIS）安装工程质量验收评定。

2. 单元工程划分：一个间隔、主母线 GIS 安装工程宜分别为一个单元工程。

3. 单元工程量：填写本单元工程气体绝缘金属封闭开关设备型号规格及安装数量。

4. GIS 安装工程质量检验内容应包括外观、安装、六氟化硫（SF$_6$）气体的管理及充注、电气试验及操作试验等部分。

5. 各检验项目的检验方法按表 I-3 的要求执行。

表 I-3   气体绝缘金属封闭开关设备安装

检验项目		检验方法
GIS 外观	到货检查	观察检查
	充干燥气体的运输单元或部件	
	瓷件及绝缘件	
	母线	
	密度继电器及压力表	—
	防爆装置	观察检查
GIS 安装	设备基础	观察检查、仪器测量
	导电回路	
	装配要求	观察检查、测量检查、扳动检查
	主要元件安装	观察检查、测量检查、扳动检查、仪器测量
	吸附剂	观察检查
	均压环	观察检查、扳动检查
	设备载流部分的连接	
	接地	观察检查
	二次回路	试验检查
六氟化硫（SF$_6$）气体的管理及充注	充气设备及管路	观察检查、试验检查
	充气前气室内部真空度	真空表测量
	充气后 SF$_6$ 气体含水量及整体密封试验	微水仪测量、检漏仪测量
	SF$_6$ 气体压力检查	压力表检查
	SF$_6$ 气体监督管理	观察检查
GIS 电气试验及操作试验	主回路导电回路电阻	回路电阻测试仪测量
	主回路交流耐压试验	交流耐压试验设备试验
	操作试验	操作检查

6. 一个间隔 GIS 应由不同的高压电气设备组成，其质量标准除执行本章标准外，尚应符合 SL 639—2013 相关章节的规定。GIS 内各元件的电气试验及操作试验应按 SL 639—2013 相应章节的有关规定执行，但对无法分开的设备可不单独进行。

表 9.3　气体绝缘金属封闭开关设备安装单元工程质量验收评定表

单位工程名称			单元工程量	
分部工程名称			安装单位	
单元工程名称、部位			评定日期	
项　目		检　验　结　果		
GIS 外观	一般项目			
GIS 安装	主控项目			
	一般项目			
六氟化硫（SF₆）气体的管理及充注	主控项目			
	一般项目			
GIS 电气试验及操作试验	主控项目			
	一般项目			
安装单位自评意见	安装质量检验主控项目____项，全部符合 SL 639—2013 的质量要求；一般项目_____项，与 SL 639—2013 有微小出入的_____项，所占比率为_____%。质量要求操作试验或试运行符合 SL 639—2013 的要求，操作试验或试运行_____出现故障。 单元工程安装质量等级评定为：_____。 （签字，加盖公章）　　　年　月　日			
监理单位复核意见	安装质量检验主控项目____项，全部符合 SL 639—2013 的质量要求；一般项目_____项，与 SL 639—2013 有微小出入的_____项，所占比率为_____%。质量要求操作试验或试运行符合 SL 639—2013 的要求，操作试验或试运行_____出现故障。 单元工程安装质量等级评定为：_____。 （签字，加盖公章）　　　年　月　日			

表 9.3.1　　　　　**GIS 外观质量检查表**

编号：_____

分部工程名称				单元工程名称		
安装内容						
安装单位				开/完工日期		

项次		检验项目	质量要求	检 验 结 果	检验人 (签字)
一般项目	1	到货检查	（1）元件、附件、备件及专用工器具齐全，无损伤变形及锈蚀； （2）制造厂所带支架无变形、损伤、锈蚀和锌层脱落，地脚螺栓满足设计及产品技术文件要求； （3）各连接件、附件的材质、规格及数量符合产品技术文件要求； （4）组装用螺栓、密封垫、清洁剂、润滑脂和擦拭材料符合产品技术文件要求； （5）支架及其接地引线无锈蚀、损伤		
	2	充干燥气体的运输单元或部件	（1）气体［六氟化硫（SF₆）、氮气（N₂）或干燥空气］有检测报告，质量合格； （2）其气体压力值符合产品技术文件要求		
	3	瓷件及绝缘件	（1）瓷件无裂纹； （2）绝缘件无受潮、变形、层间剥落及破损；盆式绝缘子完好，表面清洁； （3）套管的金属法兰结合面平整、无外伤或铸造砂眼		
	4	母线	母线及母线筒内壁平整无毛刺，各单元母线长度符合产品技术文件要求		
	5	密度继电器及压力表	经检验，并有检验报告		
	6	防爆装置	防爆膜或其他防爆装置完好		

检查意见：
　　一般项目共_____项，其中符合 SL 639—2013 质量要求_____项，与 SL 639—2013 有微小出入_____项。

安装单位 评定人	（签字） 年　月　日	监理工程师	（签字） 年　月　日

表 9.3.2　　　　　　　**GIS 安装质量检查表**

编号：_____

分部工程名称				单元工程名称	
安装内容					
安装单位				开/完工日期	

项次		检验项目	质量要求	检 验 结 果	检验人（签字）
主控项目	1	设备基础	（1）产品和设计要求的均压接地网施工已完成并满足设计要求； （2）除上述条件外，还应符合 GB 50147 的规定		
	2	导电回路	（1）GIS 母线安装质量标准应符合 GB 50149 的规定； （2）导电部件镀银层良好、表面光滑、无脱落； （3）连接插件的触头中心对准插口，不得卡阻，插入深度符合产品技术文件要求，接触电阻符合产品技术文件要求，不宜超过产品技术文件规定值的 1.1 倍		
	3	装配要求	（1）组件的装配程序和装配编号符合产品技术文件要求； （2）吊装时本体无碰撞和擦伤； （3）组件组装的水平、垂直误差符合产品技术文件要求； （4）伸缩节的安装长度符合产品技术文件要求； （5）密封槽面清洁、无划伤痕迹； （6）螺栓紧固力矩符合产品技术文件要求		
	4	主要元件安装①	断路器隔离开关、互感器、避雷器等元件安装应符合 SL 639—2013 相关章节的有关规定		
一般项目	1	吸附剂	现场检查产品包装符合产品技术文件要求，必要时进行干燥处理		
	2	均压环	无划痕、毛刺，安装应牢固、平整、无变形		
	3	设备载流部分的连接	（1）设备接线端子的接触表面平整、清洁、无氧化膜，并涂以薄层电力复合脂，镀银部分应无挫磨； （2）设备载流部分的可挠连接无折损、表面凹陷及锈蚀； （3）连接螺栓齐全、紧固，紧固力矩符合 GB 50149 的规定		
	4	接地	接地线及其连接应符合 GB 50169 的规定		
	5	二次回路	信号和控制回路应符合 GB 50171 的规定		

检查意见：
　　主控项目共_____项，其中符合 SL 639—2013 质量要求_____项。
　　一般项目共_____项，其中符合 SL 639—2013 质量要求_____项，与 SL 639—2013 有微小出入_____项。

安装单位评定人	（签字） 　　　　　　年 月 日	监理工程师	（签字） 　　　　　　年 月 日

① 在 GIS 安装过程中，如有断路器、隔离开关、互感器等元件需要单独安装，其安装质量应按相应的电气设备安装质量标准进行质量检查和评定，将最终"检查意见"填入检验结果栏，同时将相应的质量验收评定表作为附表提交。

表 9.3.3 六氟化硫（SF₆）气体的管理及充注质量检查表

编号：＿＿＿＿＿＿＿＿＿＿

分部工程名称			单元工程名称	
安装内容				
安装单位			开/完工日期	

项次		检验项目	质量要求	检验结果	检验人（签字）
主控项目	1	充气设备及管路	洁净，无水分、油污，管路连接部分无渗漏		
	2	充气前气室内部真空度	符合产品技术文件要求		
	3	充气后SF₆气体含水量及整体密封试验	（1）有电弧分解的隔室，SF₆气体含水量应小于 $150\mu L/L$； （2）无电弧分解的隔室，SF₆气体含水量应小于 $250\mu L/L$； （3）每个气室年泄漏率不大于1%		
	4	SF₆气体压力检查	各气室SF₆气体压力符合产品技术文件要求		
一般项目	1	SF₆气体监督管理	应符合 GB 50147 的规定		

检查意见：

　　主控项目共＿＿＿＿项，其中符合 SL 639—2013 质量要求＿＿＿＿项。

　　一般项目共＿＿＿＿项，其中符合 SL 639—2013 质量要求＿＿＿＿项，与 SL 639—2013 有微小出入＿＿＿＿项。

安装单位评定人	（签字） 年　月　日	监理工程师	（签字） 年　月　日

表 9.3.4　　GIS 电气试验及操作试验质量检查表

编号：_____

分部工程名称		单元工程名称	
安装内容			
安装单位		开/完工日期	

项次		检验项目	质量要求	检 验 结 果	检验人（签字）
主控项目	1	主回路导电回路电阻	不应超过产品技术文件规定值的 1.2 倍		
	2	主回路交流耐压试验	应符合 GB 50150 的规定		
一般项目	1	操作试验	联锁与闭锁装置动作准确可靠		

检查意见：

　　主控项目共_____项，其中符合 SL 639—2013 质量要求_____项。

　　一般项目共_____项，其中符合 SL 639—2013 质量要求_____项，与 SL 639—2013 有微小出入_____项。

安装单位评定人	（签字） 年　月　日	监理工程师	（签字） 年　月　日

注：GIS 内各元件的电气试验及操作试验按相应元件的"质量检查表"进行试验和检查，并作为附表提交。

表9.4 隔离开关安装
单元工程质量验收评定表（含各部分质量检查表）
填表要求

填表时必须遵守"填表基本规定"，并应符合下列要求：

1. 本表适用于户外式隔离开关安装工程质量验收评定。

2. 单元工程划分：一组隔离开关安装工程宜为一个单元工程。

3. 单元工程量：填写本单元工程隔离开关型号规格及安装数量（组）。

4. 隔离开关安装工程质量检验内容应包括外观、安装、电气试验与操作试验等部分。

5. 各检验项目的检验方法按表I-4的要求执行。

表I-4   隔 离 开 关 安 装

检验项目		检验方法
隔离开关外观	瓷件	观察检查
	导电部分	
	开关本体	
	操动机构	观察检查、扳动检查
隔离开关安装	导电部分	观察检查、扳动检查
	支柱绝缘子	测量检查
	均压环、屏蔽环	观察检查、扳动检查
	传动装置	观察检查、扳动检查、测量检查
	操动机构	观察检查、扳动检查
	接地	观察检查、导通检查
	二次回路	试验检查
	基础或支架	测量检查
	本体安装	观察检查
隔离开关电气试验与操作试验	绝缘电阻	兆欧表测量
	导电回路直流电阻	回路电阻测试仪测量
	交流耐压试验	交流耐压试验设备试验
	三相同期性	开关特性测试仪测量
	操动机构线圈的最低动作电压值	
	操动机构试验	操作检查、试验仪器测量

表 9.4 **隔离开关安装单元工程质量验收评定表**

单位工程名称				单元工程量	
分部工程名称				安装单位	
单元工程名称、部位				评定日期	
项　目		检　验　结　果			
隔离开关外观	主控项目				
	一般项目				
隔离开关安装	主控项目				
	一般项目				
隔离开关电气试验与操作试验	主控项目				
安装单位自评意见	安装质量检验主控项目____项，全部符合 SL 639—2013 的质量要求；一般项目_____项，与 SL 639—2013 有微小出入的_____项，所占比率为_____%。质量要求操作试验或试运行符合 SL 639—2013 的要求，操作试验或试运行_____出现故障。 单元工程安装质量等级评定为：_____。 （签字，加盖公章）　　年　月　日				
监理单位复核意见	安装质量检验主控项目____项，全部符合 SL 639—2013 的质量要求；一般项目_____项，与 SL 639—2013 有微小出入的_____项，所占比率为_____%。质量要求操作试验或试运行符合 SL 639—2013 的要求，操作试验或试运行_____出现故障。 单元工程安装质量等级评定为：_____。 （签字，加盖公章）　　年　月　日				

表 9.4.1   **隔离开关外观质量检查表**

编号：_____

分部工程名称				单元工程名称		
安装内容						
安装单位				开/完工日期		

项次		检验项目	质量要求	检 验 结 果	检验人（签字）
主控项目	1	瓷件	（1）瓷件无裂纹、破损，瓷铁胶合处粘合牢固； （2）法兰结合面平整、无外伤或铸造砂眼		
	2	导电部分	可挠软连接无折损，接线端子（或触头）镀层完好		
一般项目	1	开关本体	无变形和锈蚀，涂层完整，相色正确		
	2	操动机构	操动机构部件齐全，固定连接件连接紧固，转动部分涂有润滑脂		

检查意见：

    主控项目共_____项，其中符合 SL 639—2013 质量要求_____项。

    一般项目共_____项，其中符合 SL 639—2013 质量要求_____项，与 SL 639—2013 有微小出入_____项。

安装单位评定人	（签字） 年　月　日	监理工程师	（签字） 年　月　日

表 9.4.2　　　　　　　**隔离开关安装质量检查表**

编号：＿＿＿＿＿＿＿＿＿＿＿

分部工程名称			单元工程名称		
安装内容					
安装单位			开/完工日期		

项次		检验项目	质量要求	检 验 结 果	检验人（签字）
主控项目	1	导电部分	（1）触头表面平整、清洁，载流部分表面无严重凹陷及锈蚀，载流部分的可挠连接无折损； （2）触头间接触紧密，两侧的接触压力均匀，并符合产品文件技术要求，当采用插入连接时，导体插入深度应符合产品技术文件要求； （3）具有引弧触头的隔离开关由分到合时，在主动触头接触前，引弧触头应先接触；由合到分时，触头的断开顺序应相反； （4）设备连接端子应涂以薄层电力复合脂。连接螺栓应齐全、紧固，紧固力矩符合 GB 50149 的规定		
	2	支柱绝缘子	（1）支柱绝缘子与底座平面（V 形隔离开关除外）垂直、连接牢固，同一绝缘子柱的各绝缘子中心线应在同一垂直线上； （2）同相各绝缘子支柱的中心线在同一垂直平面内		
	3	均压环、屏蔽环	无划痕、毛刺，安装牢固、平正		
	4	传动装置	（1）拉杆与带电部分的距离应符合 GB 50149 的规定； （2）传动部件安装位置正确，固定牢靠；传动齿轮啮合准确； （3）定位螺钉调整、固定符合产品技术文件要求； （4）传动部分灵活；所有传动摩擦部位，应涂以适合当地气候的润滑脂； （5）接地开关垂直连杆上应涂黑色油漆标识		

970

项次		检验项目	质量要求	检 验 结 果	检验人（签字）
主控项目	5	操动机构	（1）安装牢固，各固定部件螺栓紧固，开口销必须分开； （2）机构动作平稳，无卡阻、冲击； （3）限位装置准确可靠；辅助开关动作与隔离开关动作一致、接触准确可靠； （4）分、合闸位置指示正确		
	6	接地	接地牢固，导通良好		
	7	二次回路	机构箱内信号和控制回路应符合 GB 50171 的规定		
一般项目	1	基础或支架	（1）中心距离及高度允许偏差为±10mm； （2）预留孔或预埋件中心线允许偏差为±10mm； （3）预埋螺栓中心线允许偏差为±2mm		
	2	本体安装	（1）安装垂直、固定牢固、相间支持瓷件在同一水平面上； （2）相间距离允许偏差±10mm，相间连杆在同一水平线上		

检查意见：

　　主控项目共＿＿＿＿项，其中符合 SL 639—2013 质量要求＿＿＿＿项。

　　一般项目共＿＿＿＿项，其中符合 SL 639—2013 质量要求＿＿＿＿项，与 SL 639—2013 有微小出入＿＿＿＿项。

安装单位评定人	（签字） 　　　年　月　日	监理工程师	（签字） 　　　年　月　日

表 9.4.3 　**隔离开关电气试验与操作试验质量检查表**

编号：_____

分部工程名称				单元工程名称		
安装内容						
安装单位				开/完工日期		
项次		检验项目	质量要求	检 验 结 果		检验人（签字）
主控项目	1	绝缘电阻	应符合 GB 50150 及产品技术文件的要求			
	2	导电回路直流电阻	符合产品技术文件要求			
	3	交流耐压试验	应符合 GB 50150 的规定			
	4	三相同期性	符合产品技术文件要求			
	5	操动机构线圈的最低动作电压值	符合制造厂文件要求			
	6	操动机构试验	（1）电动机及二次控制线圈和电磁闭锁装置在其额定电压的80%～110%范围内时，隔离开关主闸刀或接地闸刀分、合闸动作可靠； （2）机械、电气闭锁装置准确可靠			

检查意见：

　　主控项目共_____项，其中符合 SL 639—2013 质量要求_____项。

安装单位评定人	（签字） 年　月　日	监理工程师	（签字） 年　月　日

表9.5 互感器安装
单元工程质量验收评定表（含各部分质量检查表）
填表要求

填表时必须遵守"填表基本规定"，并应符合下列要求：

1. 本表适用于油浸式、气体绝缘互感器和电容式电压互感器安装工程质量验收评定。

2. 单元工程划分：一组互感器安装工程宜为一个单元工程。

3. 单元工程量：填写本单元工程互感器型号规格及安装数量（组）。

4. 互感器安装工程质量检验内容应包括外观、安装、电气试验等部分。

5. 各检验项目的检验方法按表 I-5 的要求执行。

表 I-5 互感器安装

检验项目		检验方法
互感器外观	铭牌标志	观察检查
	本体	
	二次接线板引线端子及绝缘	
	绝缘夹件及支持物	
	螺栓	观察检查、扳动检查
互感器安装	本体安装	
	接地	观察检查、导通检查
	连接螺栓	观察检查、扳动检查
互感器电气试验	绕组绝缘电阻	2500V 兆欧表测量
	介质损耗角正切值 tanδ	介损测试仪测量
	接线组别和极性	仪器测量
	交流耐压试验	交流耐压试验设备试验
	局部放电	仪器测量
	绝缘介质性能	
	绕组直流电阻	直流电阻测试仪测量
	励磁特性	
	误差测量	仪器测量
	电容式电压互感器（CVT）的检测	

表 9.5　　　　　**互感器安装单元工程质量验收评定表**

单位工程名称				单元工程量	
分部工程名称				安装单位	
单元工程名称、部位				评定日期	
项　　目		检　验　结　果			
互感器外观	一般项目				
互感器安装	主控项目				
	一般项目				
互感器电气试验	主控项目				
安装单位自评意见		安装质量检验主控项目____项，全部符合 SL 639—2013 的质量要求；一般项目_____项，与 SL 639—2013 有微小出入的_____项，所占比率为_____％。质量要求操作试验或试运行符合 SL 639—2013 的要求，操作试验或试运行_____出现故障。 　　单元工程安装质量等级评定为：_____。 　　　　　　　　　　　　　　　　（签字，加盖公章）　　　年　月　日			
监理单位复核意见		安装质量检验主控项目____项，全部符合 SL 639—2013 的质量要求；一般项目_____项，与 SL 639—2013 有微小出入的_____项，所占比率为_____％。质量要求操作试验或试运行符合 SL 639—2013 的要求，操作试验或试运行_____出现故障。 　　单元工程安装质量等级评定为：_____。 　　　　　　　　　　　　　　　　（签字，加盖公章）　　　年　月　日			

表 9.5.1　　　　　**互感器外观质量检查表**

编号：_____

分部工程名称				单元工程名称	
安装内容					
安装单位				开/完工日期	

项次		检验项目	质量要求	检 验 结 果	检验人（签字）
一般项目	1	铭牌标志	完整、清晰		
	2	本体	（1）完整、附件齐全、无锈蚀或机械损伤； （2）油浸式互感器油位正常，密封严密，无渗油； （3）电容式电压互感器的电磁装置和谐振阻尼器的铅封完好； （4）气体绝缘互感器内的气体压力，符合产品技术文件要求； （5）气体绝缘互感器的密度继电器、压力表等，应有校验报告		
	3	二次接线板引线端子及绝缘	连接牢固，绝缘完好		
	4	绝缘夹件及支持物	牢固，无损伤，无分层开裂		
	5	螺栓	无松动，附件完整		

检查意见：

　　一般项目共_____项，其中符合 SL 639—2013 质量要求_____项，与 SL 639—2013 有微小出入_____项。

安装单位评定人	（签字） 年　月　日	监理工程师	（签字） 年　月　日

表 9.5.2　　　　　　　　　　**互感器安装质量检查表**

编号：_____

分部工程名称		单元工程名称	
安装内容			
安装单位		开/完工日期	

项次		检验项目	质量要求	检 验 结 果	检验人（签字）
主控项目	1	本体安装	（1）支架封顶板安装面水平；并列安装时排列整齐，同一组互感器极性方向一致；均压环安装水平、牢固，且方向正确；保护间隙符合产品技术文件要求； （2）油浸式互感器油位指示器、瓷套与法兰连接处、放油阀均无渗油现象，油位正常，呼吸孔无阻塞；隔膜储油柜的隔膜和金属膨胀器完好无损，顶部螺栓紧固； （3）电容式电压互感器成套供应的组件安装位置与产品出厂组件编号一致。组件连接处的接触面无氧化层，并涂以电力复合脂； （4）零序电流互感器的构架或其他导磁体不与互感器铁芯直接接触，或不与其构成磁回路分支； （5）油浸式互感器外表应无可见油渍现象；SF_6 气体绝缘互感器定性检漏无泄漏点，年泄漏率应小于 1%		
	2	接地	（1）互感器的外壳接地可靠； （2）分级绝缘的电压互感器一次绕组的接地引出端子接地可靠；电容式电压互感器的接地符合产品技术文件要求； （3）电容型绝缘的电流互感器一次绕组末屏的引出端子、铁芯引出接地端子接地可靠； （4）电流互感器备用二次绕组端子先短路后接地； （5）倒装式电流互感器二次绕组的金属导管接地可靠； （6）互感器工作接地点有两根与主接地网不同地点连接的接地引下线，引下线接地可靠		
一般项目	1	连接螺栓	齐全、紧固		

检查意见：

　　主控项目共_____项，其中符合 SL 639—2013 质量要求_____项。

　　一般项目共_____项，其中符合 SL 639—2013 质量要求_____项，与 SL 639—2013 有微小出入_____项。

安装单位评定人	（签字） 　年　月　日	监理工程师	（签字） 　年　月　日

表 9.5.3　　　　　**互感器电气试验质量检查表**

编号：_____

分部工程名称			单元工程名称		
安装内容					
安装单位			开/完工日期		

项次		检验项目	质量要求	检 验 结 果	检验人（签字）
主控项目	1	绕组绝缘电阻	（1）一次绕组对二次绕组及外壳、各二次绕组间及其对外壳的绝缘电阻值不宜低于 1000MΩ； （2）电流互感器一次绕组段间的绝缘电阻值不宜低于 1000MΩ，但由于结构原因而无法测量时可不进行； （3）电容式电流互感器的末屏及电压互感器接地端（N）对外壳（地）的绝缘电阻值不宜小于 1000MΩ		
	2	介质损耗角正切值 tanδ	应符合 GB 50150 的规定		
	3	接线组别和极性	应符合设计要求，与铭牌和标志相符		
	4	交流耐压试验	应符合 GB 50150 的规定		
	5	局部放电	应符合 GB 50150 的规定		
	6	绝缘介质性能	应符合 GB 50150 的规定		

项次		检验项目	质量要求	检 验 结 果	检验人（签字）
主控项目	7	绕组直流电阻	（1）电压互感器绕组直流电阻测量值与换算到同一温度下的出厂值比较，一次绕组相差不宜大于10%，二次绕组相差不宜大于15%； （2）同型号、同规格、同批次电流互感器一次、二次绕组的直流电阻测量值与其平均值的差异不宜大于10%		
	8	励磁特性	应符合 GB 50150 的规定		
	9	误差测量	应符合 GB 50150 的规定或产品技术文件要求		
	10	电容式电压互感器（CVT）的检测	应符合 GB 50150 的规定		

检查意见：
　　主控项目共＿＿＿＿项，其中符合 SL 639—2013 质量要求＿＿＿＿项。

安装单位 评定人	（签字） 　　　　　年　月　日	监理工程师	（签字） 　　　　　年　月　日

表9.6 金属氧化物避雷器和中性点放电间隙安装
单元工程质量验收评定表（含各部分质量检查表）
填表要求

填表时必须遵守"填表基本规定"，并应符合下列要求：

1. 本表适用于金属氧化物避雷器和中性点放电间隙安装工程质量验收评定。

2. 单元工程划分：一组金属氧化物避雷器或一组金属氧化物避雷器与中性点放电间隙安装工程宜为一个单元工程。

3. 单元工程量：填写本单元工程金属氧化物避雷器或金属氧化物避雷器与中性点放电间隙型号规格及安装数量（组）。

4. 金属氧化物避雷器和中性点放电间隙安装工程质量检验内容应包括外观、安装、电气试验等部分。

5. 各检验项目的检验方法按表I-6的要求执行。

表I-6 金属氧化物避雷器和中性点放电间隙安装

检验项目		检验方法
金属氧化物避雷器外观	外观	观察检查
	安全装置	
	均压环	
	组合单元	观察检查、兆欧表测量
	自闭阀	试验检查
金属氧化物避雷器安装	本体安装	观察检查、用尺测量、扳动检查
	接地	观察检查、扳动检查
	连接	扳动检查、观察检查
	监测仪	观察检查
	均压环	
	相色标志	
中性点放电间隙安装	间隙安装	扳动检查、测量检查
	接地	观察检查
	电极制作	
金属氧化物避雷器电气试验	绝缘电阻	兆欧表测量
	直流参考电压和0.75倍直流参考电压下的泄漏电流	仪器测量
	工频参考电压和持续电流	
	工频放电电压	
	放电计数器及监视电流表	雷击计数器测试器测量

表 9.6 金属氧化物避雷器和中性点放电间隙安装
单元工程质量验收评定表

单位工程名称			单元工程量	
分部工程名称			安装单位	
单元工程名称、部位			评定日期	
项 目		检 验 结 果		
金属氧化物避雷器外观	主控项目			
	一般项目			
金属氧化物避雷器安装	主控项目			
	一般项目			
中性点放电间隙安装	主控项目			
	一般项目			
金属氧化物避雷器电气试验	主控项目			
安装单位自评意见	安装质量检验主控项目____项，全部符合 SL 639—2013 的质量要求；一般项目_____项，与 SL 639—2013 有微小出入的_____项，所占比率为_____％。质量要求操作试验或试运行符合 SL 639—2013 的要求，操作试验或试运行_____出现故障。 单元工程安装质量等级评定为：_____。 （签字，加盖公章） 年 月 日			
监理单位复核意见	安装质量检验主控项目____项，全部符合 SL 639—2013 的质量要求；一般项目_____项，与 SL 639—2013 有微小出入的_____项，所占比率为_____％。质量要求操作试验或试运行符合 SL 639—2013 的要求，操作试验或试运行_____出现故障。 单元工程安装质量等级评定为：_____。 （签字，加盖公章） 年 月 日			

表 9.6.1　金属氧化物避雷器外观质量检查表

编号：_____

分部工程名称				单元工程名称		
安装内容						
安装单位				开/完工日期		

项次		检验项目	质量要求	检验结果	检验人（签字）
主控项目	1	外观	（1）密封完好，设备型号及参数符合设计文件要求； （2）瓷质或硅橡胶外套外观光洁、完整、无裂纹； （3）金属法兰结合面平整，无外伤或铸造砂眼，法兰泄水孔通畅； （4）防爆膜完整无损		
	2	安全装置	完整、无损		
一般项目	1	均压环	无划痕、毛刺		
	2	组合单元	经试验合格，底座绝缘良好		
	3	自闭阀	宜进行压力检查，压力值符合产品技术文件要求		

检查意见：

　　主控项目共_____项，其中符合 SL 639—2013 质量要求_____项。

　　一般项目共_____项，其中符合 SL 639—2013 质量要求_____项，与 SL 639—2013 有微小出入_____项。

安装单位评定人	（签字） 年　月　日	监理工程师	（签字） 年　月　日

表 9.6.2-1　　　金属氧化物避雷器安装质量检查表

编号：_____

分部工程名称			单元工程名称	
安装内容				
安装单位			开/完工日期	

项次		检验项目	质量要求	检验结果	检验人（签字）
主控项目	1	本体安装	（1）组装时，其各节位置符合产品出厂标志编号； （2）安装垂直度符合产品技术文件要求，绝缘底座安装水平； （3）并列安装的避雷器三相中心在同一直线上，相间中心距离允许偏差为±10mm，铭牌位于易于观察的同一侧； （4）所有安装部位螺栓紧固，力矩值符合产品技术文件要求		
	2	接地	符合设计文件要求，接地引下线连接、固定牢靠		
一般项目	1	连接	（1）连接螺栓齐全、紧固； （2）各连接处的金属接触表面平整、无氧化膜，并涂以薄层电力复合脂； （3）引线的连接不应使设备端子受到超过允许的承受应力		
	2	监测仪	（1）密封良好、动作可靠，连接符合产品技术文件要求； （2）安装位置一致、便于观察； （3）计数器调至同一值		
	3	均压环	安装牢固、平整、无变形，在最低处宜打排水孔		
	4	相色标志	清晰、正确		

检查意见：

　　主控项目共_____项，其中符合 SL 639—2013 质量要求_____项。

　　一般项目共_____项，其中符合 SL 639—2013 质量要求_____项，与 SL 639—2013 有微小出入_____项。

安装单位评定人	（签字） 年　月　日	监理工程师	（签字） 年　月　日

表 9.6.2-2　　中性点放电间隙安装质量检查表

编号：_____

分部工程名称				单元工程名称	
安装内容					
安装单位				开/完工日期	

项次		检验项目	质量要求	检 验 结 果	检验人（签字）
主控项目	1	间隙安装	（1）宜水平安装，固定牢固； （2）间隙距离符合设计文件要求		
	2	接地	符合设计要求，采用两根接地引下线与接地网不同接地干线连接		
一般项目	1	电极制作	符合设计文件要求，钢制材料制作的电极应镀锌		

检查意见：

主控项目共_____项，其中符合 SL 639—2013 质量要求_____项。

一般项目共_____项，其中符合 SL 639—2013 质量要求_____项，与 SL 639—2013 有微小出入_____项。

安装单位评定人	（签字） 　　　　　年　月　日	监理工程师	（签字） 　　　　　年　月　日

表 **9.6.3** **金属氧化物避雷器电气试验质量检查表**

编号：_____

分部工程名称			单元工程名称	
安装内容				
安装单位			开/完工日期	

项次		检验项目	质量要求	检 验 结 果	检验人（签字）
主控项目	1	绝缘电阻	（1）电压等级为 35kV 以上时，用 5000V 兆欧表，绝缘电阻值不小于 2500MΩ； （2）电压等级为 35kV 时，用 2500V 兆欧表，绝缘电阻不小于 1000MΩ； （3）基座绝缘电阻不低于 5MΩ		
	2	直流参考电压和 0.75 倍直流参考电压下的泄漏电流	（1）对应于直流参考电流下的直流参考电压，整支或分节进行的测试值，应符合 GB 11032 的规定，并符合产品技术文件要求。实测值与制造厂规定值比较不应大于±5%； （2）0.75 倍直流参考电压下的泄漏电流值不应大于 50μA，或符合产品技术文件要求		
	3	工频参考电压和持续电流	应符合 GB 50150 的规定		
	4	工频放电电压	应符合 GB 50150 的规定		
	5	放电计数器及监视电流表	放电计数器动作可靠，监视电流表指示良好		

检查意见：

主控项目共_____项，其中符合 SL 639—2013 质量要求_____项。

安装单位评定人	（签字） 年　月　日	监理工程师	（签字） 年　月　日

表9.7 软母线装置安装
单元工程质量验收评定表（含各部分质量检查表）
填表要求

填表时必须遵守"填表基本规定"，并应符合下列要求：
1. 本表适用于软母线装置（软母线、金具、绝缘子）安装工程质量验收评定。
2. 单元工程划分：同一电压等级、同一设备单元软母线装置安装工程宜为一个单元工程。
3. 单元工程量：填写本单元工程软母线装置型号规格及安装数量（组）。
4. 软母线装置安装工程质量检验内容应包括外观、母线架设、电气试验等部分。
5. 各检验项目的检验方法按表I-7的要求执行。

表I-7 软母线装置安装

检验项目		检验方法
软母线装置外观	软母线	观察检查、测量检查
	金具及紧固件	观察检查
	绝缘子	
	金属构件	
母线架设	母线跳线和引下线电气距离	观察检查、测量检查
	母线与金具液压压接	
	母线与金具螺栓连接	
	母线弛度	测量检查
	软母线架设的其他要求	观察检查、测量检查
	悬式绝缘子串安装	
软母线装置电气试验	绝缘电阻	兆欧表测量
	相位	仪器测量
	母线冲击合闸试验	操作检查

表 9.7　软母线装置安装单元工程质量验收评定表

单位工程名称			单元工程量	
分部工程名称			安装单位	
单元工程名称、部位			评定日期	
项　目		检　验　结　果		
软母线装置外观	一般项目			
母线架设	主控项目			
	一般项目			
软母线装置电气试验	主控项目			
安装单位自评意见	安装质量检验主控项目____项，全部符合 SL 639—2013 的质量要求；一般项目_____项，与 SL 639—2013 有微小出入的_____项，所占比率为_____%。质量要求操作试验或试运行符合 SL 639—2013 的要求，操作试验或试运行_____出现故障。 单元工程安装质量等级评定为：_____。 （签字，加盖公章）　　　年　月　日			
监理单位复核意见	安装质量检验主控项目____项，全部符合 SL 639—2013 的质量要求；一般项目_____项，与 SL 639—2013 有微小出入的_____项，所占比率为_____%。质量要求操作试验或试运行符合 SL 639—2013 的要求，操作试验或试运行_____出现故障。 单元工程安装质量等级评定为：_____。 （签字，加盖公章）　　　年　月　日			

表 9.7.1　软母线装置外观质量检查表

编号：_____

分部工程名称				单元工程名称	
安装内容					
安装单位				开/完工日期	

项次		检验项目	质量要求	检验结果	检验人（签字）
一般项目	1	软母线	（1）软母线不应有扭结、松股、断股、损伤或严重腐蚀等缺陷； （2）同一截面处损伤面积不应超过导电部分总截面的 5%； （3）扩径导线无凹陷、变形		
	2	金具及紧固件	（1）规格符合设计文件要求，零件配套齐全； （2）表面光滑，无裂纹、毛刺、损伤、砂眼、锈蚀、滑扣等缺陷，镀锌层不剥落； （3）线夹船形压板与导线接触面光滑平整，悬垂线夹转动部分灵活		
	3	绝缘子	（1）完整无裂纹、破损、缺釉等缺陷，胶合处填料完整，结合牢固； （2）钢帽、钢脚与瓷件或硅橡胶外套胶合处黏合牢固，填料无剥落		
	4	金属构件	金属构件的加工、配置、焊接应符合 GB 50149 的规定		

检查意见：

一般项目共_____项，其中符合 SL 639—2013 质量要求_____项，与 SL 639—2013 有微小出入_____项。

安装单位评定人	（签字） 　　年　月　日	监理工程师	（签字） 　　年　月　日

表 9.7.2　　　　**母线架设质量检查表**

编号：_____

分部工程名称				单元工程名称		
安装内容						
安装单位				开/完工日期		

项次	检验项目	质量要求	检验结果	检验人（签字）
主控项目	1　母线跳线和引下线电气距离	母线跳线和引下线安装后，与构架及线间的距离应符合 GB 50149 的规定		
	2　母线与金具液压压接	（1）压接管表面光滑、无裂纹、凹陷；管端导线外观无隆起、松股； （2）耐张线夹压接前每种规格的导线取试两件，试压合格； （3）导线的端头伸入耐张线夹或设备线夹长度达到规定长度； （4）线夹不应歪斜，相邻两模间重叠不小于 5mm； （5）压力值应达到规定值，压接后六角形对边尺寸不大于压接管外径的 0.866 倍加 0.2mm		
	3　母线与金具螺栓连接	（1）螺栓均匀拧紧，露出螺母 2～3 扣； （2）导线与线夹间铝包带绕向应与外层铝股绕向一致，两端露出线夹口不超过 10mm，且端口应回到线夹内压紧		
	4　母线弛度	与设计值偏差−2.5%～+5%，同挡距内三相母线弛度应一致		

项次	检验项目	质量要求	检 验 结 果	检验人（签字）
一般项目	1 软母线架设的其他要求	（1）软母线和组合导线在挡距内无连接接头，软母线经螺栓耐张线夹引至设备时不应切断，为一个整体； （2）扩径导线的弯曲度不小于导线外径的 30 倍； （3）组合导线间隔金具及固定线夹在导线上的固定位置符合设计文件要求，其距离允许偏差为 ±3%，安装牢固，与导线垂直； （4）组合导线载流导体与承重钢索组合后，其驰度一致，导线与终端固定金具的连接应符合 GB 50149 的规定		
	2 悬式绝缘子串安装	（1）悬式绝缘子经交流耐压试验合格； （2）悬式绝缘子串与地面垂直，个别绝缘子串允许有小于 5°的倾斜角； （3）多串绝缘子并联时，每串所受的张力均匀； （4）组合连接用螺栓、穿钉、弹簧销子等完整、穿向一致。开口销分开并无折断或裂纹； （5）均压环、屏蔽环安装牢固，位置正确		

检查意见：

　　主控项目共_____项，其中符合 SL 639—2013 质量要求_____项。

　　一般项目共_____项，其中符合 SL 639—2013 质量要求_____项，与 SL 639—2013 有微小出入_____项。

安装单位评定人	（签字） 年　月　日	监理工程师	（签字） 年　月　日

表 9.7.3 **软母线装置电气试验质量检查表**

编号：_____

分部工程名称				单元工程名称		
安装内容						
安装单位				开/完工日期		
项次		检验项目	质量要求	检 验 结 果		检验人（签字）
主控项目	1	绝缘电阻	应符合 GB 50150 的规定			
	2	相位	相位正确			
	3	母线冲击合闸试验	以额定电压对母线冲击合闸 3 次，无异常			

检查意见：

    主控项目共_____项，其中符合 SL 639—2013 质量要求_____项。

安装单位评定人	（签字） 年 月 日	监理工程师	（签字） 年 月 日

表9.8 管形母线装置安装
单元工程质量验收评定表（含各部分质量检查表）
填表要求

填表时必须遵守"填表基本规定"，并应符合下列要求：

1. 本表适用于水电站500kV及以下输配电管形母线装置安装工程质量验收评定。

2. 单元工程划分：同一电压等级、同一设备单元管形母线安装工程宜为一个单元工程。

3. 单元工程量：填写本单元工程管形母线型号规格及安装数量（组）。

4. 管形母线安装工程质量检验内容应包括外观、母线安装、电气试验等部分。

5. 各检验项目的检验方法按表I-8的要求执行。

表I-8   管 形 母 线 装 置 安 装

检验项目		检验方法
管形母线外观	管形母线	观察检查
	成套供应的管形母线	
	尺寸	测量检查
母线安装	母线架设	观察检查、扳动检查、测量检查
	母线焊接	观察检查、扳动检查、测量检查、探伤检查
	母线加工	观察检查、测量检查
	支持绝缘子	观察检查
	相色标志	
	带电体间及带电体对其他物体间距离	测量检查
管形母线装置电气试验	绝缘电阻	兆欧表测量
	相位	仪器测量
	冲击合闸试验	检查报告

6. 铝合金管允许弯曲度见表I-9（SL 639—2013表11.2.2-2）。

表I-9   铝合金管允许弯曲度

管形母线规格/mm	单位长度（1m）内的弯度/mm	全长内的弯度
直径为150以下冷拔管	<2.0	<2.0L
直径为150以下热挤压管	<3.0	<3.0L
直径为150~250冷拔管	<4.0	<4.0L
直径为150~250热挤压管	<4.0	<4.0L
注：L为管子的制造长度，m。		

表 9.8　　　**管形母线装置安装单元工程质量验收评定表**

单位工程名称			单元工程量	
分部工程名称			安装单位	
单元工程名称、部位			评定日期	
项　目		检　验　结　果		
管形母线外观	一般项目			
母线安装	主控项目			
	一般项目			
管形母线装置电气试验	主控项目			
安装单位自评意见	安装质量检验主控项目____项，全部符合 SL 639—2013 的质量要求；一般项目_____项，与 SL 639—2013 有微小出入的_____项，所占比率为_____％。质量要求操作试验或试运行符合 SL 639—2013 的要求，操作试验或试运行_____出现故障。 单元工程安装质量等级评定为：_____。 （签字，加盖公章）　　　年　月　日			
监理单位复核意见	安装质量检验主控项目____项，全部符合 SL 639—2013 的质量要求；一般项目_____项，与 SL 639—2013 有微小出入的_____项，所占比率为_____％。质量要求操作试验或试运行符合 SL 639—2013 的要求，操作试验或试运行_____出现故障。 单元工程安装质量等级评定为：_____。 （签字，加盖公章）　　　年　月　日			

表 9.8.1   **管形母线外观质量检查表**

编号：_____

分部工程名称			单元工程名称	
安装内容				
安装单位			开/完工日期	

项次		检验项目	质量要求	检 验 结 果	检验人（签字）
一般项目	1	管形母线	光洁平整、无裂纹及变形、扭曲等缺陷		
	2	成套供应的管形母线	（1）各段标志清晰，附件齐全，外壳无变形，内部无损伤； （2）各焊接部位的质量应符合 GB 50149 的规定		
	3	尺寸	管形母线尺寸及误差值符合产品技术文件要求		

检查意见：

    一般项目共_____项，其中符合 SL 639—2013 质量要求_____项，与 SL 639—2013 有微小出入_____项。

安装单位评定人	（签字） 年　月　日	监理工程师	（签字） 年　月　日

表 9.8.2   **母线安装质量检查表**

编号：_____

分部工程名称				单元工程名称		
安装内容						
安装单位				开/完工日期		

项次		检验项目	质量要求	检 验 结 果	检验人（签字）
主控项目	1	母线架设	（1）采用专用连接金具连接； （2）连接金具与管形母线导体接触部位尺寸误差值符合产品技术文件要求； （3）防电晕装置表面光滑、无毛刺或凹凸不平； （4）同相管段轴线处于一个垂直面上、三相母线管段轴线相互平行； （5）固定单相交流母线的固定金具及金属构件不构成闭合铁磁回路； （6）管形母线安装在滑动式支持器上时，支持器的轴座与管母线间有1～2mm 的间隙；焊口距支持器边缘距离不小于 50mm； （7）伸缩节无裂纹、断股、褶皱； （8）均压环及屏蔽罩完整、无变形、固定牢固； （9）管形母线装置安装用的紧固件为镀锌制品或不锈钢制品		
	2	母线焊接	母线焊接采用气体保护焊，焊接接头直流电阻值不大于规格尺寸均相同的原材料直流电阻值的 1.05 倍。母线焊接符合 GB 50149 的规定		
一般项目	1	母线加工	（1）切断管口平整并与轴线垂直，管形母线坡口光滑、均匀、无毛刺； （2）母线对接焊口距母线支持器夹板边缘距离不小于 50mm； （3）按制造长度供应的铝合金管，弯曲度应符合表 I-9 的要求		
	2	支持绝缘子	（1）安装在同一平面或垂直面上的支持绝缘子，应位于同一平面，其中心线位置符合设计要求，母线直线段的支柱绝缘子的安装中心线在同一直线上，支柱绝缘子叠装时，中心线一致； （2）支持绝缘子试验应符合 GB 50150 的规定		
	3	相色标志	齐全、正确		
	4	带电体间及带电体对其他物体间距离	符合设计文件要求		

检查意见：
    主控项目共_____项，其中符合 SL 639—2013 质量要求_____项。
    一般项目共_____项，其中符合 SL 639—2013 质量要求_____项，与 SL 639—2013 有微小出入_____项。

安装单位评定人	（签字） 年 月 日	监理工程师	（签字） 年 月 日

表 9.8.3   管形母线装置电气试验质量检查表

编号：_____

分部工程名称			单元工程名称	
安装内容				
安装单位			开/完工日期	

项次		检验项目	质量要求	检 验 结 果	检验人（签字）
主控项目	1	绝缘电阻	应符合 GB 50150 的规定		
	2	相位	相位正确		
	3	冲击合闸试验	额定电压冲击合闸 3 次，无异常		

检查意见：

主控项目共_____项，其中符合 SL 639—2013 质量要求_____项。

安装单位评定人	（签字） 年 月 日	监理工程师	（签字） 年 月 日

表9.9 电力电缆安装
单元工程质量验收评定表（含各部分质量检查表）
填表要求

填表时必须遵守"填表基本规定"，并应符合下列要求：

1. 本表适用于电力电缆安装工程质量验收评定。

2. 单元工程划分：一回线路的电力电缆安装工程宜为一个单元工程。

3. 单元工程量：填写本单元工程电力电缆型号规格及安装长度（m 或 km）。

4. 电力电缆安装工程质量检验内容应包括电缆支架安装、电缆敷设、终端头和电缆接头制作、电气试验等部分。

5. 各检验项目的检验方法按表 I-10 的要求执行。

6. 电缆支架层间允许最小距离值见表 I-11（SL 639—2013 表 12.2.1-2）。

表 I-10   电 力 电 缆 安 装

检验项目		检验方法
电力电缆支架安装	支架层间距离	观察检查、测量检查
	钢结构竖井	
	接地	观察检查、导通检查
	电缆支架加工	观察检查、测量检查
	电缆支架安装	观察检查、扳动检查、测量检查
电力电缆敷设	电缆敷设前检查	观察检查
	电缆支持点距离	观察检查、测量检查
	电缆最小弯曲半径	测量检查
	防火设施	—
	敷设路径	—
	直埋敷设	观察检查、测量检查
	管道内敷设	观察检查
	沟槽内敷设	观察检查、测量检查
	桥梁上敷设	
	水底敷设	
	电缆接头布置	观察检查
	电缆固定	
	标志牌	
终端头和电缆接头制作	终端头和电缆接头制作	观察检查、测量检查
	线芯连接	
	电缆接地线	
	终端头和电缆接头的一般检查	观察检查
	相色标志	
电气试验	电缆线芯对地或对金属屏蔽层和各线芯间绝缘电阻	兆欧表测量
	交流耐压试验	交流耐压试验设备试验
	相位	仪器测量
	交叉互联系统试验	

| 表 I-11 | 电缆支架层间允许最小距离值 | | 单位：mm |

电缆类型和敷设特征		支（吊）架	桥 架
电力电缆明敷	35kV 单芯；66kV 以上，每层 1 根	250	300
	35kV 三芯；66kV 以上，每层多于 1 根	300	350
电缆敷于槽盒内		$h+80$	$h+100$

注：h 为槽盒外壳高度。

7. 电缆最小弯曲半径见表 I-12（SL 639—2013 表 12.2.2-2）。

| 表 I-12 | 电缆最小弯曲半径 | | |

电缆型式		单 芯	多 芯
塑料绝缘电缆	无铠装	$20D$	$15D$
	有铠装	$15D$	$12D$

注：D 为电缆外径，mm。

表 9.9   **电力电缆安装单元工程质量验收评定表**

单位工程名称			单元工程量	
分部工程名称			安装单位	
单元工程名称、部位			评定日期	
项　目		检　验　结　果		
电力电缆支架安装	主控项目			
	一般项目			
电力电缆敷设	主控项目			
	一般项目			
终端头和电缆接头制作	主控项目			
	一般项目			
电气试验	主控项目			
安装单位自评意见	安装质量检验主控项目____项，全部符合 SL 639—2013 的质量要求；一般项目_____项，与 SL 639—2013 有微小出入的_____项，所占比率为_____%。质量要求操作试验或试运行符合 SL 639—2013 的要求，操作试验或试运行_____出现故障。 　　单元工程安装质量等级评定为：_____。 　　　　　　　　　　　　　　　　（签字，加盖公章）　　　年　月　日			
监理单位复核意见	安装质量检验主控项目____项，全部符合 SL 639—2013 的质量要求；一般项目_____项，与 SL 639—2013 有微小出入的_____项，所占比率为_____%。质量要求操作试验或试运行符合 SL 639—2013 的要求，操作试验或试运行_____出现故障。 　　单元工程安装质量等级评定为：_____。 　　　　　　　　　　　　　　　　（签字，加盖公章）　　　年　月　日			

表 9.9.1　电力电缆支架安装质量检查表

编号：_____

分部工程名称				单元工程名称	
安装内容					
安装单位				开/完工日期	

项次		检验项目	质量要求	检 验 结 果	检验人（签字）
主控项目	1	支架层间距离	符合设计文件要求，当无设计要求时，支架层间距离可采用表 I-11 的规定，且层间净距不小于 2 倍电缆外径加 50mm		
	2	钢结构竖井	竖井垂直偏差小于其长度的 0.2%，对角线的偏差小于对角线长度的 0.5%；支架横撑的水平误差小于其宽度的 0.2%		
	3	接地	金属电缆支架全长均接地良好		
一般项目	1	电缆支架加工	（1）电缆支架平直，无明显扭曲，切口无卷边、毛刺； （2）支架焊接牢固，无变形，横撑间的垂直净距与设计偏差不大于 5mm； （3）金属电缆支架防腐符合设计文件要求		
	2	电缆支架安装	（1）电缆支架安装牢固； （2）各支架的同层横档水平一致，高低偏差不大于 5mm； （3）托架、支吊架沿桥架走向左右偏差不大于 10mm； （4）支架与电缆沟或建筑物的坡度相同； （5）电缆支架最上层及最下层至沟顶、楼板或沟底、地面的距离符合设计文件要求，设计无要求时，应符合 GB 50168 的规定； （6）支架防火符合设计文件要求		

检查意见：

　　主控项目共_____项，其中符合 SL 639—2013 质量要求_____项。

　　一般项目共_____项，其中符合 SL 639—2013 质量要求_____项，与 SL 639—2013 有微小出入_____项。

安装单位评定人	（签字） 年 月 日	监理工程师	（签字） 年 月 日

表 9.9.2 　　　　　　　　**电力电缆敷设质量检查表**

编号：＿＿＿＿＿＿＿＿＿＿＿＿

分部工程名称				单元工程名称		
安装内容						
安装单位				开/完工日期		
项次	检验项目		质量要求	检 验 结 果		检验人（签字）
主控项目	1	电缆敷设前检查	（1）电缆型号、电压、规格符合设计文件要求； （2）电缆外观完好，无机械损伤；电缆封端严密			
	2	电缆支持点距离	水平敷设时各支持点间距不大于1500mm，垂直敷设时各支持点间距不大于2000mm，固定方式符合设计文件要求			
	3	电缆最小弯曲半径	符合表I-12的规定			
	4	防火设施	电缆防火设施安装符合设计文件要求			
一般项目	1	敷设路径	符合设计文件要求			
	2	直埋敷设	（1）直埋电缆表面距地面埋设深度不小于0.7m； （2）电缆之间，电缆与其他管道、道路、建筑物等之间平行和交叉时的最小净距应符合GB 50168的规定； （3）电缆上、下部铺以不小于100mm厚的软土或沙层，并加盖保护板，覆盖宽度超过电缆两侧各50mm； （4）直埋电缆在直线段每隔50～100m处、电缆接头处、转弯处、进入建筑物等处，有明显的方位标志或标桩			
	3	管道内敷设	（1）钢制保护管内敷设的交流单芯电缆，三相电缆应共穿一管； （2）管道内径符合设计文件要求，管内壁光滑、无毛刺； （3）保护管连接处平滑、严密、高低一致； （4）管道内部无积水，无杂物堵塞。穿入管中电缆的数量符合设计要求，保护层无损伤			

项次	检验项目	质量要求	检 验 结 果	检验人（签字）
一般项目	4 沟槽内敷设	（1）槽底填砂厚度为槽深的1/3； （2）沟槽上盖板完整，接头标志完整、正确； （3）电缆与热力管道、热力设备之间的净距，平行时不小于1m，交叉时不小于0.5m； （4）交流单芯电缆排列方式符合设计文件要求		
	5 桥梁上敷设	（1）悬吊架设的电缆与桥梁架构之间的净距不小于0.5m； （2）在经常受到振动的桥梁上敷设的电缆，宜有防振措施		
	6 水底敷设	应符合 GB 50168 的规定		
	7 电缆接头布置	（1）并列敷设的电缆，其接头的位置宜相互错开； （2）明敷电缆的接头托板托置固定牢靠； （3）直埋电缆接头应有防止机械损伤的保护结构或外设保护盒。位于冻土层内的保护盒，盒内宜注入沥青		
	8 电缆固定	（1）垂直敷设或超过45°倾斜敷设的电缆在每个支架上固定牢靠； （2）水平敷设的电缆，在电缆两端及转弯、电缆接头两端处固定牢靠； （3）单芯电缆的固定符合设计文件要求； （4）交流系统的单芯电缆或分相后的分相铅套电缆的固定夹具不构成闭合磁路		
	9 标志牌	电缆线路编号、型号、规格及起讫地点字迹清晰不易脱落、规格统一、挂装牢固		

检查意见：

　　主控项目共_____项，其中符合 SL 639—2013 质量要求_____项。

　　一般项目共_____项，其中符合 SL 639—2013 质量要求_____项，与 SL 639—2013 有微小出入_____项。

安装单位评定人	（签字） 　年　月　日	监理工程师	（签字） 　年　月　日

表 9.9.3　　终端头和电缆接头的制作质量检查表

编号：_____

分部工程名称				单元工程名称		
安装内容						
安装单位				开/完工日期		
项次		检验项目	质量要求	检 验 结 果		检验人（签字）
主控项目	1	终端头和电缆接头制作	应符合 GB 50168 的规定及产品技术文件要求			
	2	线芯连接	电缆线芯连接金具为符合标准的连接管和接线端子，连接管和接线端子内径应与电缆线芯匹配，截面宜为线芯截面的 1.2～1.5 倍			
	3	电缆接地线	（1）接地线为铜绞线或镀锡铜编织线； （2）截面 120mm² 及以下的电缆，接地线截面不小于 16mm²；截面 150mm² 及以上的电缆，接地线截面不小于 25mm²； （3）110kV 及以上的电缆，接地线截面面积符合设计文件要求			
一般项目	1	终端头和电缆接头的一般检查	（1）型式、规格应与电缆类型要求一致； （2）材料、部件符合产品技术文件要求			
	2	相色标志	电缆终端上有明显的相色标志，且与系统的相位一致			

检查意见：

　　主控项目共_____项，其中符合 SL 639—2013 质量要求_____项。

　　一般项目共_____项，其中符合 SL 639—2013 质量要求_____项，与 SL 639—2013 有微小出入_____项。

安装单位评定度	（签字） 　　　　　　年　月　日	监理工程师	（签字） 　　　　　　年　月　日

表 9.9.4　　　　　**电气试验质量检查表**

编号：_____

分部工程名称				单元工程名称	
安装内容					
安装单位				开/完工日期	

项次		检验项目	质量要求	检验结果	检验人（签字）
主控项目	1	电缆线芯对地或对金属屏蔽层和各线芯间绝缘电阻	应符合 GB 50150 的规定		
	2	交流耐压试验	应符合 GB 50150 的规定		
	3	相位	与系统相位一致		
	4	交叉互联系统试验	应符合 GB 50150 的规定		

检查意见：
　　主控项目共_____项，其中符合 SL 639—2013 质量要求_____项。

安装单位评定人	（签字） 　　　　年　月　日	监理工程师	（签字） 　　　　年　月　日

表9.10 厂区馈电线路架设
单元工程质量验收评定表（含各部分质量检查表）
填表要求

填表时必须遵守"填表基本规定"，并应符合下列要求：

1. 本表适用于厂区 0.4～35kV 馈电线路架设工程质量验收评定。

2. 单元工程划分：一回厂区馈电线路架设工程宜为一个单元工程。

3. 单元工程量：填写本单元工程电压等级及线路名称，厂区馈电线路主要安装工程量，如线路架设长度、立杆数等。

4. 厂区馈电线路架设工程质量检验内容应包括立杆、馈电线路架设及电杆上电气设备安装、电气试验等部分。

5. 各检验项目的检验方法按表I-13的要求执行。

表I-13 厂区馈电线路架设

	检验项目	检验方法
立杆	电杆外观	观察检查、测量检查
	绝缘子及瓷横担绝缘子外观	观察检查
	单杆杆身倾斜偏差	测量检查
	双杆组立偏差	
	电杆弯曲度	
	横担及瓷横担绝缘子安装偏差	测量检查、仪器测量
	拉线安装	观察检查、测量检查
	拉线柱	测量检查、仪器测量
	顶（撑）杆	
馈电线路架设及电杆上电气设备安装	导线连接	观察检查
	导线弧垂	观察检查、仪器测量
	接地	—
	线路架设前检查	观察检查、测量检查
	引流线、引下线	
	电杆上电气设备安装	—
	导线架设其他部分	观察检查、测量检查
厂区馈电线路电气试验	检查相位	仪器测量
	冲击合闸试验	操作检查
	绝缘电阻	兆欧表测量
	杆塔接地电阻	接地电阻测试仪测量

6. 钢绞线最小缠绕长度见表 I-14（SL 639—2013 表 13.2.1-2）。

表 I-14　　　　　　　　　　　　最 小 缠 绕 长 度

钢绞线截面 /mm²	最小缠绕长度/mm				
	上段	中段有绝缘 子的两端	与拉棒连接处		
			下端	花缠	上端
25	200	200	150	250	80
35	250	250	200	250	80
50	300	300	250	250	80

表 9.10　厂区馈电线路架设单元工程质量验收评定表

单位工程名称			单元工程量	
分部工程名称			安装单位	
单元工程名称、部位			评定日期	
项　目		检　验　结　果		.
立杆	主控项目			
	一般项目			
馈电线路架设及电杆上电气设备安装	主控项目			
	一般项目			
厂区馈电线路电气试验	主控项目			
	一般项目			
安装单位自评意见	安装质量检验主控项目＿＿项，全部符合 SL 639—2013 的质量要求；一般项目＿＿＿项，与 SL 639—2013 有微小出入的＿＿＿＿项，所占比率为＿＿＿＿％。质量要求操作试验或试运行符合 SL 639—2013 的要求，操作试验或试运行＿＿＿＿出现故障。 　　单元工程安装质量等级评定为：＿＿＿＿＿＿＿＿＿。 　　　　　　　　　　　　　　　　　　（签字，加盖公章）　　　年　月　日			
监理单位复核意见	安装质量检验主控项目＿＿项，全部符合 SL 639—2013 的质量要求；一般项目＿＿＿项，与 SL 639—2013 有微小出入的＿＿＿＿项，所占比率为＿＿＿＿％。质量要求操作试验或试运行符合 SL 639—2013 的要求，操作试验或试运行＿＿＿＿出现故障。 　　单元工程安装质量等级评定为：＿＿＿＿＿＿＿＿＿。 　　　　　　　　　　　　　　　　　　（签字，加盖公章）　　　年　月　日			

表 9.10.1 　　　　　　　　　　**立杆质量检查表**

编号：_____

分部工程名称				单元工程名称		
安装内容						
安装单位				开/完工日期		

项次	检验项目	质量要求		检　验　结　果		检验人（签字）
主控项目	1	电杆外观	（1）表面光洁平整，壁厚均匀，无露筋、跑浆； （2）放置地平面检查时，无纵、横向裂纹； （3）杆身弯曲不应超过杆长的 0.1%			
	2	绝缘子及瓷横担绝缘子外观	（1）瓷件与铁件组合无歪斜现象，且结合紧密，铁件镀锌良好； （2）瓷釉光滑，无裂纹、缺釉、斑点、烧痕、气泡或瓷釉烧坏等缺陷； （3）弹簧销、弹簧垫的弹力适宜			
	3	单杆杆身倾斜偏差	（1）35kV 线路允许偏差，不大于杆高的 3%； （2）10kV 及以下线路允许偏差：不大于杆梢直径的一半； （3）转角杆应向外倾斜，横向位移不大于 50mm			
	4	双杆组立偏差	（1）直线杆结构中心与中心桩之间的横向位移不大于 50mm； （2）转角杆结构中心与中心桩之间的横、顺向位移，不大于 50mm； （3）迈步不大于 30mm； （4）两杆高低差小于 20mm； （5）根开中心偏差不超过 ±30mm			
	5	电杆弯曲度	整杆弯曲度不超过电杆全长的 0.2%			
	6	横担及瓷横担绝缘子安装偏差	（1）横担端部上下歪斜，不大于 20mm； （2）横担端部左右扭斜，不大于 20mm； （3）双杆的横担，横担与电杆连接处的高差不应大于连接距离的 0.5%；左右扭斜不应大于横担总长度的 1%； （4）瓷横担绝缘子直立安装时，顶端顺线路歪斜，不大于 10mm，水平安装时，顶端宜向上翘起 5°～10°，顶端顺线路歪斜不大于 20mm			

项次		检验项目	质量要求	检 验 结 果	检验人（签字）
一般项目	1	拉线安装	（1）安装后对地平面夹角与设计允许偏差：35kV架空电力线路不应大于1°；10kV及以下架空电力线路不应大于3°；特殊地段符合设计文件要求； （2）承力拉线与线路方向中心线对正；分角拉线与线路分角线方向对正；防风拉线与线路方向垂直； （3）跨越道路拉线满足设计文件要求，对通车路面边缘垂直距离不小于5m； （4）采用UT型线夹、楔形线夹、绑扎固定安装应符合GB50173的规定		
	2	拉线柱	（1）拉线柱埋设深度符合设计文件要求，设计文件无要求时：采用坠线的，不小于拉线柱长的1/6；采用无坠线的，按其受力情况确定； （2）拉线柱向张力反方向倾斜10°～20°； （3）坠线与拉线柱夹角不小于30°； （4）坠线上端固定点的位置距拉线柱顶端的距离应为250mm； （5）坠线采用镀锌铁线绑扎固定时，最小缠绕长度应符合表I-14的规定		
	3	顶（撑）杆	（1）顶杆底部埋深不小于0.5m，且设有防沉措施； （2）与主杆夹角符合设计文件要求，允许偏差为±5°； （3）与主杆连接紧密、牢固		

检查意见：

　　主控项目共_____项，其中符合 SL 639—2013 质量要求_____项。

　　一般项目共_____项，其中符合 SL 639—2013 质量要求_____项，与 SL 639—2013 有微小出入_____项。

安装单位评定人	（签字） 　　　　　年　月　日	监理工程师	（签字） 　　　　　年　月　日

表 9.10.2   馈电线路架设及电杆上电气设备安装质量检查表

编号：_____

分部工程名称				单元工程名称		
安装内容						
安装单位				开/完工日期		

项次		检验项目	质量要求	检验结果	检验人（签字）
主控项目	1	导线连接	（1）导线连接部分线股无缠绕不良、断股、松股等缺陷； （2）不同金属、规格、绞向的导线，严禁在挡距内连接； （3）导线采用钳压连接、液压连接、爆炸压接、缠绕连接、同金属导线采用绑扎连接时应符合GB 50173 的规定； （4）已展放的导线无磨伤、断股、扭曲、断头等现象； （5）导线若发生损伤，补修应符合 GB 50173 的规定		
	2	导线弧垂	（1）35kV 架空电力线路紧线弧垂应在挂线后随即检查，弧垂偏差不超过设计弧垂的＋5％、－2.5％,且正偏差最大值不超过500mm； （2）35kV 架空电力线路导线或避雷线各相间的弧垂宜一致，在满足弧垂允许偏差时各相间的相对偏差不大于200mm； （3）10kV 及以下架空电力线路导线紧好后，弧垂偏差不超过设计弧垂的±5％。同档内各相导线弧垂宜一致，水平排列的导线弧垂相差不大于50mm		
	3	接地	符合 GB 50173 的规定		

项次	检验项目	质量要求	检验结果	检验人（签字）
一般项目	1	线路架设前检查	（1）线路所用导线、金具、瓷件等器材的规格、型号规格均应符合设计文件要求； （2）电杆埋设深度应符合 GB 50173 的规定		
	2	引流线、引下线	（1）10～35kV 架空电力线路当采用并沟线夹连接引流线时，线夹数量不少于 2 个； （2）10kV 及以下架空电力线路的引流线之间、引流线与主干线之间不同金属导线的连接应有可靠的过渡金具； （3）1～10kV 线路每相引流线、引下线与邻相的引流线、引下线或导线之间，安装后的净空距离不小于 300mm；1kV 以下电力线路，不小于 150mm		
	3	电杆上电气设备安装	应符合 GB 50173 的规定		
	4	导线架设其他部分	（1）导线固定、防震锤安装应符合 GB 50173 的规定； （2）35kV 架空电力线路采用悬垂线夹时，绝缘子垂直地平面。特殊情况下，其在顺线路方向与垂直位置的倾斜角不超过 5°； （3）采用绝缘线架设的 1kV 以下电力线路安装应符合 GB 50173 的规定； （4）线路的导线与拉线、电杆或构架之间安装后的净空距离，35kV 时，不小于 600mm；1～10kV 时不小于 200mm；1kV 以下时，不小于 100mm		

检查意见：

主控项目共_____项，其中符合 SL 639—2013 质量要求_____项。

一般项目共_____项，其中符合 SL 639—2013 质量要求_____项，与 SL 639—2013 有微小出入_____项。

安装单位评定人	（签字） 年 月 日	监理工程师	（签字） 年 月 日

表 9.10.3　厂区馈电线路电气试验质量检查表

编号：_____

分部工程名称			单元工程名称	
安装内容				
安装单位			开/完工日期	

项次		检验项目	质量要求	检　验　结　果	检验人（签字）
主控项目	1	检查相位	各相两侧相位一致		
	2	冲击合闸试验	额定电压下对空载线路冲击合闸3次，合闸过程中线路绝缘无损坏		
一般项目	1	绝缘电阻	应符合 GB 50150 的规定		
	2	杆塔接地电阻	符合设计文件要求		

检查意见：

　　主控项目共_____项，其中符合 SL 639—2013 质量要求_____项。

　　一般项目共_____项，其中符合 SL 639—2013 质量要求_____项，与 SL 639—2013 有微小出入_____项。

安装单位评定人	（签字） 年　月　日	监理工程师	（签字） 年　月　日